国家科学技术学术著作出版基金资助出版

国家自然科学基金面上项目（42071202）资助出版

◆ 大数据与智慧城市研究丛书 ◆

甄峰 主编

城市流动性与
智慧城市空间组织

席广亮 著

商务印书馆
创于1897
The Commercial Press

图书在版编目（CIP）数据

城市流动性与智慧城市空间组织/席广亮著. —北京：
商务印书馆，2021
（大数据与智慧城市研究丛书）
ISBN 978-7-100-19626-0

Ⅰ. ①城… Ⅱ. ①席… Ⅲ. ①现代化城市－城市

空间－空间规划－研究 Ⅳ. ①TU984.2

中国版本图书馆 CIP 数据核字（2021）第 036571 号

大数据与智慧城市研究丛书
城市流动性与智慧城市空间组织

甄峰　主编
席广亮　著

商 务 印 书 馆 出 版
（北京王府井大街 36 号邮政编码 100710）
商 务 印 书 馆 发 行
北 京 冠 中 印 刷 厂 印 刷
ISBN 978-7-100-19626-0
审图号：GS（2021）353 号

2021 年 5 月第 1 版　　开本 787×1092　1/16
2021 年 5 月北京第 1 次印刷　印张 15 1/2
定价：88.00 元

"大数据与智慧城市研究丛书"编委会

主编

甄 峰

编委

（以姓氏笔画为序）

王芙蓉　　王 德　　刘 瑜　　林艳柳
徐菲菲　　柴彦威　　席广亮　　秦 萧
曹小曙

"大数据与智慧城市研究丛书"
序　言

　　随着大数据、云计算、人工智能、物联网等新技术的快速发展，智慧城市建设已经成为全球性共识，并作为世界各国推进城市发展与创新、提升城市竞争力和功能品质的基本战略选择。自 2012 年以来，住建部、科技部先后推出了三批智慧城市国家试点，开展了城市、园区、街道和社区等不同层面的实践探索。在智慧城市试点工作的推动下，超过 500 个城市进行了各类智慧城市的规划和示范建设。这场大规模的应用探索，一方面大幅度提升了中国城市基础设施的信息化、智能化水平，同时广泛积累了智慧城市建设的经验，进一步凝聚了智慧城市建设的社会共识。随着认识的不断深化，智慧城市被普遍认为是推动中国新型城镇化和提升城市可持续发展能力的重要途径。在新型智慧城市建设的同时，要本着以民生服务便利化、社会治理精细化为重点的基本出发点。然而，在广泛且热烈的智慧城市建设浪潮的面前，我们应该冷静地认识到，智慧城市是大数据时代的城市转型和升级，是未来城市的范式，它的建设既涉及工程技术创新，也需要科学理论指引。目前，理论、技术和工程问题的研究远滞后于建设实践的需求，需要学界和业界给予高度重视并迅速采取行动。

　　城市是一个开放的复杂巨系统，涉及复杂的数据和业务关联。智慧城市建设包括城市基础设施、社会经济、居民活动、资源环境、公共安全、城市治理等要素系统的数字化、网络化和智能化。各类智能技术的普及应用在催生各类在线虚拟活动的同时，改变了城市人流、物流、资本、信息、技术等要素流动的结构与模式，并对居民、企业和政府等主体的行为活动、社会联系以及城市功能空间等产生重构作用，且持续影响着人类活动与物质环境的交互方式。新一代信息通信技术为感知各类要素系统和城市物质空间提供新的技术手段，并在人地地域系统的调控中发挥着重要作用。在传统社会空间、物质空间的基础上，对于智慧城市空间的理解，也越来越关注信息空间、流动空间的影响和作用及其带来的城市复杂适应性的系统和韧性变化。因此，从地理学、城市规划学和信息通信技术等多学科角度，综合开展智慧城市的基础理论与规划方法研究，毫无疑问具有重要的科学价值和实践意义。

智慧城市建设带来了数据信息的爆发式增长。大数据则为智慧城市规划建设提供了强大的决策支持，在城市规划、城市管理、民生服务、城市治理的决策中发挥重要作用，也为城市科学研究提供了新的理念、方法和范式。针对当前智慧城市建设中存在的信息孤岛化、应用部门化等问题，迫切需要探索各类数据系统集成和整合应用的机制与协同策略。从城市发展的角度，需要在多源数据挖掘和融合分析的基础上，进行城乡区域各类要素的实时监测、动态评估、模拟仿真和时空可视化，探索时空大数据驱动的智慧规划方法体系，以提升资源要素配置效率、城乡区域空间治理水平和城市可持续发展能力。

针对当前国内智慧城市建设实践以智能基础设施、信息化项目为主导，缺乏对城市复杂系统的全面理性思考，以及综合系统的理论研究欠缺等现实问题，南京大学甄峰教授领衔主编了"大数据与智慧城市研究丛书"。该丛书立足于城市科学研究的视角，从"智能技术—人类活动—地理环境"关系协同、生命有机体、复杂适应性系统和韧性等角度探索智慧城市理论与规划方法体系；基于市民、企业和公共服务流动性以及流动空间分析评价，探讨智慧城市空间组织模式；利用多源大数据的时空融合分析，探索城市研究与智慧规划方法创新；面向新型城镇化发展，探讨智慧国土空间规划、智慧城市治理的框架与实现路径。该丛书从多学科综合的角度展开智慧城市理论和应用研究，为中国智慧城市研究提供了新的探索，为智慧城市建设实践带来新的思考和认识。

丛书主要特点有二。一是在深刻认识数字时代生产生活方式变革的基础上，从以人为本的需求挖掘和城市发展规律把握出发，构建基于人地关系、复杂适应系统等理论框架，探索开放、流动、共享与融合理念支撑的智慧城市研究范式；二是强调从智能技术与社会经济发展、居民活动、城市空间互动融合角度出发，理解智慧城市发展、空间布局和建设管理，并提出多学科综合和多源时空大数据融合的智慧城市规划框架与方法体系。

相信本丛书的出版将为未来智慧社会下的城市高质量发展、城市功能完善、治理效能提升以及规划建设提供启发和指导。毋庸置疑，多学科综合视角的智慧城市理论研究与规划方法体系探索意义重大，需要更多的学者加入，更需要更多的研究成果积累。希望本丛书的出版，能够吸引更多的学界和业界同仁加入智慧城市科学理论与工程技术的研究，为国家智慧城市战略实施以及地方智慧城市建设实践提供相应理论指引和技术支撑。

郭仁忠

中国工程院　院士

深圳大学　教授，智慧城市研究院　院长

"大数据与智慧城市研究丛书"
前　言

　　智慧城市是近十余年来世界各学术界、政府及企业关注的热点。中国信息化建设的起步虽然较西方发达国家晚，但却发展迅速。目前已经成为全球信息化大国和智慧城市建设的主战场。就概念而言，智慧城市起源于西方，在规划建设初期也大量学习、借鉴了欧美发达国家的经验和教训。但中国的智慧城市建设，在"摸着石头过河"的道路中，已经形成了自己的一套体系和建设模式。如今，在这个"百年未有之大变局"的背景下，总结经验与不足就显得非常必要。

　　智慧城市与我结缘，首先要感谢我的恩师——清华大学顾朝林教授。1998 年，顾先生刚到南京大学就接纳我为博士生，并让我参加国家重点基金项目，引导我去探索"信息化与区域空间结构"这一前沿领域。那时的我，对这一领域还一无所知。感谢先生提供机会，使我于 1999 年和 2002 年先后两次赴香港中文大学跟随沈建法教授做研究助理和副研究员。期间，我有幸阅读了当时在内地还较少见到的大量英文文献，对当时在信息技术影响下的国际层面里的城市与区域研究理论基础、范式和进展方面有了较为全面的了解。有了这些积累的同时，还得到时任商务印书馆地理编辑室李平主任的大力支持，于 2005 年在商务印书馆出版了《信息时代的区域空间结构》一书。

　　2011 年，我组织了第一届"信息化、智慧城市与空间规划会议"。在北京大学柴彦威教授的推荐下，我有幸邀请了住房与城乡建设部的郭理桥副司长做了关于智慧城市的主题报告。之后，应郭司长邀请，我参与了第一批、第二批国家智慧城市试点的遴选工作，并先后对北京、南京、济南、兰州、宜昌等多个城市进行智慧城市的调研与考察。在实践中，我也逐渐认识到智慧城市顶层规划设计的重要性，以及从城市科学的视角加强智慧城市研究与规划的必要性和紧迫性。郭司长在智慧城市规划建设方面的深入思考，促使我一直试图将信息化与城市研究、空间规划方面的理论与方法探索落实到智慧城市规划建设领域。这对本丛书的选题有着很大的启发。

尽管智慧城市的概念很热，也有大量的著作推陈出新，但作为一个自然、经济、社会、生态组成的复杂系统，智慧城市的规划建设显然不能单纯依靠技术路径。同时，伴随着移动互联网的普及以及各种信息化平台的建设，大数据开始强力支撑智慧城市的规划建设。基于大数据的城市研究与规划探索成果不断涌现。因此，我与时任商务印书馆副总编辑李平博士讨论后，并在他的大力支持下，推出了这套"大数据与智慧城市研究丛书"。

近些年来，随着中国智能技术在社会经济及治理领域的广泛和深度应用，以及经济转型与规划转型，大数据应用与智慧城市规划成为规划、地理、测绘与地理信息系统、计算机、信息管理等领域多学科研究的热点。我要感谢很多前辈和朋友，从他们的学术报告或成果交流中，我都汲取了太多的营养，对本丛书也产生了重大影响。他们是，叶嘉安院士、吴志强院士、周成虎院士、郭仁忠院士、陈军院士、张荣教授、陆延青教授、李满春教授、孙建军教授、卢佩莹教授、路紫教授、王德教授、柴彦威教授、修春亮教授、沈振江教授、党安荣教授、詹庆明教授、刘瑜教授、曹小曙教授、周素红教授、汪明峰教授、杨俊宴教授、徐菲菲教授、裴韬研究员、龙瀛研究员、王芙蓉博士、万碧玉博士、迈克尔·巴蒂（Michael Batty）教授、帕特里夏·L.莫赫塔拉（Patricia L. Mokhtarian）教授、曹新宇教授、叶信岳教授、彭仲仁教授等。同时，也要感谢南京大学"智城至慧"研究团队的师生们。做有"温度"、有"深度"的智慧城市研究与实践，是我们共同努力的方向。

大数据与智慧城市方面的著作是国内外城市研究、政策领域的优先选题，许多出版社都相继翻译出版了智慧城市和大数据相关著作，对智慧城市和大数据的理论研究和实践起到了方向性的引领作用。但是，国内目前的相关成果主要集中在政策和实践领域，虽名为智慧城市，但信息化建设的特色仅突出了实践指导性，对城市研究的理论创新尚存在不足。对地理、规划等相关学科发展的贡献略显薄弱，亟需加强。同时，国内的智慧城市成果技术主义痕迹浓厚。当前的从业者也多为 IT 领域专家与技术人员，故需要站在技术、人文与空间相结合的高度，基于更加综合的视野进行分析和研究，以便更好地指导智慧城市的建设和发展。更进一步，国外的成果多是从社会学和政策的角度关注智慧城市的综合治理。尽管对中国的智慧城市研究与发展有积极的借鉴意义，但当下仍需立足中国国情，面向解决当前的城市问题和实现可持续发展目标，从而构建智慧城市研究的理论框架体系。除此之外，还可利用大数据等手段对城市空间进行多维度分析与研究，探讨智慧城市的空间组织以及建设模式，以便更好地指导国内智慧城市的建设，推进新型城镇化和城市的可持续发展。

自 2010 年这套丛书立项，至今已过去 11 年。感谢商务印书馆领导以及地理编辑室李娟主任及其同事们，一直在支持、鼓励我，给了我足够的耐心和时间去做自由的探索。我时常很惭愧，未能保障丛书的及时出版。但现在看来，基于数十年的研究和积累沉淀下来、认真思考中国大数据与智慧城市已有的成就、存在的问题与未来的方向，才是这套丛书的目的所在。恰巧这些年来，大数据与智慧城市研究逐渐从蔓延式增长转向了理性的探索与思考。大数据应用与智慧城市建设模式及路径也逐渐清晰。新型智慧城市建设已成为主要发展方向。同时，作为全球最大的数字经济和智慧城市市场，"十四五"规划中提出的国家生态文明建设与新型城镇化发展，也为我们从事大数据与智慧城市研究及应用提供了新的背景、服务国家需求、成为试验田。

本丛书旨在对智慧社会理论进行总结与梳理，紧扣智能技术、人与城市空间的相互作用及其影响，探索基于城市研究的智慧城市理论与方法体系；对城市社会经济与空间转型进行分析，尤其是通过城市流动空间的评价，探索智慧城市空间组织模式；利用大数据对城市中的要素互动及其空间变化进行分析，探索新的城市研究与智慧城市规划的方法体系；在总结国际经验的基础上，将智慧城市建设与新型城镇化关联，结合国土空间规划体系改革，探索城市智慧治理的框架、内容与路径。

期待本丛书的出版，能弥补国内智慧城市研究理论创新与方法体系建设的不足；丰富城市地理、国土空间规划相关理论体系；为智慧城市建设实践提供理论、路径、方法上的指导；也为国际智慧城市规划建设提供中国经验。

甄峰

2021 年 4 月于南京

目　　录

第一章 引 言

第一节　信息时代城市发展与智慧城市建设

一、研究背景

以"计算机广泛应用"为代表的第三次科技革命，标志着人类进入了信息时代。随着笔记本电脑、智能手机、平板电脑等移动信息终端设备的广泛使用，人类正在经历新的移动信息革命，全球化、信息化等要素的深入影响，不断重构着城市社会和空间结构。信息和通信技术（Informational and Communication Technology，ICT）以及移动互联网应用加速改变城市要素的流动范式，并持续对城市的场所空间产生作用。各种要素流及其流动性对城市空间的重要性越来越超过场所成为空间组织新的逻辑，极大提高了城市的运行效率。与此同时，物联网、大数据、人工智能等新一代信息技术的繁荣，推动了智慧城市的快速发展。以各类要素流动性为主要特征的流动空间成为移动信息社会城市发展新的方向和趋势，也是智慧城市的主导空间形态。关注流动空间对城市发展的影响，研究流动空间组织形态和内在作用机制，分析评价信息技术影响下的居民、企业和公共服务流动性，基于流动性探讨智慧城市的组织模式与空间形态，成为信息时代、智慧城市建设背景下城市研究的重要议题。

（一）信息时代城市社会发展的新趋势

基于农业社会和工业社会形态，丹尼尔·贝尔在 1980 年提出后工业社会形态的理论，认为服务经济是后工业社会的主导经济形式，并阐述了信息技术在社会经济活动中的重要性。此后，有学者认为在农业革命和工业革命之后，人类社会正在经历着信息革命。信息革命是指由于信息生产、处理和加工手段的高度发展而带来的经济、社会和技术的变化。从19世纪40年代第一台ENIAC电子数字计算机到PC个人计算机，再到笔记本电脑和当前快速流行的智能手机、平板电脑，信息技术的进步促使人类活动、移动模式发生重要变化。人类社会发展正在步入移动信息的发展时代。截至2020年3月，我国手机网民规模达8.97亿，使用手机上网的人群占网民规模（9.04亿）的99.3%。随着智能移动终端的普及应用。移动娱乐、网上购物、社交、电子商务等得到快速增长。移动信息技术具有易携带、可接入性和连通性强、可定位等特点。移动互联网接入、位置服务（Location Based Service，LBS）、个性化移动信息推送等移动服务，对社会生产、生活方式带来了革命性的影响。

移动信息终端设备的广泛使用，加速了城市社会的要素流动。贝尔曾指出，信息社会占支配地位的职业人群为信息从业者。互联网、电子商务等成为新的经济发展形态。移动互联网终端和业务日益丰富。云计算、物联网等正在形成新的经济增长点。移动信息技术对生产与消费组织形式、网络系统以及空间布局产生不同程度作用。信息技术对居民个体的居住、工作、休闲、消费等日常行为活动产生全方位的影响。一方面信息技术作为重要的活动手段，产生了远程办公、网上购物、网络休闲等新的活动方式；另一方面信息技术对传统活动产生不同的影响作用。大量的研究探讨了ICT技术对居民活动及出行的影响，并分为替代、补充、修正和中立等不同作用关系（Mokhtarian，1990;Salomon，1986）。ICT减弱了活动和时间、空间之间固有的联系（Couclelis，2004），并在很大程度上改变了居民活动的流动性。这使得传统活动方式分解为很多次级活动碎片，并分布在不同的时间和空间中。信息和通信技术对城市经济活动和居民行为活动的影响，不断重塑城市的社会形态和时空关系。随着信息技术的深入发展，加速了城市活动所产生的人流、物流、信息流、资本流、活动流等要素流，承载各种"流"的人及其活动的流动模式、强度、联系等产生根本性变化。空间的流动性得以极大的加强。

总体上，信息技术发展对城市社会发展带来一系列新的变化，从根本上改变城市活动组织形式和时空分布，使得城市社会活动呈现新的特征，并对承载人类社会活动的场所功能和联系发生改变。信息技术促使人类社会发展从"要素流"时代进入流动时代。人及其活动的流动性成为信息时代城市社会建构的重要基础。

（二）智慧城市建设与城市发展转型

信息技术的快速发展和广泛应用，推动信息化城市向数字城市、智慧城市等高级形态迈进,尤其是近年来物联网、大数据、人工智能等技术的快速发展,使得智慧城市的建设成为全球的热点。欧洲的阿姆斯特丹、巴黎、巴塞罗那,美国的迪比克,亚洲的新加坡、首尔、釜山、仁川等城市相继提出了智慧城市建设目标,重点从智慧经济发展、智慧基础设施建设、智慧公共服务与社会管理等方面进行建设。自2012年开始中国住房和城乡建设部开始智慧城市建设试点工作,相继超过300个城市进行了不同的智慧城市试点,旨在通过智慧城市建设推动城镇化发展。

当前中国处于城镇化发展的中期阶段。城镇化发展动力逐渐由投资、出口等要素转向内需、创新等要素。城市空间由规模增长向存量提升转变,并开始关注城市的功能完善和空间运行效率的提升。低碳、高效、智能、集约成为城市发展新的理念。通过低碳城市、智慧城市等建设目标来引导城市空间转型。《国家新型城镇化规划(2014—2020年)》中指出我国城镇化发展由速度型向质量型转型势在必行,并提出推动城市绿色发展,提高智能化水平,增强历史文化魅力,全面提升城市内在品质。智慧城市建设是当前推动城镇化和城市空间发展转型的重要手段。一方面智能技术在城市基础设施和公共服务中的应用,如智能交通、智能楼宇等应用,有利于提高城市服务水平、节约资源,引导低碳、集约发展;另一方面信息技术加速改变了城市空间组织形式。时间和空间均发生了变化。时间、距离和空间被重新定义。在移动信息、高速交通基础上建立起来的高速流动性城市活动和空间,具有极高的运行效率。

在移动信息技术和高速交通技术的作用下,固定的区位和空间正在向流动的区位和空间转变。在这个过程中,网络信息空间和场所空间的组合关系变化对于理解新的城市空间形态至关重要。例如,基于移动信息技术出现的新空间,如智慧新城、智慧社区等。信息技术的影响,可导致以下几方面城市空间的形态变化与空间转型:(1)居民活动方式及其时空关系改变。信息技术对城市居民的居住、工作、休闲等活动产生剧烈的影响。居民行为越来越突破传统场所空间的分隔和约束。例如在信息技术影响下居家活动类型日益丰富,又如居民在通勤过程中使用移动终端设备进行网络游戏、观看网络视频等。传统意义的"家"也被赋予网上购物、在线办公、网络休闲等新的功能和内涵(Ohmori *et al.*, 2008; Hjorthol *et al.*, 2009)。技术系统变化强化了城市活动的时空流动性和灵活性,并对活动和空间的关系产生不同程度影响。(2)网络信息空间和场所空间的组合与互动关系的变化。西方学者研究认为网络信息空间和场所空间呈现融合趋势。网络信息空间和场所空间的融合促使空间内涵发生变化,刚性空间转向弹性空间。空间流动性提高成为空间高效运行的表现形式。(3)移动信息社会的生产、消费网络重构对城市空间结构的影响。信息化和全球化发展加速了生产和消费要素在全球范围的流动，全球生产网络和地方化过程的不断结合，对都市区空间组织带来新的改变。

无论是当前中国城市空间发展模式转变的内在需求，还是移动信息技术对区位和时空关系的作用，活动和空间的流动性提高有利于改善城市运行效率和城市品质，促进城市空间绿色、智能和人文发展。围绕流动性所组织起来的"流动空间"无疑是智慧城市和城市空间转型研究的重要突破口。

（三）流动性与流动空间成为城市空间研究热点

20 世纪 90 年代，奥布赖恩（O'Brien, 1992）和凯恩克罗斯（Cairncross, 1997）等学者对虚拟信息流将带来的"距离死亡"和"地理终结"开展大量讨论，并从经济区位论和居民活动等角度进行讨论。虽然大多数学者并不认同"距离死亡"的观点，但普遍认为信息技术通过改变人类活动时空关系，流动和关系成为城市经济和空间组织新的逻辑。克鲁格曼（Krugman，1979；1991）最早提出新经济地理理论，认为技术进步极大地改变了经济活动的区位，并对地方和全球生产网络的形成产生作用。生产的技术环境改变使得生产和组织更加灵活。地方与全球市场的连接更加便捷。信息技术在促进物流业发展过程中加速了全球范围的生产要素流动。生产的空间距离进一步被压缩。卡斯特尔（Castells，1996）区分了"流空间"和"场所空间"，认为连接到流网络结构的空间和在网络之外由日常生活所创造的空间之间存在明显的差别。同时将"流空间"从纯粹的虚拟网络空间扩展到地理空间和场所空间，将虚拟网络空间和场所空间结合，并嵌入到实体地理环境中，构建具有高度流动性的新空间形态——流动空间。

信息时代流动空间的作用越来越超过场所空间。信息时代的居民、企业和公共服务的流动性变化，使得信息、物质、活动等流动更加频繁。网络购物、远程办公、智慧交通等行为活动的空间被重新定义，不再局限于传统意义上的"场所空间"。城市空间的弹性不断增强。信息技术的进步加速了知识、技术、人才、资金等的时空交换，使得城市生产与居民活动范围持续扩大，类型更加复杂，并促进了产业重构和空间重组，进而改变着区域和城市的空间格局。城市空间正在经历急剧的变革，这种变化对城市居民的居住、工作方式、财富创造，以及与场所联系方式等都产生相应的影响，并引起不同维度的效应，如交通和远程通信的关系，虚拟社区及其根植的场所，移动工具和城市空间，城市空间组织和赛博空间等。对于流动空间的研究而言，这有助于更加深刻地认识信息时代所发生的变化。

流动空间对于盘活僵化的城市土地利用，增强空间活力具有重要作用。流动空间对于刚性的场所空间可以起到润滑作用，引导柔性空间和混合功能空间发展。大卫·哈维认为在后现代社会中，时空压缩和流动空间可以视为实现空间弹性积累的重要方式。流动空间逐渐成为城市发展和规划中关注的重点，也可以认为是智慧城市重要的空间形式。目前国内对于流动空间的研究仍停留在对概念和特征的描述阶段，缺乏对流动空间的评价、流动空间相互作用机制的研究，以及基于流动性和流动空间视角的智慧城市空间组织研究。

二、研究意义

基于信息时代城市活动空间组织，在已有学者提出"流空间"的基础上，研究赛博空间与场所空间互动结合所形成的流动空间，探索从人流、物流、信息流、资本流等体现要素流动网络结构的"流空间"，到关注人及各类活动、物质环境及其相互联系和作用所形成的"流动空间"及其流动性特征。其中人的活动是流动空间关注的核心。提高空间运行效率和质量是研究流动空间组织的出发点和目标。笔者将重点从流动空间的角度来解析和研究信息时代的城市空间特征。首先是从信息时代的城市要素及其变化、流动空间理论等方面进行理论探讨，并对虚拟空间和实体空间相互作用机制进行分析；从居民流动性、企业流动性和服务流动性等方面，进行城市流动性分析评价；进而提出基于流动性的智慧城市组织模式，进行智慧城市的空间结构和功能组织研究；以期为信息时代的城市发展、智慧城市建设等提供理论研究支撑，并指导当前的空间规划和智慧城市顶层设计规划。

从不同维度、不同尺度进行流动性分析和评价，推动了智慧城市的资源要素优化配置。在居民流动性分析评价方面，从居民活动流、土地利用活跃性、交通可达性等方面综合评价空间流动性；根据流动性大小及流动性的要素耦合关系分析城市流动空间结构特征，并从居民行为活动分析入手，研究城市流动空间的分布特征、流动方向和流动边界等。企业流动性分析，在信息化、智慧城市建设对企业区位因子、企业流动性与空间组织影响探讨的基础上，着力从区域尺度分析企业的流动性网络特征。公共服务的流动性方面，重点分析智能技术应用对公共服务的流动性影响，以及基于流动性的城市服务模式特征。实践层面的探索，以要素流动性为着力点促进流动性要素与场所空间耦合，推动智慧城市要素资源的优化配置，并为城市的土地混合使用、空间功能融合、基础设施整合和公共服务设施建设等提供指导。

　　流动性和流动空间是理解信息化城市和智慧城市发展的重要视角和方法。通过以上研究，可以使流动空间成为分析城市地理学、时空行为和城市规划的新理论，也使得流动性成为智慧城市的重要内涵。流动空间成为主导智慧城市的空间形态，如流动性与城市空间的结构、网络与尺度。总之，在从居民、企业和服务等视角进行流动性分析评价的基础上，深化对智慧城市空间形态的认识和理解，尤其从地理学、城市规划学科角度进行智慧城市的研究，不仅可以丰富地理学、城市规划等研究内容，还可以为智慧城市规划建设提供新的思路，具有明显的理论和实践意义。

第二节　空间组织理论回顾与新进展

一、传统的城市空间组织研究进展

（一）区位论

　　区位论是最早对城市空间组织研究的理论，同时西方区位论发展经历了不断变化的过程。杜能最早在著作《孤立国对农业及国民经济之关系》中提出农业区位论。假设在一个孤立国中，研究如何围绕中心城市来布局农业才能使得每一单位土地上农产品收益最大化。在德国学者龙哈德提出的工业企业布局的"重量三角形"以及"价格漏斗三角形"模型的基础上，学者们从不同角度深化了工业区位理论。如韦伯主要考虑运输成本的最小化、廖什的市场区位论、俄林的要素禀赋学说等。随后，德国地理学家克里斯塔勒进行了商业区位论研究，于1933年在《德国南部中心地原理》中提出中心地理论，对城市空间组织研究产生了深远影响。中心地理论确立了中心地、中心地功能、中心度等概念，并建立了销售利润与市场范围的关系以及六边形商业中心服务模式，按市场、交通、行政原则构成不同等级中心地，从而形成一定区域内的商业等级和空间布局体系。20世纪60年代开始，随着新制度经济学的兴起，马西等学者对区位论的研究开始关注外部环境及文化对个人和企业行为的作用。20世纪80年代以来，进入现代区位理论研究阶段，克鲁格曼（Krugman，1980）将全球贸易、新经济增长理论引入到经典区位论中，开创新经济地理学。克鲁格曼建立了动态空间模型，指出区位选择模型应包括离心力和向心力两种相互作用。离心力导致生产、消费等要素的空间分散,向心力则产生集聚。空间集聚是由要素流动和运输成本等多种要素相互作用的结果。从早期经典的区位论到现代区位理论的变化,可以看出学者对空间组织影响条件的分析,从收益、成本等转向对全球要素流动和规模集聚的地方效应的关注,越来越强调流动性对城市和区域发展的要素集聚作用。

(二)城市空间组织模式与结构

1. 城市空间组织模式探讨

20 世纪初学者们开始对城市空间组织模式进行探讨。1923 年伯吉斯(E.W.Burgess)从人文生态角度研究城市功能布局,提出城市地域结构的同心圆模式。在同心圆模式基础上,根据城市住宅区沿交通线由城市中心向外做扇形辐射的特点,霍伊特(H.Hoyt)于 1939 年提出城市空间组织的扇形模式。1933 年麦肯齐(R.D.Mckerzie)提出多核心模式。1945 年美国学者哈里斯(C.D.Harris)和厄尔曼(E.L.Ullman)进一步对大城市空间分析的因素进行分析,认为地租差异、规模经济效益和功能关系是城市中心商业区、轻工业区、重工业区、住宅区等空间组织的主要制约因素。在这些因素相互影响中,大城市除了中心商业区外,还存在支配其它功能区发展的中心,因此提出了城市空间的多核心模式。多核心模式开始考虑不同空间的功能联系和相互作用对空间组织的影响。

二战后,技术创新和经济的快速增长,导致全球的城市空间结构发生了巨大变化。学者们开始探讨基于工业化发展的城市空间组织结构模式。塔弗(E.J. Taaffe)和加纳(B.J.Gamer)提出了城市地域理想结构模式。该模式从城市中心到郊区包括中心商务区、中心边缘区、中间带、向心外缘带、放射近郊区 5 个地带(图 1-1)。虽然各个地带混合型经济功能明显,但均具有各自突出的主导功能和性质,如在中心边缘区有零售商业、工业和住宅的分布。

2. 城市空间组织结构研究

随着经济全球化、技术创新和郊区化的快速发展,城市空间组织出现新的变化。学者开始从区域化、网络化等方向研究城市空间结构,并综合考虑城市的人口、产业、资本、信息等要素的空间扩散和集聚,以及要素的全球流动对城市空间拓展产生新的影响。埃里克森(R.A.Erickson)对美国特大城市人口、产业等空间扩展研究,重点关注城市空间联系和作用对土地开发利用的影响，将城市边缘区空间扩展划分为三个不同阶段，即外溢（专业化阶段）、分散（多样化阶段）和填充（多核化阶段）（图1-2）。在郊区化发展过程中，学者们开始对大都市区和都市圈的空间组织进行研究。如日本学者从人口空间集聚与扩散、高速交通网络、制造业和服务业布局等方面开展了东京都市圈的空间组织研究。

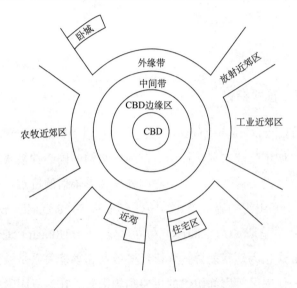

图 1-1　塔弗的城市地域理想结构模式

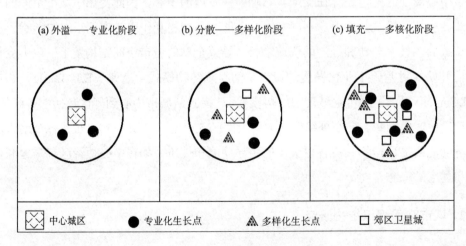

图 1-2　埃里克森的城市空间扩展模式

20 世纪 80 年代以来，我国地理学者开始系统性地研究城市空间组织结构。学者们在对西方城市空间组织结构的理论和组织模式研究的基础上，结合中国城市发展的案例进行城市空间组织模式和结构特征的归纳与分析，成为中国现代城市地理研究的奠基，出现了一批具有先驱影响作用的成果。如于洪俊、宁越敏的《城市地理概论》（1983），许学强、朱剑如的《现代城市地理学》，武进的《中国城市形态、结构及其演变》（1990），崔功豪的《中国城镇发展研究》（1992），闫小培、林初升和许学强的《地理·区域·城市——永无止境的探索》（1994），许学强、周一星、宁越敏的《城市地理学》（1996），顾朝林等的《中国城市地理》（1999），顾朝林、甄峰、张京祥的《集聚与扩散》，张京祥的《城市群体组合》（2000）等代表性著作。这些研究主要从城市的职能与规模、城市空间相互作用与空间扩散、城市空间分布体系、城市社会空间等方面展开。同时，结合城市空间组织理论和不同城市的发展状况，开展了北京、上海、深圳、西安、苏州等地的实证研究。

进入 21 世纪，大城市空间组织得到更加广泛的关注。随着工业化、城市化的深入发展，我国大量的大城市和特大城市出现，学者们开始从不同视角关注大都市的空间组织，出现了城市群、都市区（圈）、城市区域等概念。姚士谋、许学强、顾朝林、方创琳等学者对长江三角洲、珠江三角洲、山东半岛等城市的特征、发展趋势和功能协调进行了系统的分析。周一星、胡序威、顾朝林等学者进行了都市区和都市连绵区的研究和探讨。周一星最早对中国的都市区和都市连绵区进行了界定并制定了都市区的判别标准。有关都市区和都市区的研究重点集中在沿海城镇密集地区，主要研究都市区和都市连绵区的发展规律、动态演变和空间结构、空间相互作用等内容。谢守红、宁越敏（2005）分析了中国大城市的发展趋势和空间演变特征；王国霞、蔡建明（2008）在对中国都市区发展阶段分析之后，提出产业经济空间和人口经济空间两种划分方法。同时，对大都市内部空间演变、空间组织模式与结构、内部空间功能联系等展开了研究，并对上海、广州、北京、南京等大城市的空间扩展和组织进行了实证分析。谢守红（2003）对大都市区空间组织进行了系统性的理论梳理和实证研究；石忆邵（1999）在对我国卫星城镇建设模式反思的基础上，提出中国特大城市多中心的空间组织模式；吕拉昌（2004）分析了新经济时代的特大城市发展要素及其空间影响。

为了解决城市化快速扩张带来的人口膨胀、环境污染、交通拥堵、住房困难、资源紧张等"城市病"问题，学者们对人口等社会要素的空间布局和组织进行了不同视角的研究。通过对各大城市商业空间区位状况分析，总结我国城市商业空间区位选择、空间联系特征。宁越敏（1984）对上海市区商业中心区位进行了探讨，分析了影响上海市商业中心区位的因素，并提出了相应建议。闫小培、许学强等（1993）对广州市中心商务区的区位选择进行了分析，并探讨了中心商业区区位发展趋势。从消费者的消费区位偏好角度验证中心地理论以及城市消费空间布局体系。仵宗卿、柴彦威、王德等通过居民消费行为特征分析，研究居民购物出行空间结构等级和商业空间结构。通过居住空间结构、就业空间结构以及职住关系分析，研究城市居住和空间组织特征。王兴中（1995）运用社会网络分析方法对城市居住空间结构和社会区域划分进行研究。黄志宏（2006）在梳理西方国家居住空间组织特征和模式演变基础上，对中国的城市居住区空间组织结构特点进行分析。基于凯恩（Kain，1992）的"空间不匹配"假说，孟斌、周素红等学者进行了职住关系的实证研究。孟斌（2009）从城市空间结构变迁的角度审视北京城市居民职住分离的空间组织特征和职住分离的影响因素，探讨职住空间不匹配对居民出行的影响、职住分离与城市交通组织的关系。从可达性、利用效率提升等角度进行城市开放空间的组织研究。苏伟忠（2002）以"生态城市""可持续城市"的发展模式为切入点，对城市开放空间的功能类型、空间层次和组织模式进行分析。尹海伟（2008）结合城市地理、景观生态等学科的相关分析理论与方法，定量探讨了城市化过程中上海开敞空间时空格局变化的规律及其驱动力、城市开敞空间的可达性、合理性及其变化。

（三）城市经济和产业的空间组织

　　城市经济学从城市空间区位与土地地租关系角度出发探讨城市空间组织。20世纪50年代以后，城市经济得到系统性研究，并作为一门新的学科发展起来。胡日德（Hurd，1903）在著作《城市土地价值原理》中将城市土地纳入生产理论，得出具有同等生产条件土地的地租理论，为从经济视角分析城市土地利用奠定了理论基础。黑格（Haig）提出土地的区位条件决定了城市土地价值。城市土地地租受该地的生产成本节约、空间可达性的影响，从而形成了城市空间组织的经济模型雏形。之后，阿朗索（W.Alonso）对城市空间经济理论进行了系统性的研究。在《区位与土地利用》一书中，集中论述了城市活动租地竞价曲线的构建和土地供求平衡中地价与地用的决定。在一系列假设条件下，阿朗索分析了工业、商业、居住等不同城市用地的竞标地租函数并比较竞标地租函数曲线的关系，得出在自由竞争条件下城市的均衡地租曲线。越靠近城市中心，交通越方便，地租越高，从而形成围绕城市中心区的环状土地利用模式（图1-3）。随着城市空间扩展和社会经济发展，城市中各类活动对环境和空间的依赖方式发生改变。城市经济学者根据新的要素变化对传统的理论和模型进行修订，如分析城市产品输出和产品价格提高、收入改变、交通改善、政策制度变化等对城市土地地租曲线的影响及相应的城市用地布局变化。总体上，从城市经济学视角对城市空间组织进行研究主要关注点为静态的空间资源配置与地租之间的关系，缺乏对城市要素配置的动态演变、相互关系研究。

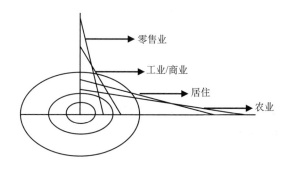

图 1-3 城市土地竞租模型

经济地理学从人类经济活动与地理空间和环境关系出发，研究产业、企业的空间布局和组织结构，主要关注产业区位、集聚经济、国际贸易和发展、核心—边缘理论、都市经济等。经济地理研究先后经历了计量革命的新古典经济学模型解释、政治经济学派的社会结构分析，再到对地区创新能力的分析，逐渐加强了对经济活动的空间过程和规律研究。20 世纪 90 年代初，克鲁格曼从运输成本、报酬规模递增和不完全竞争等角度进行经济活动的空间分析，解释不完全竞争的空间集聚过程。学术界称之为"新经济地理学"。与此同时，在社会科学影响下，经济地理研究经历了文化、制度转向，更加强调经济活动与社会、文化、空间的相互作用关系。经济社会学家格兰诺威特（Granovetter，1985）强调经济活动的根植性（embeddedness），提出经济活动应融入特定的社会关系当中。在经济地理理论研究的基础上，开始关注全球化、国际贸易和技术进步对经济活动空间组织的影响。经济全球化研究主要集中在全球化过程中形成的生产、贸易、金融、人才等各种"流"与国家和城市之间的关系。技术的快速进步，带来城市新产业区和新产业空间的出现。西方学者从柔性生产方式和生产环节的垂直分离产生新型产业空间组织的角度进行了新产业区的研究。新产业区具有本地网络和根植性两个特点：本地网络是指新产业区内部不同主体形成的长期稳定的相互作用关系，根植性指企业扎根于地方的社会文化环境中，适应地方的发展制度。

20 世纪 90 年代起，李小建、王缉慈等学者将国外经济地理理论引进中国，出版了《经济地理》《创新的空间：企业集群与区域发展》等专著。李小建在《公司地理论》一书中，系统分析了国有、外资等大型企业空间网络演化，企业与环境关系、企业活动与区域发展等内容。王缉慈（1998）最早探讨了我国新产业区理论的研究背景和发展状况，随后学者对新产业区的形成机制、新产业区理论与传统空间组织理论关系、空间创新模式、临港产业区等内容进行了研究（田明、樊杰，2003；苗长虹，2004；吕拉昌、魏也华，2006；滕堂伟、施春蓓，2013）。王兴平（2005）在著作《中国城市新产业空间：发展机制与空间组织》中系统地介绍中国城市新产业空间的形成与发展机制、空间区位与空间组织规律。从空间相互作用出发开展城市经济影响区的研究。吴启焰（2007）通过对云南省城市经济影响区空间演化的阶段性规律分析，将城市经济影响区空间扩展分为单向拓展、多向拓展和邻接扩展三种类型。从全球化和区域一体化的角度，分析企业网络对城市网络和城市地区的空间组织。宁越敏和武前波（2011）以全球化时代经济地理和城市地理为理论基础，构建了企业空间组织和城市—区域关系的逻辑，分析了在企业影响下的城市网络体系、国际城市功能等特征和演化机制。

（四）城市规划和功能组织

经历了空想社会主义城市之后，西方国家开始了现代城市规划理论的探索。19 世纪末 20 世纪初，伴随着工业革命的深入发展，美国、英国、法国等资本主义国家城市化快速发展，城市人口膨胀；城市空间由分散向集聚转变；城市社会经济环境日益复杂；城市环境不断恶化；政府和规划师开始关注城市功能空间组织优化与环境改善，形成了现代城市规划的早期理论。如马塔（Mata）的带型城市（Linear City）理论、夏涅（Garnier）的工业城市理论及霍华德（Howard）的田园城市（Garden City）理论等。尤其是 1989年霍华德在一本题为《明天——一条通向真正改革的和平道路》的册子中描述的田园城市思想——1902 年再版时改为《明日的田园城市》——成为之后的一个世纪里，对西方国家（尤其是英美国家）城市规划影响最大的著作。通过在大城市周边建设若干规模较小的城镇，并且大城市、城镇均包围于田地或花园之中，来解决城市发展的交通拥堵和环境卫生问题，并考虑住宅、工业和农业区域的比例平衡。田园城市思想将城市和乡村结合起来，形成新型的"城市—乡村"聚居形式。此后，翁温（Unwin）的卫星城市理论和大伦敦规划、沙里宁（Saarinen）的有机疏散理论和大赫尔辛基规划、赖特（Wright）的广亩城市理论等延续了霍华德的"城市分散主义"思想，并应用于城市规划设计实践。与霍华德的集中思想相反，柯布西耶（Corbusier）则提出"城市集中主义"的思想，通过铁路、高架道路等高效运输系统来支撑城市局部的高密度建筑。该集中城市建设思想成为解决工业革命所带来城市问题的重要手段之一。《雅典宪章》和《马丘比丘宪章》中汇总了近代建筑学的城市规划思想，主张城市应具备居住、工作、游憩、交通四大功能，并且对城市主要功能的空间组织进行了阐述。

除霍华德之外，盖迪斯和芒福德是西方近现代城市规划领域的重要思想家。1915 年，盖迪斯在总结丹佛姆林等城市建设规划的实践基础上，出版著作《进化中的城市》（*Cities in Evolution*），首创地提出城市规划"调查—分析—规划"的方法，提倡将城市物质空间和社会经济融合规划，将城市置于区域发展背景中进行考虑。受盖迪斯思想影响，芒福德在《城市文化》（*The Culture of Cities*）、《城市发展史》（*The City in History*）等著作中延续了区域—城市的规划观，并强调从城市发展过程认识城市，研究文化和城市的相互作用。

20 世纪 60 年代后，西方城市规划理念经历了一次重要转变，表现为用场所（Place）概念对城市中人的活动主体及其行为的重新认识。从人与活动、物质环境和空间情感等综合的角度理解城市空间，强调对城市环境、文化价值、城市精神的关注，并将系统思想、计量方法、计算机和遥感技术运用于城市规划。在城市空间规划实践中，从物质空间转向社会经济、文化、环境、交通、居住就业等空间的综合考虑，出现了弹性化和多元化空间组织模式，如伦敦的郊区疏散人口组织及莫斯科、东京都的多中心空间组织结构等。

20 世纪 90 年代以后，西方国家掀起了"新城市主义"的新城市规划思想运动。"二战"后美国等西方国家城市经历了快速的郊区化过程，导致一系列的社会问题如大都市边缘的农业用地和开敞空间被吞噬、通勤距离较长、城市与郊区发展失衡、社会两极分化、环境恶化等问题。面对郊区蔓延所导致的一系列问题，新城市主义提出"反对蔓延、恢复中心区活力，以公共交通为主导"的发展模式（Transit Oriented Development, TOD）。以区域性公共交通站点为中心，以适宜步行的距离为半径，以步行和公共交通取代汽车在城市中的主导地位；在步行距离半径范围内，建设高密度的住宅，提高居住区密度；混合住宅及配套的公共服务、商业、办公、休闲等多种功能设施，达到功能复合的目的。新城市主义的公共交通导向发展模式，有助于从城市区域的视角整合公共交通系统和土地利用的关系，是有利于营造高效流动、功能混合和精明增长的城市空间组织形态。

从 19 世纪末 20 世纪初开始，伴随着殖民侵略，西方近代的城市规划思想和方法逐渐传入中国，并在沿海城市的租界、新兴城市和沿江商埠城市得以运用，如上海、天津的租界地区和青岛、大连、哈尔滨、广州等城市的空间布局。由于近代中国社会没有经历推动城市发展原动力的工业革命，近代工商业的发展很大程度受殖民侵略影响，可以认为近代中国城市的产生与发展主要源于外部力量的作用。改革开放以后，伴随着市场经济发展，我国城市规划工作得到长足的发展。城市规划工作者在借鉴西方近代规划理论和方法基础上进行国内的规划设计实践，在城市空间组织和结构研究上取得一批重要成果，主要有吴良镛的《历史文化名城的规划结构》（1983）、邹德慈的《汽车时代的空间结构》（1987）、朱锡金的《城市结构活性》（1987）、陶松龄的《城市问题和城市结构》（1990）等。崔功豪（1990）对中国城市空间组织结构特征和演化机制进行了分析。黄亚平的《城市空间理论与空间分析》（2001）、朱喜钢的《城市空间集中与分散论》（2003）、段进的《城市空间发展论》（2006）、张勇强的《城市空间发展自组织与城市规划》（2006）、周春山的《城市空间结构与形态》（2007）等著作系统性地从城市空间组织规律、空间组织模式、集聚与扩散、空间自组织等方面进行了中国城市空间组织理论探讨。

2000 年以后，为了满足各地城市转型发展的空间需求，在广州、深圳等城市率先开始了概念规划、城市空间发展战略的实践工作，从社会经济条件、历史文化、资源环境、交通支撑、空间发展引导、区域空间联动、城市经营等多角度探讨城市空间组织模式和战略，并进行了大量的城市规划和空间战略研究的实践。顾朝林（2003）结合哈尔滨、合肥、杭州、南京等城市概念规划实践，系统性地总结了新时代背景下的中国城市概念规划理论和方法。叶贵勋的《上海城市空间发展战略研究》（2003）、韦亚平等的《城市空间发展战略研究》（2004）、张京祥等的《体制转型与中国城市空间结构重构》（2007）等一系列专著，重点关注转型发展期城市的空间组织结构和发展战略。

（五）城市生活视角的空间组织

哲学、社会学、地理学等不同领域最早开始关注城市生活空间。20 世纪 30 年代开始关注城市社区的生活方式和居住空间组织，以斯泰恩、佩利、屈普等人物的社区运动、邻里单位和区划思想为主要代表。其中佩利（Perry）提出的邻里单位（Neighborhood Unit）思想影响力最大。它的核心思想是以一个小学可以服务的范围构成组织居住社区单元的基本单位。其中配置满足居民日常生活需求的道路系统、绿色开场空间和公共服务设施。社区中央小学的服务范围决定了社区的半径和规模。城市干道在社区周围穿过，避免对社区的分隔。社区儿童上学和居民日常生活不必穿过城市干道。在社区中央和靠近城市干道交叉口配置社区中心和商业设施，满足社区居民日常生活、消费和交往的空间需求。

"二战"后，西方学者们对城市生活空间研究的关注主要集中在城市社会区划和生活场所等方面。以芒福德和雅各布斯为代表的人文主义学派更关注空间的象征功能与表征功能，从街区、邻里交往、空间安全等方面揭示城市规划中生活空间组织的意义。雅各布斯（Jane Jacobs）在著作《美国大城市的死与生》中提出有生命力的街道必须是安全的、具有尽可能多的功能、保持充足的人流。街道的生命力源于生活的多样性，在街道规划设计中，通过以下原则来营造生活的多样性：作为整体的空间形式来设计，控制街区的长度在一定范围内。不同时代的建筑物有机共生和街道上要有高度集中的人。凯文·林奇（Kevin Lynch）从城市环境符号和意象的角度分析城市空间组织，提出城市意象理论。该理论认为城市形态主要表现为道路、边界、区域、节点和标志物五个城市形体环境要素之间的相互关系。雅各布斯和林奇的规划理念和思想有助于营造安全、充满活力的街道场所。

20 世纪 70—80 年代以来西方国家普遍进入后工业化社会，开始关注城市生活和居住质量，同时开始从人居环境、城市生活健康、城市社会空间、居住环境质量评价等方向探讨生活空间组织形式。与此同时，对城市生活空间的研究向细微化方向转变，从居民地位、权力收入、民族等差异对城市社会—生活空间质量进行综合评价；从社区住宅、环境和邻里关系等要素出发研究城市生活空间质量，以及对特定人群和场所的生活空间研究。如老年人、弱势群体、女性等特定人群和广场、公园、购物中心等特定场所（王开泳，2011）。

伴随着我国城市化、工业化的快速发展和城市人口急剧增长，城市环境、居民生活质量、交通出行等问题日益突出。从 20 世纪 90 年代末开始，国内学者开始关注城市生活空间质量、城市生活空间组织等研究。早期学者从城市生活空间构成要素角度探讨城市生活空间组织结构和空间关系，如单位的生活空间、商业空间等。柴彦威（1996）针对以单位为基础的中国城市内部生活空间组织结构，对单位的形成机制、日常生活类型及空间分布特征进行研究；仵宗卿等（1999）探讨了商业活动、城市商业空间结构等概念，分析基于商业动态供需平衡关系的城市商业空间结构研究框架。2000 年以后，学者们开始从城市社会学角度深化城市生活空间组织的理论研究。王兴中在其著作《中国城市生活空间结构研究》（2005）中从城市社会空间结构原理与社区规划的角度进行了城市生活空间结构、生活空间质量评价、城市日常行为场所结构与城市生活场所的微区位理论研究。冯健、周一星（2008）通过分街区尺度的人口数据，对转型期北京社会空间组织的分异特征进行了研究。同时，国内学者开始重视从居民购物、休闲、出行等行为活动时空分布角度进行活动空间组织研究。柴彦威、王德、甄峰、周素红等学者通过居民行为调查、活动日志、仿真模型等方式，开展了城市、街道和社区等不同层面居民行为活动的空间组织模式和特征研究。

二、流动空间与信息时代的城市空间组织

（一）信息时代的城市空间组织研究

1. 信息技术对城市居民活动空间的影响

随着通信和虚拟流动的快速增长，以及智能手机、移动互联网的广泛应用，人类社会迎来了全新的移动生活时代。移动生活方式主要表现在快速交通系统和移动通信技术的使用所带来的居住、就业、社交、出行等活动方式的变化。基于交通和信息的快速连接，移动生活在不同时间和空间具有不同的表现和组织方式。学者们从信息技术对居民活动和出行的关系角度进行了大量的研究，并提出 ICT 技术对居民行为和出行存在替代、补充、修正和中立四种影响（Mokhtarian，1990; Salomon，1986），同时结合网上购物、休闲、远程办公、社交等进行了大量的实证研究，但对不同地区和活动类型的研究结果不尽相同。总体上认为 ICT 促进了居民的实体活动，提高了活动的效率（Mokhtarian，1999; Wang and Law，2007）。ICT 对居民行为活动和出行的影响与作用，在一定程度上带来移动生活的时间和空间利用的改变。

移动生活方式不再受传统的时空限制，居民活动的流动性大大加强（翟青、甄峰，2012）。ICT 技术对居民时空利用产生不同程度影响，导致时空利用方式产生变化。ICT 减弱了活动和时间、空间之间固有的联系（Couclelis，2004）。这使得活动分解为很多碎片，并分布在不同的时间和空间。ICT 技术导致时空流动性变化，尤瑞（Urry，1990）提出 "瞬时时间"（instantaneous time）的概念，即 ICT 对城市空间和居民活动的流动性产生影响。流动性变化导致空间和时间的破碎化。同时，学者从活动时空限制、灵活性和多任务等角度也进行了大量研究。互联网和移动电话减少了活动的时间限制，增强了活动的空间灵活性。这导致了活动的破碎化。凯尼恩（Kenyon，2007）将活动多任务定义为在一定的时间内同时完成两个或者更多的活动。如居民在通勤过程中进行网络休闲、移动办公等活动，在家中进行网上购物、网上办公、网络游戏、网络休闲等网络活动（Hjorthol *et al.*，2009；甄峰等，2009）。多任务主要用于研究某个时间段或某个特定空间活动的多样化和碎片化。个体居民流动性代替场所空间相互联系，成为信息时代城市空间相互作用的主要特征。

针对 ICT 导致的居民活动时空弹性和流动性变化，学者们进行了相关理论和测度方法的研究，主要从破碎化的角度来分析居民活动的时间、空间流动性变化。胡伯斯等（Hubers *et al.*, 2008）将活动破碎化定义为，某个特定活动被分成若干较小的碎片，并分布在不同的时间和空间当中的过程。活动破碎化包括时间破碎化、空间破碎化和方式破碎化三个方面：（1）时间破碎化为活动发生时间的弹性化。一方面居民活动有了更多的时间选择，如网上购物消费可以使居民避开商店经营的时间限制，另一方面活动过程可被切割为多个时间片段，如利用上班空闲时间看电影，晚上在家将同一部电影看完。（2）空间破碎化为活动发生地点的多样化。过去活动发生的地点基本是固定的，工作活动在工作地进行，购物活动在商店进行，然而由于 ICT 的使用，各种活动进行的地点发生了破碎化。利用手机和网络，网络休闲和娱乐活动可以在单位、公交车、公园等不同地点发生。（3）方式破碎化为活动方式的自由化。以休闲娱乐活动为例，可以在图书馆阅读文学著作，也可以在网上阅读电子书；周末可以进行运动、朋友聚会、旅游等休闲活动，也可以进行网上游戏、网上电影、网络社交等网络休闲活动（Lenz *et al.*, 2007；申悦等，2011）。总之，在移动信息技术的深入影响下，行为活动的时空间利用方式产生巨大变化，居民活动的流动性也越来越强。活动的流动性导致承载活动的空间流动性也发生改变。因此，对于居民行为活动的流动特征分析，是认识信息化、智慧城市的空间流动性特征的重要手段。

2. 信息技术对城市经济活动的影响

信息技术的普及使用，对城市经济活动空间同样产生重要的影响。信息技术发展逐渐作为内生要素影响企业的地域空间组织，并促使城市职能和就业结构的改变，尤其是带来了生产性服务业的巨大变化。电子商务在零售商业系统的应用，使得商业和消费的组织方式产生变化，由传统的实体店购物方式逐渐向实体购物、网络购物等多种方式并存。电子商务对服务业企业的空间分布灵活性产生广泛影响。黄莹等（2012）探讨电子商务与经济型连锁酒店发展的时空演变关系，结果表明电子应用度越高，经济型连锁酒店受距离限制较小，并在更大的地理范围迅速进行空间扩展的能力越强。移动信息终端使用和基于位置信息服务（LBS）的发展，使得"面向个体"的流动服务模式在现实生活中越来越成为可能。

技术进步对经济增长的影响在新古典增长理论盛行的时候就被经济学家所认识（Solow，1956），但长期以来却被看成是外生的技术变量。直到新增长理论的出现，才将由知识积累或人力资本积累引起的内生技术进步认为是经济增长的源泉（Romer，1986；Lucas，1988）。随着经济全球化的加速和竞争的强化，技术进步已经成为重构过程以及公司和区域竞争地位的重要影响因素。但是，狄更（Dicken，1998）指出，"技术自身并不能导致某种特别的变化"，只是"提供可能性或促成发生的介质"，它使企业空间重组成为可能。斯托珀（Storper，1997）以演化经济学为基础，提出了"技术—组织—地域"三位一体（Holy Trinity），并以"非贸易相互依赖"的"关系资产（Relational Assets）"为核心的理论框架，更新了我们对区域增长与发展动力的理解。经济全球化和信息时代的到来，带来了全球区域与城市的快速转型与重构。服务业尤其是生产性服务业的快速发展发挥着重要的作用。贝利（Bailly，1995）就认为研究高级生产性服务业（APS）能解释技术变化对区域差异的影响。企业总部和大银行等生产性服务业也被用于判断城市间的功能联系与变化（Friedmann，1986），以及全球生产性服务业布局影响下的世界城市网络体系研究（Taylor，2004）等。当然，在这个新的动力过程中，高速交通和信息通信技术的作用，对于区域发展及其空间转型发挥着非常关键的作用。卡斯特尔（Castells，1989）所提出的信息城市概念和"流空间"是其重要的理论支撑。

在电子商务的支撑下，团购、网上购物等新的消费模式得到迅速发展，居民行为和商业空间组织呈现新的变化趋势和特征。网上购物加速了商业主体（消费者和经营者）和客体（商业设施）摆脱空间距离的约束，从而形成基于网络平台的虚拟商业空间。在电子商务交易中，时间代替空间成为反映买卖双方空间关系的真实"距离"。时效性成为网络购物消费的主要因素。从网上零售企业区位选择、空间相互作用和布局等方面，学者们探讨网上零售企业的空间组织特征。以中国最大的网络零售平台淘宝网为案例，研究销售不同类型商品的网络店铺在全国分布的倾向性特征，以及电子商铺在区域之间、城市之间的空间分布差异。针对单个网上零售企业，分析企业商品生产与销售信息网络的地理空间分布。以当当网为例，汪明峰和卢姗（2011）研究认为中国电子商务零售企业空间组织遵循等级式的路径，信息基础设施、物流配送和支付手段的完善决定地区网上零售业的发展水平。以网络店铺微观区位为研究视角，路紫等（2011）分析了中国大城市网络店铺的空间集聚特征及最优区位选择。网上零售业和网络消费行为改变着传统消费结构和空间组织形式。国内外学者对网络消费空间和实体消费空间的相互作用进行了大量研究，并将网络消费空间对实体消费空间的影响概括为替代、修正、产生和中立四种作用类型。施瓦恩等（Schwanen et al., 2006）分析指出，基于特定社会经济环境的互联网零售商和消费者对互联网的使用，可以加强城市形态的变化。韦尔泰夫利丁

（Weltevreden，2007）研究网络购物对荷兰城市中心 25 类零售业的空间影响，结果表明在短期内网络购物对城市中心的实体购物影响不大。而从长期趋势来看，网络购物可能替代实体店购物。汪明峰等（2010）分析了网上购物对城市零售商业空间的影响，得出网上购物可以部分替代传统的购物空间。网络消费通过电子商务平台将零售企业和消费者联系起来，扩大了消费供给的市场范围和自由灵活性，强化了城市与区域之间的货物、信息、资本流动。同时，网上购物正重构着城市商业空间组织，使得单一实体商业空间转向虚实结合的空间。电子商务有助于加速城市传统商贸区的升级发展并引导郊区商业的快速发展。

无线感知、传输和定位技术，以及智慧城市时空信息平台，构成城市要素和功能联系的各种无线网络。一方面对城市基础设施、公共服务设施空间分布的节点和整体系统进行感知、信息传输和远程控制，实现对各种城市系统的远程协作与智能管理；另一方面通过城市居民与城市公共服务系统的实时互动，根据居民的需求提供移动式的生活和社会服务，如家庭医疗服务、远程教育、家庭物流配送、流动汽车维修等。面向个人的移动服务是以远程协作为基础。基础设施和公共服务设施的远程协作正是一种基于网络的非空间集聚的生产方式，不断改变着传统的城市功能空间互动模式，提高了城市公共服务流动性和效率。近年来，国内迅速发展的 B2C、O2O 等各类电子商务平台，已经实现了面向个人的购物消费服务。同时，电子政务网站、微博等互动平台的建设，也极大地促进了移动服务模式的发展，在沿海经济发达地区的城市移动服务应用更为明显。席广亮、甄峰等（2013）分析了城市应急管理中的"微参与"，指出通过智慧城市服务和信息管理中心建设，综合应用物联网、GPS、位置信息服务等设备和定位功能，构建"需求信息发布—居民位置反馈—智慧服务中心分析处理—智能服务和快速响应"的城市公共服务模式。

3. 信息技术对城市空间组织的影响

在传统的地理空间关系中，地理邻近、集聚经济是非常重要的概念。空间关系也由于功能上的等级联系而呈现出圈层扩散的格局。在赛博空间影响下，地理空间被压缩，场所意义超出了工业时期的传统作用，最大限度地克服了水平和垂直方向上的空间与距离摩擦，表现为某些特定空间的互动联系不断被加强（甄峰等，2012）。一方面，在移动信息技术和高速铁路网络的支撑下，拉近了城市间相互作用的时空距离，促使城市与区域的相互作用关系产生重构和变化；另一方面导致城市居民、企业活动和场所作用关系的变化，如城市居民的职住关系、企业联系网络等。

　　高速铁路网络的建设，缩短了城市和区域之间的时间距离，对沿线城市的功能组织、要素流动性产生了一系列影响。20 世纪 80 年代以来，西方学者开始关注高速铁路（如法国 TGV、德国 ICE 等）对区域城市的空间效应、区域核心—边缘城市关系等进行了理论和实证探讨（Bonnafous, 1987; Bontje *et al.*, 2005）。进入新世纪，中国高速铁路进入加速建设阶段。相关研究表明中国中长期高铁建成后"节省时间"占无高铁状态下总通达时间的比例高达 34%。区域之间高端生产要素的流向、流速和流量等将呈现分异特征（陆军等，2013），尤其是对城镇群内部的空间极化、集聚与分散、生产分工与互补发展等产生重组影响（王昊等，2009）。信息技术和高速铁路对城际要素流动的影响最为明显，不仅改变了城际居民出行的心理距离和空间感知，也在很大程度上增加了城际的交通流动需求，产生了部分的城际范围居住和就业分离的意愿（侯学等，2011）。

　　信息技术的发展，对城市内部空间相互作用、要素流动和功能组织产生一定的影响。ICT 和汽车、航空等交通方式的协同效应对城市空间组织的去中心化和郊区化发展起到很好的支撑作用。城市郊区和中心地区的空间联系与信息时代的时间敏感性存在内在的逻辑关系（Audirac，2005）。信息技术强化了空间相互作用并提高区位自由度。这将导致经济运行对空间的依赖程度降低。城市向外扩张的能力得以放大（方维慰，2006）。信息时代的城市空间可达性远远超越了传统的场所空间可达性概念。除了传统的交通可达性之外，信息时代的可达性更多地表现为信息接入、交通联系、出行活动等多种要素综合影响下的时空可达性，从而使得城市之间的功能关系呈现出新的特征。辛克斯等（Hincks *et al.*, 2010）通过对英格兰西北部地区的通勤流分析，研究居住和就业空间的相互作用关系。翟青等（2012）从居民信息化程度的角度分析信息时代的城市职住分离特征，研究表明居民的手机上网流量越大、家庭网络时长越长，则承担更大程度的职住分离。同时随着信息时代时空可达性的不断提高，城市不同功能区之间的可达性差异不断缩小，居住、工业、商业等不同功能的级差地租差异也进一步降低，从而有利于城市土地的混合使用。

4. 信息时代城市空间的形态与构成

　　随着计算机网络和信息技术的不断进步，一种全新的虚拟空间逻辑出现并加速改变着传统的物质空间概念。从 20 世纪 80 年代开始，学者开始探讨计算机和信息技术影响下的空间形态与构成形式，因此出现了虚拟空间（Virtual Space）、电子空间（Electronic

Space)、网络空间（Network Space）、赛博空间（Cyberspace）、流空间等概念。托夫勒（1980）最早定义了信息圈，即围绕个人和信息形成的要素分布的通讯渠道。卡斯特尔（Castells，1989）提出现实虚拟概念，并指出其包括计算机空间（Cspace）、赛博空间（Cyberspace）和赛博场所（Cyberplace）三个组成部分。计算机空间是对计算机及其网络所代表空间的抽象；赛博空间是在计算机空间的基础上，其计算机应用于通信后出现新的空间形式；赛博场所是赛博空间的基础设施对传统场所的基础设施影响的表现。米切尔（Mitchell，1995）认为，信息时代下我们的生活正在变为"E托邦"。即一个新的城市形态的出现，人们自觉或不觉地与网络信息系统相互作用，而网络信息系统正在逐步向无线网络模式转变。计算机和数字通讯及新媒体技术的集成与应用创造了赛博空间（Cyberspace）。它是一个数字网络的信息流，并融入到政治、经济、社会生活当中（Graham，1997）。巴蒂（Batty，1997）从虚拟地理的角度进行赛博空间研究，进一步区分了计算机空间和赛博空间、赛博空间和赛博场所的边界，并从地理空间的节点和网络的角度分析了真实场所与赛博空间、赛博场所的区别（图1-4）。虚拟场所隐喻暗示了三大主题，包括虚拟建筑、电子边界和赛博空间这说明了赛博空间和虚拟场所的被包含关系（Adams，1997）。

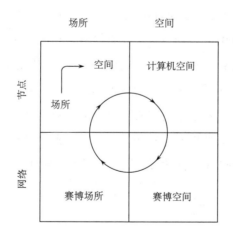

图 1-4　虚拟地理的节点和网络中的场所与空间

资料来源：巴蒂（Batty，1997）。

　　虚拟空间中的区位和距离，及其对实体地理空间的影响成为学者关注的重点。虚拟赛博空间提供了一种新的社会空间（Morley et al., 1995），一种人们可以相互联系的空间和不受实体地理边界限制的虚拟空间（Batty，1996），而赛博空间的组织逻辑与现实地理空间存在较大的差异。卡斯特尔（Castells，1996）进一步区分了两种形式的空间逻辑：
"场所空间"（Space of Places）和"流空间"（Space of Flows）。新出现的流空间支配
传统的场所空间。"流空间"是社会管理精英和具有支配地位的利益相关者的流动、相
互交流所形成的空间。流空间分为三个层次，网络中的电子脉冲、通信网络构成的网络
节点和枢纽的场所，以及占支配地位的管理精英的全球工作、消费和流动所构成的空间。
沃姆斯利（Walmsley，2000）对新城市主义、城市生活的消费转向、后现代主义等进行
了深入分析后，指出场所和本地社区仍将是社会功能的基础。赛博空间则可能已经消灭
了距离并非场所。韦尔曼（Wellman，2001）进一步从个人活动的角度分析赛博空间对
个人—个人、场所—场所、网络联系的影响，并指出赛博空间不是对实体场所的替代，
更多是实体场所的有力补充。同时，学者从全球经济、文化认同、政治领域等角度探讨
了赛博空间在实体社会空间组织中的重要作用。

　　随着虚拟空间对实体空间影响的不断深入，两者融合发展的趋势越来越明显。学者
们开始探讨网络空间和地理空间融合的结果及其空间形态。卡斯特尔（Castells, 1996）
对于流空间的内涵理解也从纯虚拟空间转向虚实结合的空间。巴凯斯（Bakis *et al.*, 1997）
认为地理空间和赛博空间处在融合发展的状态，并出现新的地理现实空间——地理网络
空间（Geocyberspace）。这加强了全球网络和基础设施引发的新服务业对地理空间的作
用。巴蒂（Batty *et al.*, 2001）认为原子（物质材料）和比特（虚拟软件）将不断融合，
场所和非场所一起形成混合空间（Hybrid Space）。混合空间的这种关系代表了信息时代
地理和规划新的关注方向（图 1-5）。祖克（Zook *et al.*, 2007）基于近年来快速发展的位
置信息服务，将虚拟空间和网络空间构成的混合空间称之为"数字场所"（DigiPlace），
可以认为是赛博空间中信息使用的排序和相对位置关系。格林汉姆（Graham, 2010）分
析了在 Web 2.0 背景下虚拟世界的重构，及其呈现出的新地理特征和场所再显。

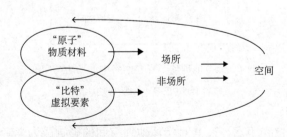

图 1-5　实体、虚拟和混合世界中的地理抽象

资料来源：贾内尔（Janelle *et al.*, 2000）。

2000 年以来，国内学者逐渐开始关注信息和通信技术所产生的新的空间形态。巴凯斯、路紫（2000）认为"地理空间"和"网络空间"正交织融合为"地理网络空间"，以此来强调全球网络服务所形成的地理学空间形式。张捷等对国外赛博空间研究进展进行了详细的分析，并提出未来的发展趋势（张捷，2000）。甄峰（2004a；2004b）将信息时代的空间形态分为实空间、虚空间和灰空间，并认为灰空间是由物质场所、可上网的固定计算机或移动设备以及网络设施所构成，同时这个空间兼具人及相应的组织机制。谢守红等（2005）对信息时代的城市空间组织演变进行了研究。孙中伟（2005）基于流空间的形成机制，分析流空间与地理网络空间、位空间的相互关系。沈丽珍（2010）从点、线、面三个方面分析了流动空间的构成要素，并深入分析了流动空间对于传统空间的转型和影响作用。总体上，国内对于信息时代的空间形态研究，从早期对虚拟网络空间的关注，逐渐转向对虚实空间相互作用和融合的流动空间，但目前对流动空间研究主要集中在理论和流要素的组织形式分析上，而缺乏对流动空间运行规律、作用机制的深入研究。

（二）流动空间研究

1. 流动的时空观

近代科学技术的突飞猛进，人们开始从时空观角度认识客观世界。马克思通过人类实践活动来解释时间和空间。他指出"时间是人类发展的存在"。"通过劳动实践，人类可以把更多的时间转化为自由时间，并把自由时间转化为人类发展的社会空间，从而促进人类发展"。马克思所阐述的时空观是人类实践的延续，与特定的社会实践环境、物质空间相结合，可以认为是固定的时空观。

移动通信技术、移动互联网以及笔记本电脑、平板电脑、智能手机等终端设备为代表的现代技术，不断打破传统时间和空间对人类活动的限制。活动的时间选择更加自由、空间更加广阔。在移动信息技术和高速交通系统的支撑下，对区位理论的认识正由固定区位转向流动区位。空间不再呈现静止、封闭的特点，而是各种要素流密集连接的在不同空间尺度的流动和共享型空间，从而促使人们形成新的流动时空观和流动区位观。虚拟实践在人们的日常生活中起着越来越重要的作用，由此而产生的时空观成为虚拟流动的时空观。从信息技术与时间、空间关联的角度，提出全球数字网络正在终结地理和距离的限制（O'Brien, 1992）。信息技术作为后福特主义生产体系的内在要素，出现了全球性的"时空压缩"(Time-Space Compression),使得社会生产方式向灵活生产与积累的后现代生产方式转变(Harvey,1990)。生产要素的全球流动,形成了全球性流动的时间和空间。流动的时空成为推动全球生产积累和社会转型的重要基础。

在工业社会、后工业社会向信息社会转变过程中,出现了"消费转向"的趋势。学者们开始关注人们活动的时空利用。研究尺度由全球生产要素流动转向城市及都市区的居民活动流动。ICT减弱了活动和时间、活动和空间的联系,出现了"瞬时时间""流动场所"等新的流动时空观概念。基钦(Kitchin,1997)则强调ICT技术影响下的经济活动的流动性变化。通过瞬时通信网络引起的社会关系的空间转型,改变了生产和消费等经济活动节点的时空流动性。凯勒曼(Kellerman,2010)认为虚拟信息流动的加强可以增加实体要素的流动性。在虚拟网络空间中,要素流动和活动的场所转变可以瞬时完成,表现出无限时间(Timeless Time)。信息技术的另外一个影响是其导致了活动时间的灵活性和破碎化变化,不再局限在特定时间或连续的时间范围内完成。如网上购物打破了传统实体活动的时间限制,可以实现24小时购物,并在工作、出行中进行网络娱乐、休闲、社交等活动。ICT引起活动时间的改变极大地增强了活动时间的流动性。信息技术对活动和场所的关系影响,表现在相同的活动可能在不同的场所发生,或者相同的场所可能承载不同类型的活动(Couclelis,2004)。这使得空间的弹性和流动性不断增加。

2. 要素流与流空间

对要素流动及流要素所呈现出的"流空间"一直是社会、政治、经济、地理和规划等学科关注的重要方向。要素流动在不同的社会经济背景下呈现出不同的内容和特征。工业时代的要素流动主要以交通运输为基础技术支撑。流动的本质是生产要素的空间位移,呈现单向流动的形式,并且以物质要素的空间转移为主。流动主要是克服距离的空间限制。工业时代的流动性差异与交通可达性有着密切的关系,如"工业区位论""中心地理论"等均从交通可达性的角度来分析产业布局与地域空间格局变化对"流要素"的影响。亚当·斯密的绝对优势理论、大卫·李嘉图的比较优势理论以及赫克歇尔-俄林的资源禀赋理论等有力地解释了工业时代生产要素流动的内在机制。而全球范围的生产要素流动促进了国际贸易和地域分工的形成与发展。

随着各种交通基础设施网络的完善,空间的交通区位差异性越来越小。空间可达性呈现均质化发展的趋势。居民流动也逐渐由工业时代的"位移"转向信息时代的"交流"和"共享"(表1-1)。信息时代的要素流动以信息和通信技术(ICT)及各种信息网络为支撑，以各种"流态"要素的跨时空共享、传递为流动目的。流动的形式是双向交互式的。信息时代的要素流动与信息网络化程度有着密切的关系。流动主要克服时间的约束性。信息时代的要素流动构成"流空间"的基本形态。尤瑞（Urry）在其著作《流动性》（*Mobilities*）中，通过对信息时代网络社交工具的使用、电子工作模式等现象分析，提出"新流动范式"和社会系统的流动转型，以及可能带来的社会不平等问题。要素流动理论为生产性服务业的区域组织研究提供很好的解释方法，同时应从关注要素流动转向强调"价值流动"（Space of Value）对城市和区域财富积累的作用。鲍曼（Bauman，1998）提出流动的现代性理论，并指出"流动"的现代性主要是人们生活方式的"流动"，强调了信息围绕居民行为活动建构起来虚拟和实体的要素流动。

表1-1 工业时代和信息时代的要素流动对比

要素流动	基础技术	流动形式	主导因子	空间形态	流动目的	影响因素
工业时代	交通运输	单向	距离	位空间	位移	空间可达性
信息时代	信息网络	双向	时间	流空间	交流、共享	信息化、网络化程度

"要素流动"的运动及其地域组合本身就表现为"流空间"的过程。流空间的要素包括了信息流、人流、物质流、文化流等。卡斯特尔（Castells，1996）指出，跨地区、跨国家的技术活动及流的积累形成了"流空间"，而"场所空间"是城市中日常生活的地理空间和社区。他总结了"流空间"的三个构成层次：第一个层次是由电子回路构成的物质支撑；第二个层次是电子回路连接的节点和核心；第三个层次是占支配地位的管理精英。岑迪等（2013）从"流空间"的作用机制角度将"流空间"抽象为节点、通道、引力、势能四个特点。交通和信息技术的发展，使生产要素流动的廊道得以形成。引力是全球的经济合作和贸易交流。它构成全球化生产要素流动的需求驱动，因此导致了"流"的产生。不同节点地理势能的差异成为全球生产要素流动的动力机制，决定了流的大小。"流空间"的结构和组织形态虽然是建构在虚拟信息流基础之上，但在信息流要素与实体空间的互动过程中，其结构形态受物质化的场所空间塑造。

3. 流动空间及其组织结构

尽管卡斯特尔区分了"流空间"和"场所空间"，在其随后的研究中则开始强调要素"流的空间"和"场所空间"的结合对城市的功能、形态和场所意义等产生的影响，并认为这种结合改变了代表虚拟网络空间特征的"流空间"的功能和内涵（Castells，1996）。随后学者们进行了大量的关于赛博空间（网络空间、虚拟空间、流的空间等）和实体场所空间融合结果以及呈现新空间形式的研究，提出了"虚实结合空间"（the Combination of Virtual and Physical Space）（Castells，1996；Graham，2003）、"地理网络空间"（Geocyberspace）（Bakis *et al.*，1997；H.巴凯斯、路紫，2000；孙中伟等，2005）、"混合空间"（Hybrid Space）（Batty *et al.*，2001；Adriana，2006）、"数字场所"（DigiPlace）（Zook *et al.*，2007）、"灰空间"（甄峰，2004a；2004b）、"流动空间"（Bush *et al.*，2007；沈丽珍，2010）等概念。总体上学者比较认可流动空间的概念。流动空间是信息时代赛博空间（流空间、虚拟空间等）与实体场所空间相互作用和融合的结果。

　　流动空间的组织模式兼具赛博空间的虚拟网络和场所空间的等级结构的共同特点。学者们从全球和区域尺度开展了流动空间组织结构的探讨。全球城市理论可以认为是早期对世界范围流动空间的分析。全球城市功能的形成正是地方和全球的要素流动与联系在城市的聚集过程。约翰·弗里德曼（1986）从新的国际劳动分工角度，划分了全球城市的不同类型。丝奇雅·沙森在1991年出版著作《全球城市》（*The Global City*）中，指出全球资本流动不仅带来了生产的地理区位及金融市场网络的变化，同时还要求形成保持这种生产和金融组织的管理与控制机构。信息技术的发展进一步契合了全球化生产组织和全球城市网络的形成（泰勒，2004；吕拉昌，2007；冷炳荣等，2012），流动性加强了全球城市网络中节点城市产生集聚和分散的双重变化。卡斯特尔从空间的功能、形态以及意义角度描述了理论上的流动空间组织。从功能的角度看，城市是地方和全球间的连续统一体。从城市形态的角度，虚拟空间和场所空间的竞争逻辑促使了城市的建构和解构。从意义来看，虚实空间结合将个体和群体联系起来。计算机网络可以构建个体与具有相同认知的社会群体的联系并相互作用。

　　随着流动空间理论研究的推进和地区经济一体化不断深入，区域和城市尺度的流动空间研究逐渐成为热点。阿尔布雷希特等（Albrechts *et al.*，2003）从交通流空间和场所空间平衡视角分析了布鲁塞尔的流动空间管理。索科尔（Sokol，2007）以爱尔兰的金融服务业地理空间布局为例，研究生产性服务业所形成流动空间的区域配置。沈丽珍将流动空间结构抽象为点、线、面三种具有某种内涵和意义的符号与表达形式。节点是空间经济活动最密集的地方及社会经济的空间"聚集点"。线是流动空间构成的物质支撑，包括交通线路等。面主要体现在新空间的扩展，包括新工业空间、新城市空间和精英空间，并以长江三角洲地区为例进行了实证研究（沈丽珍等，2009；2010）。结合移动信息技术和高速铁路网络，吴康等（2013）进行了区域内部以及城际的流动空间组织特征研究。

信息技术对城市居民活动方式和社会经济组织的影响，导致各种流要素的流动性也随之产生变化，并不断地重构着城市空间结构，促进城市空间由传统的结构模式向流动空间结构模式转变（席广亮等，2013）。总体上，城市内部的流动空间研究相对较少。

4. 流动空间相互作用

计算机技术和信息网络的深入发展，促使了城市不同部分和要素之间的经济、社会文化以及政治权力的相互作用。尤其是移动信息终端的广泛使用，个体之间、个体与企业、管理部门之间的相互作用无处不在。移动信息技术和快速交通网络的建设，促进了要素流动集结的节点形成，并与城市外部区域发生联系。英国的 GaWC（Globalization and World Cities Research Network）研究小组和欧洲 POLYNET（多中心巨型城市区可持续管理）从全球流动空间的角度，分析世界城市网络和欧洲巨型城市区域中的城市相互作用。通过航空乘客数据，分析世界城市之间的联系和相互作用强度，以及所形成的城市网络特征（Derudder *et al.*，2005）。全球城市现象出现在城市等级体系中最高层级的少数核心城市，是其在全球网络的作用下，与先进服务业、生产中心和市场联系的过程。全球城市不是一个场所，而是一个过程。基于信息流，其拥有的先进服务中心功能与全球网络以及腹地联系的过程。不同国家的社会文化通过信息技术的作用，以标准化空间再现的形式在世界各地扩张，体现了特定的社会文化空间在全球范围的流动。这种流动促进了不同意识形态、不同文化背景群体的相互联系。张敏等（2014）分析了西餐如何融入中国的城市景观，以及西餐厅和本地顾客的相互作用并成为居民日常生活中的重要部分（Zhang, 2014）。信息技术加速了知识、创新、制度等要素在全球和地方的流动及相互作用。权力的流动产生了流动的权力，而其物质性的实体使它成为一个无法被控制或预测。只能予以接受和管理的自然现象。它借助信息技术得以实现。人们生活在场所中，而权力通过流动来统治（Castells，2006）。基于知识的集群理论强调了地方和全球知识的流动与学习过程，以及社会资本和地方制度支持地方"学习型经济"发展的互动作用（Bramwell *et al.*，2008）。流动空间的相互作用过程，可以促进城市内部空间的融合发展。西方最早关注如何通过社区中心、交往空间等具有高度流动性空间的营造，来打破社区隔离。重建街道生活。通过流动空间的相互作用来提高基础设施利用效率并促进城市中心区和郊区的协调发展（Graham *et al.*，2001）。与区域性流动空间关注生产和社会文化的流动不同，城市内部流动空间的相互作用，更多集中在居民和群体的居住、就业、交通、购物休闲活动的空间关系。如对线上线下空间互动、职住空间关系、居民日常活动空间联系等。修春亮等从地理空间与"流要素"视角下的"流空间"比较分析入手，探索沈阳市居住就业空间与"流空间"的相互作用关系（修春亮等，2013）。

三、国内外相关研究述评

对于城市空间组织及其结构的研究，是经济、地理、城市规划、社会等学科长期关注的问题，形成了较为成熟的理论体系和丰富的研究成果，以及多样化的空间。随着技术的不断进步，空间组织的要素、模式和结构等发生重大变革，尤其是交通方式变革和信息技术的深入发展，空间联系和相互作用的时空距离不断被压缩。信息时代的城市居民日常活动、城市经济活动、城市空间组织和形态等呈现出新的特征。围绕信息流、物流、人流、资本流、技术流等要素流所形成的"流空间"不断重构着全球和地方关系。信息技术的深入发展，推动了信息流等赛博空间与实体要素流、场所空间的相互作用和融合，出现了新的流动范式。赛博空间和场所空间的相互作用与结合表现为流动空间。尽管对信息时代的空间认识从"流空间"转向对"流动空间"的关注，但对于流动空间的研究仍有以下不足之处：

研究内容上，以流动空间的理论抽象描述为主，缺乏对流动空间的具象化、实际空间结构形态的研究。从信息社会空间形态变化入手，卡斯特尔等学者对流动空间的内涵、结构形式、相互作用关系等方面进行了理论分析，并强调精英阶层在流动空间中的重要性，以及新产业区是流动空间的地方化表现。而对于流动空间的实证研究则相对不足。现有的研究主要集中在信息流、技术流、资本流等生产要素流动的方向、强度和相互联系的分析，缺乏对技术、活动、空间等要素系统的认识，也缺乏进行流动空间的实际结构形态以及具象化研究。因此，笔者尝试从理论与实证结合的角度，对城市流动空间的具体组织结构进行分析研究，并进一步分析基于流动性、流动空间的智慧城市空间组织。

研究尺度上，已有全球和区域尺度的流动空间研究，城市层面的流动空间研究相对不足。对于流动空间的研究，以及基于流动空间理论的城市网络、巨型城市区域等研究，主要集中在全球和区域尺度的分析，并且主要关注工业社会大规模生产背景下的要素全球配置、劳动地域分工等问题。后工业社会，对于城市空间的关注由生产空间转向居民生活空间，围绕居民日常活动所构建的活动空间成为流动空间研究的重点，尤其是城市层面的居民日常活动空间研究。因此，从城市层面的居民、企业和公共服务等活动分析入手，探讨城市尺度的流动空间和智慧城市组织结构，是本书重点选择研究的尺度和视角。

研究方法上，前人缺少对流动空间的测度研究。已有的关于流动空间的研究，主要采用空间相互作用、社会网络分析等方法。通过城市之间的生产要素流动数据，分析流动空间的空间关系、网络结构等特征。本书将基于流动空间组织结构的理论框架分析，重点从居民、企业和服务等方面进行流动性分析，通过空间流动性分析来测度城市流动空间结构。

第三节　流动性与智慧城市

一、流动性

互联网、信息技术的发展，对社会生产和居民生活等要素的流动产生颠覆性的影响。互联网等信息流与居民活动、交通、人口迁移、企业生产等实体要素流结合，呈现新的社会技术系统流动范式，并对承载各种要素流的空间产生影响。互联网、要素流动和空间的深层次互动，改变着城市的流动模式。互联网对城市居民活动、企业生产布局、公共设施配置以及场所的流动性改变（图1-6），进一步对城市的社会经济组织、居民日常行为活动、城市空间形态产生系统性的影响。

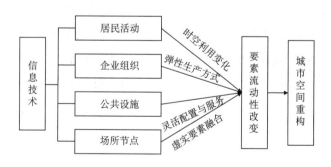

图1-6　互联网对要素流动性影响

信息技术减弱了居民活动的时空制约。居民的流动性、时空间利用弹性大大提升，持续改变人们的日常生活方式，并对居民的活动空间产生重构作用。信息技术一方面改变了居民流动的时空尺度，另一方面改变了居民活动的规律。尤其是伴随移动终端应用的普及，移动办公等新的生活方式不断出现。移动生活方式改变居民行为活动时空分布的同时，重塑着人、活动、场所的相互作用关系。人们日常行为活动对传统场所、地方的依赖性减弱。尤其是在移动信息技术和快速交通系统支撑下，城市居民活动的弹性呈现出新的特征。

以互联网为代表的信息技术进步，促进企业的区位因子发生较大改变，表现为物质区位因子的弱化，以及新区位因子作用的突显。企业区位选择和生产要素流动的决定机制逐步由"距离成本"转向"时间成本"（宋周莺等，2012）。在信息技术的影响下，企业生产要素的弹性进一步增强，资本、技术、劳动力、知识创新等要素在全球流动和配置。进入弹性生产时代，空间和距离的障碍被消除，空间中任何一个场所都被纳入信息网络中，并在全球范围配置生产要素和资源，形成全球性的生产管理、加工和市场节点。这些节点是全球生产网络中的重要场所和功能区。弹性生产中的垂直转包方式以及网络信息在生产、管理中的作用，使得远程的管理控制得以实现，从而形成全球化价值链的流动组织。

互联网、物联网、无线传感技术（FDIR）、云计算等技术与城市基础设施、公共服务设施的结合，提升了城市公共设施的智能化发展水平，并改变了传统的公共设施配置方式，极大改善了城市公共设施供给的灵活性、流动性。"三网"融合技术的使用，促进城市基础设施的整合，支撑了城市信息、能源等要素的快速流动。交通、物流、医院等公共设施的智能化，有助于提高城市内部生产和居民生活的流动性，尤其是智能交通系统建设，提高了城市交通运行效率。例如为交通出行者提供多样性服务，通过海量交通数据的集成处理进行交通诱导，关注不同类型交通出行的时空分布特征等（赵渺希等，2014）。智能设施的持续建设，缩短了要素流动的时间并降低了空间距离的限制，大大提高了城市人流、物流、活动流的效率，对于促进城市空间的集约、高效、低碳发展具有重要作用。

二、智慧城市

不同学者对于智慧城市的概念和内涵有不同的解释。卡拉柳等（Caragliu et al., 2011）指出，智慧城市将对智力和社会资本，以及传统交通和现代信息通信技术等基础设施的投入作为推动经济可持续增长的动力，并通过参与式治理对上述资本及自然资源进行智能化管理，进而实现高质量的宜居生活。雷纳塔等（Renata et al., 2014）利用信息和通信技术（ICT）令城市生活更加智能，并高效利用资源，从而带来成本和能源的节约，改进服务和生活质量。城市的智能工程和项目可以有效地改善城市空间的生活质量，并促进文化和经济的发展。李德仁（2014）从地理信息科学角度，认为智慧城市是通过传感网将数字城市与现实城市关联，并通过云计算平台进行海量数据存储、计算、分析和决策，同时按照分析决策结果对各种设施进行自动化的控制。从城市科学的角度，甄峰（2015）认为智慧城市建设不仅要考虑技术支撑，还应充分考虑信息技术对城市政府、企业和居民活动及其空间的影响。也有学者从公共管理、系统工程等角度，进行智慧城市的概念和内涵界定。

从城市发展的角度，智慧城市的内涵可以总结为两个方面：一是通过政策引导城市集约、紧凑、高效发展。2000年，美国提出"精明增长"（Smart Growth）概念，并以此为原则指导城市规划建设（Pollard，2000）。欧盟一直致力于在推动区域和城市发展过程中融入智慧发展理念。同时，强调知识创新作为城市发展的动力，尤其是信息和通信技术（Information and Communication Technology）对城市经济和社会文化的智慧化影响。二是强调信息技术对城市功能的作用。这种视角的分析认为，信息技术的变革和进步，带来新的城市形态出现。第三次科技革命、信息技术和互联网发展带动了"数字城市""信息城市"等城市组织形式的出现。近年来，新一代信息技术、物联网、云计算等技术的广泛应用，促进了信息时代的城市形态向智慧城市建设转变。前者强调通过城市土地利用节约、资源利用效率提高来实现城市的可持续发展；后者强调信息技术在城市系统建设、城市功能提升中的重大作用。

三、流动性与智慧城市的关系

信息时代流动性是智慧城市的重要表现，而围绕要素流动性所形成的流动空间，可以认为是智慧城市的主导空间形态。互联网、物联网、大数据等技术快速发展，首先推动了城市信息流动的状态，尤其是跨区域、跨部门、跨要素信息流的速度和质量，体现了城市智慧化建设的水平。其次，信息流对人流、物流、技术流、资源能源流等要素流动具有影响作用。信息流对要素流动效率和网络的影响与改变决定了智慧城市发展的质量。与此同时，信息流等流动性也改变了城市空间、各类活动的结构和组织形态，尤其是虚拟空间与场所空间、虚拟活动与实体活动的结合，形成具有高度流动性的流动空间。其要素、结构和功能反映了智慧城市的空间功能组织。

　　智慧城市的建设，则对流动性具有决定性的影响和作用。智慧城市的建设过程可以认为是持续改变居民、企业、公共服务和空间流动性的过程。首先，互联网、物联网、大数据等技术发展，实现了远程感知和万物互联，推动异质性要素之间的信息流，这为城市基础设施感知、信息集成和控制提供了支撑和保障。其次，通过智慧城市公共信息平台、公共服务平台和智能基础设施的建设，支撑各类服务和应用系统之间的信息流动，并提供流动、精细和人本化的服务，从而有助于实现高效率的社会服务和基础设施运营。再次，智慧城市的规划、建设和管理运行，有助于推动"自上而下"和"自下而上"的信息双向流动，强化了政府、企业和居民之间的多元互动。这对于提高社会运行效率、实现社会公平正义具有重要作用。最后，智慧社区、智慧办公、智慧园区、智慧商业综合体等智慧空间的建设，推动了不同功能空间的场所与信息流的融合，并促进了空间的虚实融合、功能统筹和空间协同。

　　因此，作者在探讨流动性、流动空间理论框架的基础上，进行居民、企业和公共服务等不同维度的流动性分析评价，并从流动性的视角研究智慧城市的空间组织。一方面突出了互联网、物联网、大数据、云计算等智能技术对城市要素运行的内在规律性影响，及其流动性表现特征；另一方面打破单一技术角度的智慧城市建设局限性。从城市科学的角度，立足于智能技术对活动、空间和管理以及城市各个主体的影响，搭建更加综合的智慧城市理论与实践框架，旨在推动更加人本化的智慧城市建设。

第二章 理 论 基 础

第一节 信息时代的时空观与流动性

在信息时代的发展背景下，互联网、物联网、大数据、云计算等新一代信息技术改变了传统的时间、空间和距离概念。在带来时空压缩和要素流动距离变化的同时，对居民行为活动的时空制约产生影响，进而改变了人们对距离的认知以及要素的流动尺度。

一、信息技术作用下的时空间和距离

（一）时间

对时间的探讨最早源于哲学的思考。西方传统的时间哲学从物理学、宗教等角度进行了时间的本源、时间与自由的关系探讨。海德格尔在《存在与时间》中，提出时间、自由和世界是统一的。在此后的人类社会生产实践中，不断赋予时间新的内涵和特征。工业生产中的速度、时效性等概念用来强调时间性。进入信息时代，在互联网、远程通信等技术的支撑下，信息、资本、组织的流动跨越了物理空间的限制，组成了一种高时效的流动空间（蔡良娃，2006）。

流动空间的时间相对传统的场所空间更具时效性，尤其是信息技术对城市居民行为活动的作用所表现出的"瞬时时间"（Instantaneous Time）（Castells, 1996; Urry, 2000）。移动信息终端设备和移动互联网减少了活动的时间限制（Schwanen, 2008），活动发生的时间更加自由和弹性。一方面活动进行的时间有了更多的选择，如网上购物可以使消费者规避商店开门的时间限制；另一方面活动的进程可被切割为多个时间片段。如利用

上班空闲时间看电影，晚上在家将同一部电影看完。已有学者从破碎化、多任务、弹性等角度进行了信息时代的活动时间变化研究。而这些变化是以时间的瞬时性和高度自由化特征为基础。

瞬时性和自由灵活性的时间是流动空间组织的重要表现。不同区位和场所之间的信息、资本、技术流动瞬时完成，呈现要素流动的高度时效性。同时，居民行为活动受时间的约束性降低，如工作、购物等行为活动可以在任何时间进行，打破固定的活动时间限制。活动的时间弹性和灵活性增强。物联网、无线传感技术、云计算等技术的深入发展，进一步缩短了人与人、人与环境之间感知、互动的时间，从而使得流动空间中时间流动性特征更加明显。

（二）空间

一般意义上的空间是指在日常生活三维场所的生活体验中，符合特定几何环境的一组元素或地点间的距离或特定边界间的虚体区域（夏安桃等，2006）。社会学家认为空间是时间共享型社会实践的物质支撑。空间使得在时间上同时发生的社会实践集聚到一起。空间是社会的表现。社会和空间之间的本质关系十分复杂，因为空间不是社会的反映，而是社会的表达。空间形式和过程由总体社会结构的动态机制所形成。因此空间具有社会性、历史传承性、动态演变性和相互关系等特征。卡斯泰尔（Castells，1972）提出，"空间是物质产品，与其它物质产品存在密切关系，包括人类。正是人类所产生的历史性的、具有决定意义的社会关系，提供了空间的形式、功能和社会意义"。技术的不断进步和人类社会实践内容的演变，从工业社会向信息社会转变的过程中，空间的形式、功能和特征也相应地发生变化。

信息时代的空间关系呈现出流动的相互作用，表现为流动空间中的流动区位、要素流相互联系形成的空间关系。传统的空间观以固定的区位论、地域邻近性以及领地性作用作为其主要的特征。在信息技术的影响下，空间观由实在论走向关系论，空间尺度无限缩小（沈丽珍等，2010）。信息、资本、技术等要素的可接入性取代交通、土地、劳动等生产要素的可达性，成为流动区位的重要条件。空间相互作用的物理空间邻近性逐渐被流要素所构成的网络连接关系所重构。要素流的方向、强度和内容影响着空间的区位、功能和发展趋势，从而不断塑造着流动空间中的流动性关系。

空间组织模式和结构是一定地域范围内空间要素的相互联系、组合所呈现的状态。传统城市的场所空间呈现出刚性、僵化的土地利用模式。空间被城市功能和活动所分隔，具有明显的功能分区和等级结构。赛博空间具有无尺度网络、高度网络化连接的组织特点。赛博空间中信息结节形成节点和枢纽。赛博空间对场所空间的作用和二者结合所形成的流动空间，具有柔性、弹性、流动性的组织特征。空间的功能边界变得柔性和模糊。空间所承载的活动表现出高速流动的特点。

（三）距离

距离是用来反映事物在时间、空间上相隔的长度，或心理、认知等方面的差距。时间和空间距离往往是物理距离，而心理、认知距离则为虚拟距离。在空间研究中，往往通过时空距离来度量要素的相对地理位置、空间关系和组织状况。场所的空间联系主要体现为物理距离。场所相互作用的强度往往与空间距离成反比。赛博空间中的距离主要为不同节点信息交流的时间，通常用时间距离来分析赛博空间的相互关系。而活动空间中除时间和空间距离外，还包括活动主体的认知距离和情感距离等。

信息技术、互联网的出现改变了通信和物理距离之间的平衡。基于信息技术对功能联系的相互距离改变。1962 年马歇尔·麦克卢汉提出了"地球村"概念。基于远程通信对距离的影响，有学者断言互联网将导致"距离的死亡"。但实际上，信息技术、互联网并非消灭距离，而是重构要素作用的时空关系。哈维的"时空压缩"理论被认为是信息技术对距离作用的最合理阐述，卡斯特尔则基于"时空压缩"视角对"流空间"和"场所空间"进行了区分。

作为赛博空间和场所空间结合的流动空间，其空间关系的描述既包括了虚拟要素流的时间距离，也包含了场所空间中的空间距离。流动的本质是人、活动与场所之间作用的时空距离改变。流动空间的组织是改善要素流动、活动联系和场所互动距离的过程。流动性大小反映了空间联系的距离阻隔。流动空间主要表现为人及其活动的流动，因而人的认知距离、心理距离也对流动空间的组织产生影响和作用。如基于交通拥堵状况、对城市场所的喜好倾向所产生的心理距离，也成为流动空间中活动的重要影响因素。

二、信息时代的时空压缩与流动性

时间、空间和距离是流动空间建构的基本维度。这三个维度的变化影响技术、活动、社会制度和物质环境的互动关系以及赛博空间、场所空间、活动空间的相互作用机制。时间、空间和距离在流动空间建构中，并不是单独对流动空间构成影响，而是三个维度的整体效应发挥和系统性改变所产生的影响。时间和空间的变化必将带来距离的变化。但时间、空间和距离对流动空间作用的方向和重点有所差异。这体现在 ICT 技术应用对虚实要素和空间影响的效应不同。虚拟要素流和赛博空间联系通常是时间距离的作用，而实体要素流和场所空间联系中主要是空间距离的作用。行为活动主体的心理认知距离同样对流动空间组织发挥着无形的作用和影响（图 2-1）。

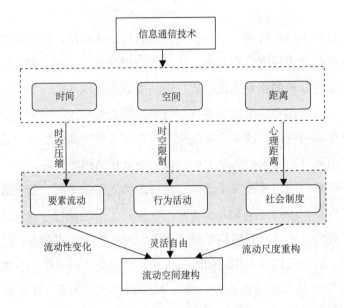

图 2-1　时空距离对流动空间建构的作用示意

（一）时空压缩和要素流动距离改变

在 ICT 技术的影响和作用下，要素相互作用和联系的时空关系与距离发生变化。大多数学者认为 ICT 带来时空压缩和要素相互作用的距离衰减，时空压缩塑造着流动空间的流动方式。通过信息技术可以在全球任意地方和城市，实现瞬时信息互通联系。这种虚拟空间的瞬时效应大大拉近了人们互动的时间距离，使得虚拟要素流动几乎呈现"零时间距离"状态。全球生产分工和管理体系的形成也是基于这种信息时代的瞬时联系。城市内部的虚拟信息瞬时沟通，正是实现城市日常管理、应急管理、城市公共服务等运转的重要保证。新一代信息技术、物联网、无线传感技术等进一步促进信息的异质交流互动，实现人、基础设施、城市物质环境之间的互联互通，从而实现城市跨介质的信息流动。信息技术、快速交通系统发展，改变了不同场所的区位关系，拉近了空间相互作用的距离，如电子商务、信息技术对交通运输、商贸流通的影响，大大提高了城市人流的速度、物流配送的效率。大运量、高速运转的智能公共交通系统增加了人们出行的距离和空间联系。信息化的物流配送可以实现"门到门""点到点"的服务，拉近了不同场所货物流动的时空距离。信息技术带来的虚拟信息瞬时互通和实体要素快速流通，极大地缩短了要素流动的时空距离。

（二）行为活动的时空限制变化

ICT 技术对居民时空利用产生不同程度影响，导致时空利用方式产生变化。ICT 技术发展和广泛应用，减弱了城市活动和时间、空间之间固有的联系（Couclelis，1998；2004）。活动受传统的时间与空间的限制降低。活动的时空灵活性不断增强。信息时代的行为活动越来越突破传统意义上时间的限制。原来只在白天进行的活动可以在任意时间发生。固有的连续性活动时间被分解成若干细分的活动时间段，如传统的工作时间段内完成多项任务。信息时代的行为活动空间弹性越来越大，一方面活动不再局限于特定的场所或空间；另一方面传统的场所承载的活动内容和方式发生变化。总之，信息时代居民行为活动的时空限制性不断降低，活动的时空灵活性、流动性不断加强，活动的时空范围和出行距离也突破传统的时间和空间，这对城市流动空间的边界、流动性大小产生一定程度影响。而活动在跨时间和空间的联系中，塑造了流动空间中的网络互动结构。

（三）认知距离和流动尺度重构

信息技术进步不仅改变了时空联系的距离以及活动、空间的流动性，同时也改变了居民对时空间的心理距离和认知距离。这在很大程度上影响了社会文化和制度的流动性。信息时代的时空联系变化，带来居民对时空认识观念的变化。时空间的认知距离逐渐影响居民出行选择和活动联系。如网上购物、团购对居民购物活动的时间和出行的影响。团购消费在网上消费后产生实体店消费行为。消费者网上消费选择往往受商家促销等营销策略的引导。商家网上营销策略引导消费者产生新的网上消费需求。这些新的消费在一定程度上拓展了传统的消费活动范围（席广亮等，2014）。行为活动的认知距离变化，改变了城市流动空间的组织尺度，包括城市经济活动融入全球和区域尺度的经济网络，以及城市居民日常行为活动的流动空间尺度拓展。借助信息媒介的场所营销、消费引导、利益刺激等方式，引导城市内部更大尺度的人流活动，可以增加城市较低等级中心、郊区的功能复兴与活动集聚。

尽管如此，由于信息技术及应用可接入性的空间差异，对不同空间的要素时空联系影响不同。尤其是移动信息化水平在城市内部的空间差异，带来城市空间的要素流强度、活动时空限制、空间流动尺度的分异。信息技术条件较差的地区，可能成为流动空间中的边缘性空间，而信息化水平较高的空间，其空间流动性和要素集聚优势则更加明显。空间流动性的差异可能成为新的发展机会不均等因素。

第二节　城市流动空间的要素系统

一、传统城市空间的要素系统

传统城市空间的要素指信息时代来临之前的城市组织要素，主要表现为农业社会和工业社会的城市空间要素。传统城市空间的要素以土地等物质空间为载体，以道路交通系统作为物质空间和活动联系的重要支撑。交通系统的支撑使得不同物质空间的生产生活要素联系起来，活动和社会文化系统是城市空间生产实践的重要表现。

（一）物质环境

城市物质环境由自然环境因素和人工环境构成。河流、山体等自然环境与城市人工建成环境的融合，是城市空间协调和营造良好生态环境的基础。尤其是工业时代城市大规模工业所带来的环境污染和可持续发展问题，是城市空间组织最为核心的内容。城市物质环境具有可达性和区位性两方面的空间属性。传统的可达性反映了道路交通的连通程度。地理区位体现了城市物质环境的空间关系和相互作用，是传统生产要素、市场布局最为核心的影响条件。

（二）交通系统

在工业时代，城市内部的道路交通系统是联系地理实体空间中社会经济活动和居民日常活动的重要方式。不同空间组织结构与交通条件有着非常密切的关系。高速公路、铁路、航空、水运等对外交通联系状况往往决定了城市在区域中的功能和性质定位。城市内部的道路交通体系，尤其是城市快速路、主次干道影响商业、居住、工业、游憩等不同功能之间的相互联系。在经典的区位论研究中，交通条件所带来的交通运输成本是考虑的重要因素，如克里斯塔勒（W. Christaller）的中心地理论中强调的交通原则。城市交通运输系统与空间结构是相互联系、相互促进的关系，尤其是轨道交通等快捷、大运量的客运系统，对城市空间组织演变发挥着重要作用（崔扬等，2009）。城市总体布局层面，城市交通系统与城市空间组织结构的协调发展，是解决交通拥堵问题和实现城市可持续发展的重要因素。城市内部的居住与就业的空间均衡和非均衡，对交通需求的产生与分布以及交通方式选择等具有直接影响。反之交通设施和交通方式的空间分布与组合影响城市居住、就业和公共设施的空间布局（周素红等，2005）。功能区层面，完善的交通系统可以支撑城市功能建设和地块开发。商业中心、大型公建等吸引大量人流汇集的地区，需要良好的交通系统支撑人流的集聚和扩散。总体上，道路交通设施、交通运输网络的布局及其城市内外联系的便捷程度（可达性），反映了某些城市空间的开发建设和区位状况，对城市活动联系和空间组织形态起着基础的决定性作用。

（三）城市活动

工业时代的城市活动以经济活动为主，围绕生产和消费过程的成本节约进行城市资源、资本、土地、市场和劳动力配置。在经典的区位论研究中，这些因素得到了不同程度的关注。自然资源、能源的分布往往成为早期工业城市选址和空间布局的决定性因素，依托矿产资源、能源开发利用进行城市布局。土地是城市社会经济活动的重要载体。土地开发建设条件、地理区位、承载力状况等作为重要的生产要素影响经济活动布局。市场规模和分布从需求的角度影响城市经济活动的空间布局，靠近市场原则也是经典的区位论重点考虑的原则之一。劳动力是生产的主体因素，尤其是大规模工业生产往往具有劳动密集的特点。

工业时代的城市生活活动（日常行为活动）组织的重要性低于生产活动，但同样也是城市活动的重要内容。居民的日常行为活动包括居住、就业、购物、休闲、出行等表现形式。居住和就业活动是传统城市空间组织最为核心的内容。居住活动与其他的服务设施布局有着密切的关系。居民日常活动空间是空间行为研究关注的重要议题，直接反映空间形成机制、分布特征及其与物质环境的相互关系（柴彦威等，2008）。居民的日常活动空间对城市空间拓展、城市商业中心体系、社区功能组织、交通系统布局、社会空间分化等密切相关。居民日常活动的时空结构对城市形态、土地利用、认知空间等有着重要作用。

技术的不断进步，对城市的生产活动和居民日常生活产生影响作用。在传统的经济增长模型中，技术要素作为外生变量。相对土地、资本、劳动力、交通等，技术对城市活动要素的空间布局不起决定性影响。

（四）社会文化系统

社会文化是人类生产和生活实践中所形成的一切结果。城市社会文化是人类生活于都市社会组织中，所具有的知识、信仰、艺术、道德、法律、风俗，以及一切城市社会所获得的任何能力及习惯（张丽堂等，1983）。城市社会文化体现了城市的历史传统、制度组织、社会结构、文化产品、人口构成和文化素质、市民生活方式等。社会文化系统往往与城市特定的物质环境、经济基础等相互联系。尤其是城市的历史传统、社会和人口结构、市民生活方式决定城市的空间组织形态，如历史文化城市、外来人口为主的城市等，其空间组织往往与一般的城市存在差别。社会文化系统代表了城市的不同基因。不同社会文化背景下的城市空间形态和组织结构呈现差异化的特点。同时，在农业社会、工业社会和后工业化社会等不同发展时期，主导的城市社会文化和组织制度明显不同。随着技术发展和人们生活水平的不断提高，社会文化的空间扩散、相互作用方式呈现多元化、高度流动的特点。

二、信息时代流动空间的要素系统

（一）新的要素系统

在信息技术快速发展和空间流动性不断改变的发展环境下，新的空间组织要素系统出现。本部分总结为信息技术系统、要素流动、虚拟活动和赛博文化等几个方面。

1. 信息技术系统

技术是决定社会经济空间组织的重要因素。随着技术的不断进步，城市空间组织形态也产生相应的变化。新经济增长理论将技术进步作为城市发展的内生变量。技术创新的应用与扩散影响着城市的生产和生活组织结构，从而影响整个城市的空间组织形态。信息技术的普及和应用，对城市居民生产和生活产生全方位的影响。信息技术的影响除了与信息技术密切相关的产业和活动外，主要还表现在其对城市物质环境、资源利用、社会经济、基础设施等所产生的系统性作用和影响，以及带来的城市要素组织结构、相互作用关系和模式的改变（甄峰，2004a）。

　　信息技术通过对城市活动和空间相互联系方式的影响来改变城市空间的流动性，从而改变流动空间的组织结构，可以概括为以下几方面：首先，信息技术在生产过程中的应用，改变了传统的生产模式，提高了生产效率，使得生产、交换、分配、消费等环节之间的物质、资金和信息流动更加快速。生产要素组织的空间弹性更大。第二，信息技术在城市基础设施和服务设施运行与管理中的应用，改变了城市设施的管理水平和运行效率，提高城市服务设施服务的机动性和流动性。新的面向个人的流动性社会服务创新模式不断出现。第三，信息技术促使城市居民的居住、办公、购物等活动更加灵活和弹性。信息流动和交换允许远距离的社会活动进行，并使得社会活动兼具全球和地方双重属性（Zumkeller，2005）。信息流动和交换赋予了人们活动极大的流动性（Shaw，2009）。信息技术对居民活动流动性的改变可以更加灵活，弹性地安排个人行为活动时间和空间。王杨等（2006）探讨了户外运动俱乐部网站信息流对人流生成的导引作用机制。远程通信技术的创新正在模糊家庭和工作地之间的差别，直接改变着办公区位。信息和通信技术潜在地将工人从固定的工作地（办公室或工厂）中解放出来。朱利亚诺（Giuliano，1998）指出，持续的信息和通信技术的进步正在改变着工作地和工作组织结构。信息技术应用将促进工作和非工作、私人和公共生活以及社会机构和准则之间的边界模糊，导致活动的区位和流动性不断增强。第四，信息技术促使了具有高度流动性的空间场所出现，如具有学习、创新、共享特征的第三空间的发展，极大地提高了社会创新活动的效率（John，2007）。同时，联合办公空间、创新产业园等极具流动性的场所空间不断重构城市空间。第五，信息技术支撑下的电子政务发展，改变了城市治理模式。基于互联网互动平台，改变了城市政府、企业、市民的互动关系，相互之间的信息流动更加畅通。这对城市社会组织和政策制定产生潜在的影响。

　　近年来随着互联网、物联网、云计算等为代表的新一代信息技术应用，推动了智慧城市建设。这加速改变着传统的城市空间组织模式。相对于工业时代的城市发展模式而言，智慧城市是信息城市的高级组织形态，是各种无线信息网络支撑的城市（甄峰等，2012）。城市各种基础设施和公共服务设施分布的网点，通过无线感知和互联互通，可以认为是网络化智慧城市空间结构中的节点。节点的远程协作和共享服务，成为智慧城市功能提升的基础。智慧城市则代表了更加全面的要素流动、更加紧密的时空联系，成为当前新的城市空间流动范式。

2. 要素流系统

要素流是流动空间相互作用和联系的基础。卡斯特尔（Castells，1996）提出了基于信息技术的"流空间"概念，认为在人流、物流、资金流、信息流等各种"流"的作用下，功能化和等级化的网络节点将生产、分配和管理功能定位在最有利的区位，并通过电信网络将所有活动联系起来。信息时代的要素流动主要表现在两个方面作用，一是信息在不同社会空间中的流动所产生的信息流，有助于加强不同城市社会、生产和空间之间的信息交换，提高城市社会运行效率；二是改变了城市人流、物流和资金流的模式，尤其是信息技术广泛应用于金融、物流等生产性服务业。信息技术水平和信息流的空间不对称性影响生产要素的流通程度。信息获取不均衡带来城市中心地区的要素集聚和郊区的要素分散两种变化。赵晓斌等（2002）从"不对称信息"和"信息腹地"理论出发，分析"不对称信息"在金融与服务业企业总部选址中的作用。城市社会经济空间发展的差异化和不均衡性所带来的流动势能是要素流形成的本质原因。而各种要素的流动对城市流动空间形成起着重要的支撑作用。

要素流动对流动空间组织形态的影响，表现在城市网络结构和城市内部流动空间组织等方面。一方面要素流动不断重塑着全球和地方关系以及城市网络结构，尤其是基础设施和企业组织产生的人流、物流对流动空间结构的影响。德鲁代（Derudder，2008）通过航空客运流研究了全球城市网络结构。另一方面，要素流动改变城市内部功能区作用方式，在大运量公共交通、移动信息技术支撑下，使得多中心城市、网络结构的要素布局逐渐出现。城市内部要素流动性效率的不断提高，为城市空间拓展和郊区化发展提供保障。信息时代围绕社会经济活动组织所产生的信息流、技术流、人流、物流、日常活动流等各种要素流动构成了居民的流动性。流动性的节点、网络的组合关系在很大程度上代表了流动空间的组织结构和网络特征（席广亮等，2013）。因此，要素流动是流动空间产生、演变和结构形态塑造的基础。

3. 网络活动和赛博文化

网络活动又称在线活动，指以互联网为媒介，以新的方式、方法和理念实施的行为活动。网络活动几乎涉及人们日常生活的各个方面。网络活动不受时空限制，通过电脑、智能手机、PDA 等终端设备可以在任何时间、任何地点进行网络活动，避免实体活动的时间和空间限制。网络活动具有极强的互动性，在 Web2.0 时代的互联网支撑下，增加了网民的参与程度，可以实现不同参与主体之间的信息共享、交流互动，尤其是网络社交、在线公共参与平台等，对传统的社交活动具有颠覆性的影响。远程协作大大提高了不同空间的相互作用效率。远程协作正是一种基于信息网络的非空间集聚的生产组织方式（姚南，2013）。它不断改变着传统的城市功能和空间互动模式。新的远程通信服务被理解为克服空间隔离的主要驱动力。加尔珀兰（Galperin，2005）分析认为新的无线网络技术的发展能极大地减小互联网连通性对拉丁美洲的限制。网络活动和联系的长期作用，改变了传统要素对空间流动性的影响。帕兹（Paez，2004）分析了东亚城市节点之间网络可达性和经济活动分布之间的关系。实证研究表明，可达性解释因子对经济活动空间分布的影响越来越小。网络活动的广泛应用，加速了社会经济和空间的相互联系效率，提高了社会活动的灵活性和流动性。

随着网络活动内容和形式的不断丰富，基于各种网络活动所形成的赛博文化正在对城市创新模式、社会经济流动和空间联系产生全方位的影响。赛博文化最主要的作用是打破人们交往的物理空间限制，以及血缘、地缘对权力、利益的限制，提高人们活动的自由度和流动性，并对人们的社会经济活动空间的流动性产生一定程度影响。可以认为，赛博文化是一种具有高度流动性，围绕信息时代的创新、活动空间拓展而建立起来的亚文化现象。

（二）传统空间要素变化

1. 基础设施要素的变化

伴随着信息技术研究以及互联网影响的扩大，新的技术手段不断出现。物联网技术、无线传感技术（FDIR）、云计算等技术开始应用，促进了新技术在城市基础设施和公共服务设施中的应用。伴随着智慧城市概念的出现，智能化的基础设施建设成为信息新技术影响城市设施的重要方向。交通、电网、物流、医院等城市设施的智能化，有助于提高城市内部生产和居民生活的流动性。尤其是智能交通系统建设，极大地支撑了城市空间的流动性。智能交通系统通过交通基础设施智能化建设和交通出行诱导，来提高城市交通运行效率。

信息技术在城市设施中的应用带来城市服务模式转变。城市服务设施中的技术体系包括感知（物联化）、互联和智能化三方面（Harrison *et al.*，2010），其实质是通过物联网技术实现对物的感知并获取数据与信息。借助互联网来传递数据与信息，再利用"云计算"技术对海量数据进行整理分析,实现智能化控制和决策的目的。这些智能服务设施改变了传统的人与物相互作用关系,促使城市空间要素的功能结构和组合关系、城市居民与城市空间要素的关联模式、城市居民相互的交流网络等发生改变。这种改变进一步缩短了城市内部的"时空距离",拉近了人与空间、人与物的"感知距离"。这种距离的转变势必促进城市功能、空间结构、社会结构、产业发展和城市管治模式等发生颠覆性的变化。智能服务设施是智慧城市建设的重要基础,并对智慧城市的技术(硬件和软件设施)、人(创造性、多样性和教育)和制度(治理、政策)等三大核心要素产生系统性的影响(图 2-2)(Nam *et al.*,2011)。

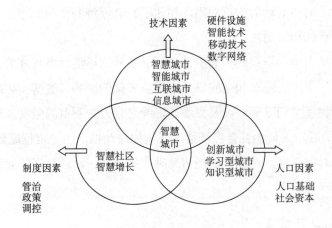

图 2-2 智慧城市的三大核心要素

资料来源:Nam *et al.*,2011。

信息技术在城市基础设施的使用提高了城市要素的流动性。智能交通、智慧物流等城市设施的持续建设,缩短了要素流动的时间并降低了空间距离的限制,大大提高了城市人流、物流、活动流的效率。智能基础设施是流动空间的重要硬件支撑,是改善要素流动性的基本条件。

2. 场所和节点的流动性变化

赛博空间对物质空间的作用,促使传统物质空间中的场所、节点功能转变,以及与其他空间之间的要素流动和相互关系发生改变。早在 20 世纪 80 年代就有学者关注信息技术对城市空间的集聚—分散作用。托夫勒(Toffler)认为通信技术的快速发展减弱了空间距离的作用。信息技术的发展削弱了距离的限制。城市中一些非中心的区域可以利用自身的优势形成人口集聚的中心。城市中心外围的圈层结构被打破并形成多中心网络化发展结构。相反，信息技术的作用可能带来城市传统的公共活动场所和节点的要素集聚能力进一步增强。如电子商务和传统的城市中央商贸区（CBD）相结合，形成虚实结合的商业中心，具有比传统 CBD 更加多样化的功能、更加密集的消费活动和更加频繁的外部联系。与此同时，信息技术对家庭、单位、交通出行等传统的城市空间产生影响，如网络游戏、移动支付、居家办公等活动形式的出现，使得家正在发展成为活动的节点（Hjorthol *et al.*, 2009）。

信息技术促使传统的城市场所和节点的功能更加多元、相互联系更加密切、场所之间的要素流动性不断加强。信息技术对传统的城市场所和节点地区的作用呈现出的具有高度流动性的场所空间，是信息技术及其带来的要素流动在物质场所空间的积累过程，是流动空间中最主要的空间表现形式。

第三节　流动空间的组织形态与特征

流动空间组织是基于信息时代新的要素系统（赛博空间的构成要素）对传统要素系统（场所空间的构成要素）的作用及两者的融合过程。这种作用和融合又体现在不同的空间要素（支撑系统、物质环境、活动、文化制度）在时间、空间上相互联系的距离变化特征和趋势。从赛博空间和场所空间相互作用和融合的角度，进行流动空间组织的理论架构，并对城市流动空间的具体组织形态和类型进行分析。

一、流动空间的系统组织结构

赛博空间和场所空间是流动空间组织架构的基础。活动空间是赛博空间和场所空间融合成流动空间的关键点。空间要素在时间、空间和距离三个维度上的相互作用是流动空间组织的表现形式。

（一）总体架构

流动空间、混合空间、地理网络空间等具有相同的内涵，均作为赛博空间和场所空间融合结果的表征。流动空间具有赛博空间、实体空间并存的二元属性（甄峰，2001；

沈丽珍，2010）。卡斯特尔（Castells）在其研究过程中，也不断深化关于流动空间内涵和组织的认识，从较早的对要素的"流空间"到关注实体空间（Physical space）和虚拟空间（Virtual space）叠加所构成的"流动空间"（Castells，2000）。实体空间是由社会活动和物质环境所构成。虚拟空间可以理解为计算机网络和人的虚拟活动结合的空间形态，即场所空间和赛博空间。流动空间是在移动信息技术和高速交通网络支持下，赛博（虚拟要素流）空间和场所空间的互动与融合所呈现出的新的空间组织形态。其本质是人和活动的相互作用以及联系的时空间表现。

　　流动空间是赛博空间、场所空间相互作用和融合的空间形式。赛博空间、场所空间是流动空间的物质支撑和重要基础。人（群体）及其虚拟和实体活动的互动关联是赛博空间和场所空间融合的关键点，发挥着联系纽带和桥梁的作用，也是流动空间的本质和表现形式（图 2-3）。赛博空间中的计算机网络以及网络节点构成流动空间的虚拟技术支撑。场所空间中的交通系统和物质环境构成流动空间的实体物质支撑。随着信息技术和终端设备的不断普及，赛博空间不再是代表精英阶层活动所呈现的网络结构，而是所有使用互联网和移动信息设备人群的虚拟活动网络。在信息技术的影响和作用下，人的活动方式由实体活动转向虚实活动结合。居民实体活动和虚拟活动的相互渗透、融合和作用，将赛博空间和场所空间联系起来。通过虚拟活动、实体活动在不同时间、空间和距离维度中的联系和相互作用，不断建构着流动空间。

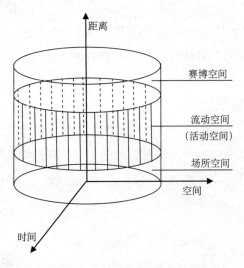

图 2-3　流动空间组织架构

　　活动空间是流动空间的表现形式。活动空间在赛博空间、场所空间联系中起着桥梁作用。流动空间则是对赛博空间和场所空间相互作用和融合的空间特征更加抽象的描述。因此，流动空间的本质是虚实结合的行为活动空间。

（二）相互作用关系

　　在流动空间的组织建构中，信息技术网络和交通运输系统是虚拟和实体要素流动的物质支撑。通过活动空间将赛博空间中的虚拟要素流、虚拟网络节点和场所空间中的实体要素流、物质环境跨越不同时空联系起来。通过活动空间的联系作用实现赛博空间和场所空间的互动融合，从而构成流动空间。赛博空间具有瞬时、虚拟、全球、不连续的特点，通过信息网络可以进行瞬时交流和远程联系。而场所空间则以实体空间距离为主，具有现实、地方、连续等特性。实体场所之间的交流和联系以克服距离摩擦为主（孙中伟，2005）。通过赛博空间和场所空间相互作用，大大降低了场所空间中要素流动的距离摩擦阻力以及活动的时空限制，从而空间呈现出高速流动的特征和状态（图2-4）。由于赛博空间和场所空间本质特征的差异，融合所产生的流动空间兼具地方和全球性、现实和虚拟性，以及流动的连续和非连续性特征。赛博空间和场所空间融合过程中的此消彼长变化，使得流动空间的流动尺度、边界和强度也呈现动态变化的趋势。

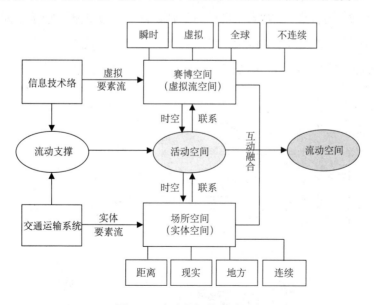

图 2-4　流动空间的互动融合

资料来源：孙中伟等，2005。

（三）流动空间组织的系统耦合

流动空间是赛博空间和场所空间相互作用和融合的结果，其空间组织构成既包括了赛博空间中的要素系统，也包括信息技术对传统空间作用的变化要素。这些要素主要包括技术、居民活动、社会经济和物质环境。正是这些要素的叠加和结合构成流动空间。流动空间的组织形式可以认为是技术支撑系统支持下的居民行为活动、社会经济的相互作用，要素流动方向和强度等在物质环境中的投影，以及由此所呈现出的场所流动性和场所之间要素流强度特征。因此，流动空间的组织形式可以理解为"要素流""流动性"与场所的耦合关系。这种耦合关系包含了技术的空间可达性、居民活动强度、社会经济空间活跃度三个方面的相互作用。传统的技术空间可达性主要是指城市道路交通的可达性，往往与城市土地使用、发展机会和空间联系等有着密切的关系。已有研究主要从空间阻隔、机会积累和空间相互作用三个方面进行认识和分析交通的空间可达性（刘贤腾，2007）。信息时代的空间可达性除了快速交通连接之外，更加关注信息技术的可获取性以及由此带来行为活动的时空可达性。居民活动强度反映了一定时间、空间范围内的行为活动的规模、频率和活动联系等状况。社会经济空间活跃度与城市土地的使用性质、空间开发和建设强度等有着密切关系。如城市商业、居住、工业等不同用地类型表现出不同的社会经济空间活跃状况。技术空间的可达性、活动强度和社会经济空间活跃度与物质环境在不同时间、空间和距离维度的耦合叠加，可以清晰地表达出空间流动性状况以及所呈现的流动空间组织结构（图 2-5）。

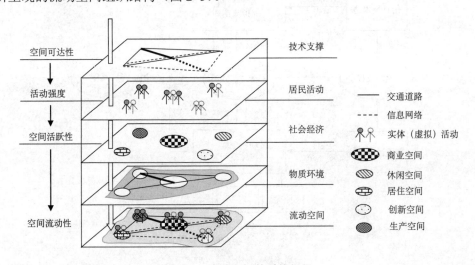

图 2-5　流动空间的系统组织

城市流动空间中技术支撑系统的物质形态和空间布局结构，对于居民活动和社会经济联系所产生的要素流方向等具有基础的影响和作用。居民活动和社会经济高度集聚的公共场所空间往往具有发达的基础支撑系统，与其他的场所之间具有频繁的要素流动和相互作用，因而具有极强的空间流动性。而居民行为活动特征、社会经济空间结构对城市技术支撑系统具有一定的调节作用。行为活动的时空分布和社会经济空间组织所具有的相互作用关系，对要素流的类型和大小，以及技术支撑系统的空间可达性产生潜在的需求变化和影响，以促进技术支撑系统变化以适应行为活动和社会经济空间发展。

流动空间中的技术空间可达性、活动强度和社会经济空间活跃性在不同时间、空间和距离维度上呈现出不同的特征，从而使得要素流和空间流动性处于动态变化的过程。因此流动空间的组织形态和结构也在不断地变化。技术进步对要素流动的时空联系和相互作用距离产生影响，从而改变着空间可达性状况。信息时代的居民行为活动的时空分布和联系特征，以及行为活动的相互作用距离均发生改变并呈现新的特征。这些改变和特征决定了流动空间中活动与场所的组合关系。技术进步对社会经济空间的功能和结构产生影响，如新技术产业区的出现、电子商务技术与城市商贸区的结合等，促使城市社会经济空间的功能转型和空间使用的活跃度改变。技术支撑系统的空间可达性、活动强度和社会经济空间活跃状况三个层次在物质环境中的耦合，决定了流动空间中要素流、场所、相互联系网络的组织结构。而技术的空间可达性、活动强度和社会经济空间活跃状况在时间、空间和距离三个维度上的动态变化，塑造着流动空间的边界、流动尺度以及流动空间的作用机制。

二、流动空间的形态要素

空间组织形态和结构的研究，大多从几何学观点出发，认为空间抽象成点、线、面等不同要素组合而成。沈丽珍（2010）将流动空间的空间结构分解为点、线、面三个层次进行分析，并认为城市是流动空间中节点的载体。城市节点的地位通过集聚来实现。交通、信息网络、能源等流线是流动空间的线状要素。精英空间、新产业空间、新城市空间是流动空间的面状要素。本书结合流动空间建构中不同维度和层次的组合关系，以及城市流动空间体现的居民活动空间的本质特征，将流动空间的组织形态总结为场所节点、路径、活动网络、流动边界和流动尺度五个部分进行研究。

（一）场所节点

城市中行为活动高度集聚的空间是流动空间的公共活动场所，也是城市中重要的社会交往、要素交流空间。行为活动的内容和构成赋予了公共活动场所的意义和内涵。流动空间中公共活动场所具有开放性、共享性等特点。这决定了其与其它空间的互动联系、要素流动更加频繁，因此具有高度的空间流动性，表现出流动场所的特征。公共活动场所是城市内部活动强度最大、空间联系最为紧密的场所，也是城市中各种要素流汇集的重要节点，因而是流动空间中占支配地位的空间形态。公共活动场所的功能组织、空间形态在很大程度上决定了流动空间的组织结构。总体上，公共活动场所是流动空间中交通系统、信息网络高度连接的，承载密集的居民行为活动，以及与其他空间保持高度要素流动和相互作用的节点区域。

公共活动场所是空间可达性、活动强度和空间活跃性最高的节点区域，是城市中各种要素流汇集的高度流动性空间。因此与其它的场所、空间的相互作用也最为密切。公共活动场所是社会经济高度集聚、土地开发利用强度较高的区域，承载大量居民的行为活动。而社会经济活动和土地开发利用类型决定公共活动的内容和场所意义。活动联系所产生的要素流影响场所的要素集聚与扩散。活动联系特征决定场所要素的集聚与扩散关系。公共活动场所往往是道路交通系统和信息网络高度接入和可达性较高的节点。这对公共活动场所的时空联系距离和空间尺度产生作用，也影响着公共活动场所的要素流强度。

城市内部的公共活动场所具有不同的表现形式，如商贸、创新、办公、休闲、交通等。不同类型的公共活动场所承载的活动类型不同，所产生的要素流方式也存在较大差别。公共活动场所具有一定的等级性，体现在用地规模、活动强度和要素流的差异，以及时空联系距离大小的不同。随着信息技术的不断进步，场所的活动方式和功能在不断发生变化，其时空联系范围和尺度也产生相应的变化。

（二）路径

路径是流动空间的连接通道及其支撑的具有方向性的要素流。道路交通系统、信息技术连接构成流动空间的物质支撑，是流动空间中场所联系和网络形成的基础。要素流则是沿着流动空间的物质支撑系统所进行的不同场所和空间的人流、物流、信息流、资金流等。路径可达性状况影响要素流的方向和大小，并决定场所之间的活动联系和相互作用。

城市内部不同路径对流动空间具有不同的支撑作用。城市道路交通系统往往支持人流、物流等实体要素流和活动出行。不同交通方式和道路等级的组合方式决定场所的可达性，从而影响要素流和实体行为活动。但是要素流的方向和居民实体行为活动并非完全由道路交通状况所决定，而是交通条件、城市空间结构、土地利用、居民行为习惯等综合作用的结果。尤其是城市内部居民行为活动的空间分布不均衡性，对道路交通产生不同的空间需求，由此产生城市交通拥堵问题。信息技术网络的接入状况，一方面对不同空间和场所的活动方式产生影响，另一方面决定场所之间的信息交换、信息共享方式。信息技术的不断普及使用，有助于改善不同人群、不同空间的信息连通状况，从而提高虚拟的信息流动水平。

（三）网络

网络是由节点和连线构成，表示要素及相互联系。流动空间中的网络可以认为是空间的流动性网络，由场所和技术支撑系统及要素流组成，城市流动空间的网络表现为公共活动场所及其相互联系的道路交通系统、信息技术系统和要素流的结合，其实质是居民行为活动空间集聚和相互联系所呈现的活动网络。卡斯特尔（Castells，1996）认为"流空间"中的网络是管理精英的空间组织，它促使了一种非对称的组织化社会。信息技术的不断普及，使得流动空间不再是管理精英的空间组织所呈现的网络，而是普通居民行为活动的空间联系网络。

流动空间中的网络兼具虚拟信息网络和场所空间联系网络的特征，既表现出赛博空间的无尺度网络特性，又具有场所空间的等级结构网络特点。流动空间中的网络呈现出扁平化网络结构特征（图2-6）。随着城市内部场所功能和要素流的日益复杂化，流动空间的网络化程度也进一步提升。这有助于提高城市居民活动的空间强度，改善空间的流动性水平。

（四）边界

流动空间组织的边界可以认为是空间流动性衰退的边界。城市的流动性边界主要体现了居民日常行为活动的范围，与空间可达性、土地利用状况有着密切关系。空间可达性对居民日常行为活动的范围具有基础的支撑作用。城市的道路交通设施、无线网络技术的连接状况，决定了居民的行为活动范围。城市的土地开发、建设用地状况则直接决定了日常行为活动的边界形态。相反，居民行为活动的范围是城市流动支撑系统建设、城市空间增长边界确定的重要依据。因此，通过流动空间的边界研究，有助于从城市居民行为活动空间拓展、基础设施建设和社会经济空间优化等角度综合判别城市空间增长的实际边界。

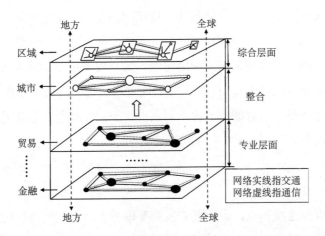

图 2-6　流动空间的网络属性

资料来源：孙中伟，2013。

（五）尺度

城市流动空间的尺度主要用来描述居民行为活动联系的时间距离和空间距离，以及体现的居民活动和要素流动的影响范围和层次。流动空间中的尺度包括场所相互作用的尺度、路径连通的尺度以及网络作用的尺度等。根据尺度大小往往可以划分为区域、城市、片区和社区等不同层次。场所相互作用的尺度由场所的功能和活动联系所决定。场所中居民行为活动和要素流尺度决定了场所的影响力和辐射影响的范围。如城市级的商贸中心（CBD）往往具有城市甚至区域尺度的活动联系和影响作用。路径连通的尺度体现了道路交通系统、信息网络在城市内部空间联系的等级和层次。这与公共活动场所的作用尺度有着密切的关联。

城市流动空间的尺度处在不断发展变化的过程。快速交通系统建设、信息技术网络使用，对于拓展流动空间中活动场所、网络作用尺度发挥着积极的作用，也有助于扩大居民出行距离和日常生活圈尺度。与此同时，居民行为活动、城市基础设施和场所建设的尺度差异，促使流动空间中同时进行着不同层次的"尺度上推"和"尺度下移"过程（刘云刚等，2013），从而持续改变着不同空间的流动性。

三、流动空间的类型构成

根据流动空间的要素耦合关系，从空间可达性、活动强度和空间活跃性大小的组合类型，可以区分八种不同的流动空间（席广亮等，2013）。这种流动空间的耦合类型分析，有助于更加深入地理解流动空间的要素作用关系，为流动空间的改造提供依据。从要素流和活动联系的尺度上，可以分为区域流动空间、城市流动空间、社区流动空间和建筑流动空间等不同层次。

根据活动发生地方的不同，可以分为移动的流动空间和固定场所的流动空间。移动的流动空间如移动办公空间、通勤工具空间等。固定场所的流动空间可以分为商业流动空间、休闲流动空间、办公流动空间、创意创新流动空间、产业流动空间、交通枢纽流动空间等类型。

随着移动信息技术、物联网和无线传感技术快速应用于城市基础设施和服务设施建设当中，将对居民、行为活动和物质环境的固有关系产生极大的变革影响。居民行为活动的时空灵活性进一步提升。流动的活动区位越来越在城市空间组织中发挥重要作用。活动与场所、场所与场所的相互联系时空距离不断被压缩，因此将催生新类型的流动空间。

四、流动空间的特征

赛博空间、场所空间和活动空间的相互作用和融合构成流动空间。其相互作用过程使得场所功能和用地、活动的时空分布，空间联系的尺度和范围等呈现出新的特征。通过分析流动空间的特征有助于更加深刻理解流动空间的组织形式、作用机制和空间效应。已有学者从信息技术作用下的空间组织以及区域性流动空间的角度进行了探讨。甄峰（2004）提出信息时代新的空间具有边界的模糊、空间的柔性化和互动性特征。陈修颖（2005）从时间、空间、流、功能、经济、产业规模等方面分析了流动空间的特征。沈丽珍（2010）总结了流动空间具有流动性、共享性、高时效性、空间弹性以及高级网络性等。在此基础上，本研究结合城市流动空间组织的具体形式将其特征总结为用地和功能的混合性、活动的灵活性、空间的高度流动性和相互作用的高效性。

（一）用地和功能的混合化

流动空间是整合、协同、集约和高效的城市空间形态。传统的场所空间具有相对固定的地理位置特征，用地边界清晰、功能明确，往往以道路交通系统作为空间相互联系的支撑。流动空间是赛博空间、场所空间融合的结果。土地利用的边界模糊化和集约化发展，具有混合用地和混合功能的特征。流动空间改变了传统地理空间的刚性边界和功能分区限制。柔性的生产和生活空间不断出现。

混合用地有利于实现城市土地的集约、高效、低碳发展，用地布局模式应由传统的功能分区转向公共交通走廊沿线的混合用地开发，进而缩短出行的距离和尺度（周文竹等，2012）。混合用地建设对于促进要素流动、集聚社会活动、加强场所之间的相互联系起着关键性的作用。混合用地可以提高空间的共享和开放程度、运行效率和可持续发展水平。城市用地的混合促进多元化、包容性的功能空间发展，尤其是城市中的公共场所，具有实体活动和虚拟活动、生产和消费活动、个人和企业组织活动等要素高度集聚的特征，具有极强的对外场所联系和空间流动性，往往是城市中社会运行高效、活动高度集聚、功能多元复杂、要素交流频繁的空间。

（二）活动的灵活性

城市流动空间的本质是居民的行为活动空间。在信息技术的作用，行为活动越来越打破传统的时间、空间的限制，使得居民行为活动的时空灵活性极大增强。技术的进步促使企业、生产要素可以在更大的尺度和空间布局，不断改变着城市生产空间的组织网络结构。在电子商务、互联网线上线下互动的作用下，城市的消费活动不断打破地理空间的传统区位因素对其布局的影响，而在面向个体的物流系统支撑下进行网络化布局和配送。同时，信息技术对个体居民的日常行为活动灵活性产生影响，活动的时间、空间和方式均发生变化。例如，电子商务的出现，使得居民的购物消费活动分化为实体购物、网上购物和线上线下互动购物等方式。电子消费券、团购等新的消费模式不断出现。这些极大地改变了居民购物消费选择的灵活性和自由性。同时，也打破了时间、空间对个体购物消费活动的限制。

（三）空间的流动性

相比场所空间，流动空间重新定义了新形式的流动和边界。信息技术改变了固定场所中的连续性和距离作用，对场所活动方式的改变，伴随而来的是流动性的变化（Brighenti，2012）。流动空间同时具有虚拟活动和实体活动，是共享性社会实践活动的空间形式。流动空间的远程信息和资源共享程度，成为空间流动性的象征。尤其是移动信息社会中，就业、居住和城市的空间边界更加模糊。家和工作地点等传统的空间形式不断被重新定义。传统的空间形式正在走向共享、弹性的空间形式。流动空间不再是刚性的、集中活动的场所，而是满足个性化消费和使用、网络化连接的空间单元。

人流、物流、资金流、信息流、文化流、技术流等以流动性为特征的要素充满着新的空间（Hanley，2004）。人的流动性是流动空间的核心所在，其表现就是个人的活动空间。快速交通系统建设、劳动力市场弹性增加以及 ICT 使用增加了城市居民获取及接近工作岗位的能力，持续改变着人的流动性。技术溢出、人才流动、频繁的商务出行、移动办公等，使得企业活动呈现出高度的流动性，如高速铁路建设改变了城市的空间可达性，并对中心城市与腹地的经济联系、产业布局产生影响（蒋海兵等，2010）。流动空间同样具有高度流动的服务，通过基础设施的高效整合，土地使用的集约化利用促进了功能的整合与提升，进而促进了公共服务效率的提高。

（四）空间联系的高效性

流动空间的远程连接、线上线下互动、要素流动具有高效性的相互联系特征。信息技术的远程接入可以实现不同城市节点的联系，从而使得场所空间与世界空间联系起来，并出现了"世界城市"和区域城市网络。城市内部场所之间的远程连接和控制，加强了城市的居住、就业和商业等不同场所的互动联系。互联网线上和线下的信息交流互动，促进了城市虚拟和实体要素的结合，提高了空间相互作用和联系的时效性，并压缩了场所联系的空间距离。

高效的空间联系和相互作用对流动空间的尺度、边界和网络产生作用。流动空间对当前僵化的地理空间联系格局起着润滑和重塑作用，不断改变当前城市场所空间联系的尺度，对公共场所的等级、要素集聚和辐射范围产生改变。流动空间持续高效的空间联系和作用，加快了空间的网络化发展速度，从而通过流动空间的高效流动和促进场所空间的功能与空间影响力提升。

第三章　信息时代空间相互作用机制

信息技术、实体要素流动和城市空间的结合，催生了新的流动范式出现。新的流动范式作用和影响下的城市空间形态表现为流动空间。本章重点分析流动空间的出现，对流动性的认识和理解从"流空间"上升到"流动空间"的高度，探讨新的流动范式带来的城市空间形态、社会经济要素组织、移动生活、虚实空间融合等变化，以及要素流动的地理根植和空间积累对场所功能转型具有的深刻意义。并对流动的场所再现带来的空间关系变化，以及流动空间对城市中心—边缘结构、场所空间提升、网络化结构的影响结果等进行分析。总之，流动空间通过对空间流动性的影响，进而对城市场所关系、城市空间结构和组织形态产生深层次的影响作用。

第一节　新的流动范式：空间的融合与粘性流动

一、新的流动范式

（一）流动转向

技术的不断进步持续改变着社会经济活动的作用方式和空间布局。工业技术革命推动了新的交通方式的出现，改变了生产力要素的空间联系方式和生产效率。信息通信技术的发展，对社会生产和生活要素的流动产生颠覆性的影响。英国社会学家尤瑞（Urry）基于信息技术对流动性影响，提出"流动转向"（Mobility Turn）以及新的流动范式（Urry，2008）。交通、人口迁移、旅游流等实体流动要素与互联网、媒体和移动电话等信息流动的结合，出现了新的社会技术系统和流动性的新理论范式。信息技术、实体流动和空间的深层次互动，改变了城市的流动模式。尤瑞（Urry）区分了信息时代五种类型的流动，包括有形的流动（Corporeal Travel）、物体的实体流动（Physical Movement of Object）、想象的流动（Imaginative Travel）、虚拟的流动（Virtual Travel）、通信的流动（Communicative Travel）（Urry，2007），这五种形式的流动相互依赖和结合对不同空间距离的社会生活组织和活动联系产生影响。新的流动范式可以认为是虚拟流动、实体流动、城市空间的互动融合，也是技术系统、流要素、社会文化和物质环境的相互作用，呈现粘性流动的状态（图 3-1），对城市的社会经济联系、居民日常行为活动、城市空间组织形态产生系统性的影响。

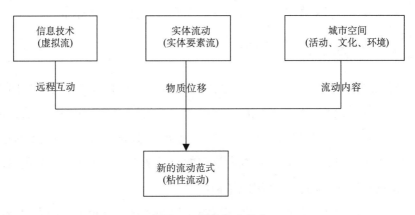

图 3-1　新的流动范式

（二）移动生活方式

新的流动范式催生了城市居民移动生活方式出现。信息时代城市居民的日常行为活动表现出极大的流动性和移动生活的特点。移动生活方式一方面体现在技术进步带来的居民活动的空间范围、时空尺度变化，另一方面体现在居民活动方式和活动场所的改变。新的流动范式下移动生活正在加速改变城市社会组织形态。在 4G、5G 网络高速发展的浪潮下，伴随移动智能终端应用的普及，人们的生活方式正在被移动互联网所改变。移动办公、移动购物、移动休闲娱乐、智慧出行等新的生活方式不断出现。移动生活方式在改变居民行为活动时空分布规律的同时，还重塑人、活动、场所的相互作用关系。在移动信息技术和快速交通系统支撑下，城市居民活动的弹性呈现出新的特征。申悦等（2012）界定了时间、空间、方式和路径四种通勤弹性，并探讨了不同弹性之间的相互作用关系。移动生活方式极大地改变了人们日常行为活动对传统场所、地方的依赖性。活动的时空灵活性不断加强。

信息技术和快速交通结合的复杂流动系统正在改变着人们的日常生活和社会组织。艾略特（Anthony Elliott）和尤瑞（John Urry）在其著作《移动生活》（*Mobile Lives*）中通过对移动生活的网络、新媒体技术、用户满意度、全球生活方式、远距离亲密关系等分析，提出移动中的个人主义、分散式会议、网络资本、便携式移动等概念，并设想了基于移动生活的"后碳"社会理论（Elliott *et al.*，2010）。移动生活是新流动范式最主要的表现形式，越来越对社会结构、产业结构、资源利用、城市相互作用产生全方位的影响，对城市的低碳、集约、智能、高效等发展战略的实现具有支撑作用。

（三）新流动范式的空间影响

新的流动范式作用下，对信息时代空间组织的理解开始从"流空间"向"流动空间"转变。虚拟信息流和实体要素流所构成的"流空间"与城市空间的结合，表现出流动空间的组织形态，并对城市空间组织结构和形态产生影响。流动空间正是对信息技术、实体流动和城市空间融合的新流动范式所呈现的空间形态的准确表达。新的流动范式对空间的作用持续塑造着流动空间的组织结构。

新的流动范式加速了区域城市关系和网络结构的变化。城市之间的人口流动强度、模式与资本、技术、信息、企业联系有着密切的关系。跨区域人才流动与生产性服务业、商务出行和基础设施网络的融合，促进了区域流动空间的出现。国内外学者从区域人口流动、基础设施联系、信息流等虚实要素流动结合的视角，进行了区域城市的空间结构研究，包括对巨型城市区域（彼得，2010；Pain，2012）、城市网络（Oort *et al.*，2010）、区域流动空间（Albrechts *et al.*,，2003；刘朝青，2013）等方面的探讨。而这些研究正是基于新的流动范式下的城市相互作用和联系分析来进行。高速铁路网络和信息技术的混合作用，加速改变着京津地区、长三角地区和珠三角地区城市之间的流动模式。城市的时空联系距离和相互作用网络正在发生改变。在高速铁路支撑下，高铁沿线城市将广泛参与到区域生产分工网络中，加速了中国区域内部的生产要素空间配置，极大地促进了市场、公共服务、交通和基础设施的一体化（甄峰等，2012）。而城市层面的流动空间建设，依托高铁站加快面向区域的服务业发展，将促进城市快速融入区域城市网络中发展。

新流动范式对城市空间形态产生作用，并对场所空间的功能组织、空间布局等产生系统性的影响，尤其是对城市公共场所空间的活动组织、要素集聚与扩散的作用更为显著。新城市主义强调将城市理解为由许多不同类型的流动，从人流到商品流再到信息流动，所形成的开放性和交错联系的空间（Amin *et al.*, 2002）。在新的流动范式作用下，城市内部的公共活动空间，如商业中心、高铁车站区域、特色商业街、社区服务中心等，正在向虚实结合的流动空间转变。空间流动性的改变对场所功能、场所互动关系具有反作用影响。

二、虚实空间的互动融合作用

在新流动范式的作用下，赛博空间和场所空间结合的流动空间呈现出融合发展的趋势。这种融合发展包含了虚拟要素和实体要素在技术、活动、文化制度、物质环境四个层面的相互作用，同时也构成了流动空间组织的不同层次。

（一）技术融合

技术层主要是信息技术与快速交通系统的结合，产生的信息流与实体要素流的互动融合，并对要素流动效率起到提升作用。信息流和其它要素流的混合，通过 ICT 基础设施重新配置于城市生活的其它流动性空间和系统，成为城市空间和社会的政治组织延续的关键点和战略要点（Graham, 2004）。通过城市信息基础设施建设、移动终端设备使用和智能交通建设，构成城市空间流动的关键技术支撑。物联网、无线传感技术、云计算等技术广泛应用于城市基础设施建设当中，推动了世界范围的智能城市设施建设。尤其是智能电网、智能交通、智能垃圾收集系统、智慧物流等设施的出现，从基础设施和技术层面都提高了城市的运行效率，改善了城市要素流动的效率。

（二）虚实活动融合

任何技术的进步和应用都是以人类生产生活需求的满足为前提，信息技术与人类生产、生活活动方式的融合最为显著，主要体现在两个方面的影响。一是信息技术及其应用带来新的生产、生活方式的出现。新的活动方式嵌入到实体活动当中并改变了活动的结构和组织形式。技术创新能力的不断提升，改变着城市的生产力要素和产业结构，如信息技术相关的产业出现极大地提高了城市经济活动的效率。同时，西方学者最早开始关注 ICT 技术对居民实体活动和出行的作用与影响，并将这种作用区分为替代、修正、促进和中立四种类型（Salomon, 1985）。大量的实证表明 ICT 技术对行为活动的作用因活动类型、国家和地区、个人社会经济属性等差异而结果不同。但从长期来看，ICT 技术与人们的日常行为活动呈现出融合发展的趋势。基于 ICT 的虚拟活动日益成为人们生活的重要组成部分。

二是信息技术应用于传统的活动方式当中，带来人们活动组织方式的变化。信息技术应用于物流、金融、医疗、教育等服务业当中，带来的城市服务模式的转变，提高了城市服务的效率和流动性，为满足个性化、流动式的社会服务提供支撑和保障。线上和线下活动的结合，改变了居民旅游出行、购物消费、创新研发、社交活动的参与模式，提高了居民活动的时间灵活性和空间弹性。网络营销、电子优惠券和基于 LBS 的网上签到与实体店铺经营结合，对居民的日常消费行为活动产生极大的影响。基于 Web2.0 网站的豆瓣网等是线上和线下活动结合的典型案例。通过群体成员之间的共同爱好、兴趣而在网络圈子中聚合和互动，并延伸到实体的聚会、创意设计等活动当中。

（三）文化制度融合

信息技术对社会文化景观和形态的影响。信息时代的个体行为表现正在走向一个整体性的社会化过程，出现了信息文化、数字文化、赛博文化、情报文化等虚拟文化形态。威廉·米切尔指出，信息技术和电子设备使得个体成为一个无线身体网，并将他们融入到全世界的数字化网络空间。电子人以植入的方式融入周遭的环境当中并受其环境影响。当前，以移动信息技术、移动互联网为主要特征的赛博文化、互联网文化正在全方位渗透到社会经济的各个方面。赛博文化、互联网文化的交互性、自治性、开放性、共享性等理念正在演变为信息时代的文化精神，对信息时代的社会文化、文化景观、文化精神等产生影响，并对场所的意义、场所精神产生重构作用。

信息技术对社会关系的重构作用。新媒体、移动互联网的出现，在一定程度上对社会关系产生革命性的影响。这种影响主要表现在网络互动对传统的邻里关系、社区认同感产生影响。基于互联网的虚拟社会交往中通常交错着熟人和陌生人，因而对实体的社会关系具有疏离和延伸两种不同的作用。虚拟的社会关系和现实存在社会关系的交互作用，正在形成一种新的社会组织关系，在不同的阶层、不同地域文化下表现出不同的交互方式。

虚实要素结合带来城市管理模式的变化。信息技术、新媒体技术的应用，对公众参与、城市治理模式产生一定程度的影响。在网络信息技术的支撑下，公共参与城市规划、城市日常事务管理的方式正在发生改变。学者们从公共参与的技术手段（如公众参与地理信息系统 PPGIS）、城市规划理念转变等角度进行了探讨。信息技术与传统公众参与方式的结合，为城市规划建设和管理提供了相互交流的平台，有助于实现"交往规划"的实现（Emma *et al.*, 2008; 周春山等，2006）。如 2012 年 7 月 21 日的北京暴雨灾害中，通过微博平台的"微参与"过程，有效地实现了政府、媒体、公众和专家的交流互动，极大地提高了城市应急管理反应的速度（席广亮等，2013）。电子政务与传统的城市治理模式结合，渗透到城市的基础设施、应急管理、公共服务等各个方面，有利于实现"自上而下"和"自下而上"的治理模式结合（图 3-2），对城市社会的公平、和谐和可持续发展能力提升发挥积极的影响。

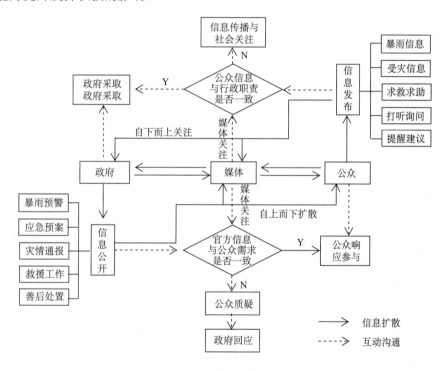

图 3-2　突发灾害的信息扩散与互动沟通

资料来源：席广亮等，2013。

（四）空间融合

虚实空间的互动表现为赛博空间和场所空间的相互作用，并且具有场所空间虚拟化和赛博空间现实化的双向影响。前者是信息流要素在场所空间的积累过程，对于场所的要素集聚发挥着重要作用；而后者则是赛博空间中的虚拟活动、信息要素向实体空间的延伸，如虚拟货币、网络社交、网上购物、在线会议等活动的实体化发展。场所的虚拟化和赛博空间的现实化同时存在和作用，是赛博空间和场所空间融合成为流动空间的两种典型途径。

赛博空间对场所空间的作用机制。信息技术设备和互联网配置于特定的场所中，促使实体场所空间逐渐向虚实结合的空间转变，即实体空间的虚拟化过程。这对场所空间的功能、要素流动形式、社会经济活动内容和场所意义产生系统性的影响。虚拟要素在场所空间的集聚强化了商业、管理、行政等中心的功能，扩大了场所对资源、市场、活动的联系范围和影响力。

赛博空间的实体化过程。虚拟网络空间中的活动、社会关系、虚拟文化品牌等影响力逐渐向实体空间延伸和渗透，在城市中形成一些具有明显赛博文化特征的实体活动空间。这种影响主要表现为赛博空间中的文化符号、消费元素以及活动内容的实体化再现，如网络消费的实体空间、网上活动的线下空间等。申峻霞等（2012）以南京"淘淘巷"网络实体空间为例，探讨其网络色彩、网络意味等符号化建构、传播与扩散方式，以及网络实体空间的深度网络依赖的半组织社会关系。

三、粘性流动作用下的时空观

（一）粘性流动模式

新的流动范式中各种要素流需与城市场所空间结合。通过城市主动创造的各种粘性（Sticky）的载体来吸引流动的发展要素，并将其固化在城市场所中，从而产生持久的城市增长动力，实现从流动空间向场所空间的积累和塑造转变（张京祥等，2011）。因此，本研究认为新的流动范式呈现的是一种"粘性流动"状态，是信息流与实体要素流、场所空间结合所呈现出的流动模式。粘性流动包括了虚实结合的流要素，即信息流与人流、物流、资本流融合的要素流动；也包括了虚实结合的要素流动对场所功能变化和场所相互联系的作用。这表现为场所的流动性特征。

粘性流动改变了流要素特征和场所空间相互作用的关系。粘性流动中虚实要素流的结合改变了实体要素流动模式。信息技术和虚拟信息流对实体要素流动的路径、模式和强度产生影响，从而改变了流动空间的流动网络结构特征。如信息技术与交通系统结合形成的智能交通网络，对城市的人流和货物流的组织模式和结构具有显著的影响。粘性流动对场所空间相互作用的时空距离产生影响，改变了城市中居住、办公、商业、休闲、交通等功能间的活动联系和作用模式。

（二）流动的时空观

粘性流动改变了场所空间相互作用的时空距离关系。虚拟的信息流动实现场所之间的实时（Real-Time）交流，加强了场所活动的瞬时联系和场所转换。信息流是用时间来消灭空间，把要素从一个地方转移到另一个地方所花费的时间减少到最低程度。粘性流动的出现，压缩了场所联系的时间距离，并在很大程度上延伸和拓展了场所联系的空间范围和距离。粘性流动使得活动对特定时间和空间的依赖性大大降低，塑造着新的流动时空观。粘性流动对场所活动联系的时间和空间距离的作用，成为信息时代的理想时空结构。

粘性流动作用下，空间不再是以静止的、封闭的特点被小范围使用，而是在高铁连接的大区域尺度中的流动和共享，从而促使人们形成流动的时间—空间观和流动的区位观。场所空间的区位要素从资源、市场、交通条件等生产成本转向信息介入、网络连接和粘性流动联系的机会成本。信息技术、实体要素流动与场所活动、文化和物质环境的耦合带来的场所活动联系的时空距离变化和粘性流动效应，体现了场所的价值和意义。

第二节　流动性作用下的场所功能转型：地理根植性与空间积累

流要素的地理根植性和场所依赖作用，促进了全球化、信息化的地方化过程，从而加速了流要素和活动在场所空间的积累。与此同时，信息技术带来的空间流动性增强，有助于场所的虚拟化、要素整合和功能复合发展，并实现场所提升和功能转型。

一、要素流的地理根植与场所依赖

（一）要素流的地理根植

"根植性"（Embeddness）概念最早来源于新制度经济学，用于分析经济活动和结果受到的行动者之间的相互关系和这种关系网络结构的影响，并广泛用于分析生产、贸易、资本等要素空间集聚的文化、结构和政治根植性。信息技术进步及其产生的要素流动性变化与特定地域空间的创新基础、经济社会发展水平、企业网络化程度有着密切的关系。信息和通信技术（ICT）产业的全球性生产网络形成，不同的城市和地区在生产网络中发挥不同作用，而城市知识创新、资本流以及国家制度和政治环境等决定了其在ICT产业全球性生产网络中的节点地位和作用（Roper *et al.*, 2005）。城市的资本、技术、劳动力、社会文化等要素的配置状况决定了其在全球或者区域生产网络中对信息流、资本流、技术流等要素流的集聚能力，同时也体现了要素流的地理根植性特征。

虚拟要素流、赛博空间的地理根植性，决定了其与不同城市和区域的基础设施、社会活动、场所空间的耦合表现。虚拟要素流在实体地理空间根植过程中，与实体空间中不同的行动者相互作用形成新的行动者网络。这种行动者网络是虚实要素流和空间融合的流动空间网络。罗建发（2013）通过地理根植和嵌入性的分析视角，探讨"淘宝村"形成过程中外部虚拟要素和本地生产要素结合形成的行动者网络及其对地方发展的意义（图3-3）。地理根植是区域要素流动和流动空间对"地方空间"产生影响和作用的内在机制。

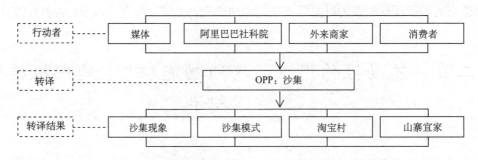

图 3-3　虚拟要素的地理根植与本地化作用

资料来源：罗建发，2013。

（二）场所依赖作用

场所空间的基本特征和结构对要素流的形态等具有决定性的影响作用。流动空间组织中的流动路径、网络、边界和尺度等形态高度依赖于场所空间。场所空间中的道路交通、基础设施管网的结构和网络在很大程度上决定了人流、物流和活动流的路径与大小。而场所的信息技术设施状况则决定了信息流动情况。场所的土地利用结构、社会文化、活动组织和政治制度等决定了空间流动性的边界和作用尺度。如城市商贸区的交通联系网络、功能结构、无线网络接入、经营管理等条件，决定了其承载的居民活动状况，以及商贸区与其它功能区之间的要素流和流动性网络。要素流在场所空间建构中的意义，同样对要素流的场所依赖产生影响，流动空间的场所依赖是"流空间"与场所空间相互作用过程中所形成的依赖作用。

二、全球化与信息化的地方化：场所的空间积累

全球化和信息化发展，改变了"全球—地方"的组织关系。进入全球化时代，城市和区域不断融入全球生产网络中，并在全球范围内考虑资源配置，形成新的"全球—地方"的组织关系。全球化、信息化时代的生产方式向"后福特主义"弹性积累转变。生产要素的空间组织更加灵活自由，出现了大型企业垂直分工、跨国生产网络的形成。在信息技术的支撑下，全球性生产要素流动并嵌入到各个区域和城市当中。而跨国投资和企业的区域集聚促进了区域和城市的新产业空间出现（图3-4）（Scott, 1996）。通过地方城市的内部力量引导全球性参与，利用本地的人文、社会、文化、智力、环境、自然和城市资本实现内生式发展，并融入全球和区域城市网络中，在合作中集聚外生的全球性资源和要素（John Friedmann, 2004）。

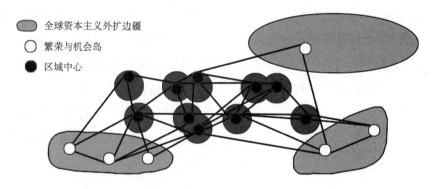

图 3-4 全球性生产扩散和城市崛起

资料来源：Scott, 1996。

全球要素流动为地方化发展提供外部动力。全球化发展导致企业、资本的流动性越来越强，并形成全球性的要素流动空间。"流空间"取代传统的地方空间成为生产组织的支配性逻辑（Castells, 1989）。全球化发展打破了地方社会经济的封闭发展状态。这促使已有完整的地理尺度下的组织（国家、区域乃至城市）发展模式发生转变（Harvey, 1989）。全球生产要素流动，为地方发展提供更加充足的资本、技术、市场和人才等要素，

成为地方化发展的外部动力。全球化的过程为区域重构和城市发展提供了机会窗口。一方面全球范围的城市联系，为区域和城市空间发展提供多样性、异质性信息；另一方面信息通讯和交通技术的进步，促进了全球生产网络的出现，并在国际劳动分工中获得产业升级的动力和价值（李仙德，2012）。

信息化和城市形态演变加速了要素流的地方化影响。信息技术的不断进步，并没有导致地方化的重要性消失，而是加强了要素的地方化集聚过程。信息通信技术和互联网的发展，促进了互联网城市的崛起，并浮现出全球性的互联网城市网络（汪明峰，2004）。城市则成为网络中的重要节点，并通过互联网连接而实现全球流动要素的弹性积累。信息城市向无线城市、智慧城市等高级形态演变，进一步扩大了地方与全球的连接，以及场所与区域和城市的互动，而在这种互动过程中可以实现地方化城市、场所与外部区域的实时信息和价值流动。

场所的空间积累是地方化的重要表现。全球化、信息化发展形成要素流动的地方化作用，体现在场所空间的弹性积累过程，进而对城市流动空间的组织结构产生重构作用。全球化、信息化带来的城市空间积累，不仅表现为城市体系的重构，而且还带来城市内部空间的分化和重组（朱查松等，2008）。全球化的空间积累导致了城市内部场所的贫富极化、社会阶层分化和功能分异。首先，信息技术、基础设施发展的不平衡（如无线网络、航空港），造成场所对要素流集聚能力的差异，以及场所发展机会的不同。其次，在全球性流动过程中，新经济部门（如现代物流、金融服务、创新研发、高科技产业）和资本、信息在城市场所中积累的创新发展优势，造成城市内部经济发展部门的分化。第三，城市应对全球化、信息化影响的资源再分配、资本利用和土地开发政策制度的空间不平衡，造成场所的功能分异。如北京金融业分布主要沿金融街和国贸 CBD 分布，其空间集聚明显受规划调控的作用（张景秋等，2011）。

三、场所提升与功能转型：流动空间的整合

信息技术对场所活动及空间产生不同的作用。信息技术及应用对实体的场所活动及其空间产生不同程度的影响，尤其是电子商务、移动终端设备和无线网络的使用，促进了实体场所空间向虚实结合的空间转变。一方面改变了场所空间的供给模式，如电子商务与传统的城市商业中心、商贸区结合，进行实体店和网上店铺的互动销售，改变了零售商业链模式和经营方式；另一方面对场空间的需求和居民活动产生影响。在信息技术

的作用下，传统场所的活动形式转变为虚拟和实体活动相结合的方式，并且对场所的时间利用节奏、空间利用强度产生影响。通过信息技术对家、列车等场所中的活动类型和活动时间分配分析（Kenyon *et al.*, 2007；Ohmori *et al.*, 2008；Hjorthol *et al.*, 2009），可以从破碎化、多任务、时空灵活性等角度探讨场所的活动结构变化。

流动空间通过改变场所的流动性和场所空间联系，从而发挥场所对要素流的粘性吸引作用。信息技术与实体要素流结合产生的粘性流动，对场所活动的流动性产生影响作用，进而改变了场所空间之间相互作用和联系模式。粘性流动作用于场所空间，增强了场所对流动性要素吸引的"粘性"，并通过场所增强、再生以及场所对资本、活动的选择性吸引和流动联系，从而实现城市的"场所提升"目的（Pelternberg, 2004）。通过流动空间促进场所的整合，在很大程度上加强了城市的生产、消费空间以及居民日常行为活动空间的互动，强化了居住、就业、交通、游憩等功能的联系，并对场所空间组织中的节点、网络、路径，以及相互作用的尺度和范围产生影响，从而持续塑造着场所的组织结构。

流动空间的持续作用促使城市场所的功能转型。信息技术与实体要素流、城市场所的相互作用，促使传统城市场所的功能转型发展。首先，流动空间对场所的建成环境产生影响。信息技术促使城市基础设施和公共服务设施整合，从而提升场所的公共性、服务效率和功能。信息技术可应用于场所的环境质量监测，改善场所的环境品质和活动吸引力。例如，阿姆斯特丹通过智能技术调节气候街道（Climate Street），来建设可持续性城市公共空间。其次，流动空间对场所的土地利用和活动组织模式产生影响。在全球化、信息化影响下，城市公共场所向虚拟化、复合化、柔性化功能转变。场所的土地利用向弹性用地、混合用地模式转变。传统的商业中心逐渐被城市综合体所替代。产业区向产业、居住、商务办公等多功能混合空间转变。场所的活动方式也由实体活动主导型向虚实活动结合的方式转变，并由此带来场所活动和功能的多元化。第三方面，流动空间引起场所文化和场所精神的变化。场所中的社会关系、场所精神被虚拟网络世界中的网络关系、虚拟文化所重构，从而导致场所意义的改变。

第三节　场所的流动：远程控制与空间再生产

通过远程控制和协助来实现流动的场所建构，一方面远程办公、远程教育等模式的出现，使得传统意义上的办公、学习场所变为流动的活动场所；另一方面通过远程控制作用，使得管理、生产和服务功能不在同一地点进行。标准化生产、服务模式的出现，使得特定类型的场所理论上可以在任何地方实现空间再生产和流动再现。

一、远程控制作用

远程控制可以实现同一时间、不同空间的生产和活动，从而提高社会运行效率。远程控制是以互联网、物联网以及无线传感技术为基础，进行的远程办公、远程教育、远程协作、远程互助等活动。接近和控制信息，以及及时的数据分析能力，成为远程控制的基础。远程控制改变了城市传统的活动模式和场所分布，促使集中式生产、消费活动向分散布局模式转变，以及满足远程控制的流动活动场所的出现。

远程控制带来活动场所选择的灵活自由性。在移动信息技术和互联网支撑下，城市居民远程活动的场所选择更加灵活自由，如可以在家、咖啡馆、交通途中进行远程办公。远程控制带来活动场所灵活性增强的同时，也改变了居民时空间利用方式。这在一定程度上提高了居民办公、学习、创新的效率。通过分析远程办公对活动空间的影响，发现在远程办公天数中86%远程办公者在家附近活动（Saxena *et al.*, 1997）。远程控制和协作的本质是城市活动场所在时间和空间中的流动。这改变了城市中居民、行为活动和场所的相互作用方式，进而使城市居民行为活动和服务模式发生变化。居民可以通过远程的方式进行移动办公、网上购物、网络社交、在线学习等活动，并推动城市中集中服务方式转向面向远程控制和个体的分散流动服务。

远程办公对城市社会空间组织和通勤模式产生影响作用，尤其是带来城市空间组织的变化。远程办公促进了城市就业空间和劳动力市场的分散化发展，改变了传统的城市职住空间关系，进而对城市空间增长、土地利用和通勤模式产生影响。远程办公对实体的通勤工作模式具有一定的替代作用，进而减轻了上下班高峰时间段的通勤压力。远程办公的长期效应则支撑了远距离的通勤，以及更大范围尺度的居住空间和就业空间组织，从而对城市郊区化发展、城市土地利用和空间结构产生潜在的作用。隆德等（Lund *et al.*, 1994）较早研究远程办公对城市空间组织的影响，分析单中心都市区远程办公和居住地位置的关系，指出尽管远程办公减少了工作出行的次数，但长期的影响则可能使住宅位置远离工作场所。远程办公减少出行距离的效应不断降低。以家庭为单位研究远程办公对通勤距离和时间的影响，分析家庭远程办公人数对居住区位选择的作用（Zhu, 2013）。

随着远程活动内容和形式的不断丰富，远程终端活动的进行对流动场所和临时活动空间的需求不断增加。这些场所和空间往往具有互联网接入、远程视频、网络会议等技术和设备支撑，并且以满足远程活动、流动活动为主。如广为普及的远程教育学校，正在兴起的为流动办公、远程办公人群提供服务的流动办公空间、联合办公空间等场所形式。随着现代社会结构和技术变革，对流动、开放工作空间的需求逐渐增加，在家或咖啡馆办公的隔离、低效和单调也促使人们转向灵活性和社交性兼备的联合办公模式——专为移动、分散或独立的个体工作者和小型公司提供工作空间（王晶，2014）。信息时代的流动场所具有连接公共领域、共享性和创新性等特点，对拓展社交网络、创新技术孵化、社会关系重构等具有显著的影响。城市中联合办公空间等流动场所的不断增多，成为城市流动空间网络中重要的"节点"和连接"窗口"，对流动空间组织和流动场所塑造作用越来越大。

远程控制对被控制终端地区的场所文化和制度产生影响。在生产、消费和活动的远程控制过程中，控制者所在地域的文化价值、权力制度和资本向被控制者所在的地域输送。这个过程表现为文化制度的流动和远程影响。流动性对社会、文化和地理权力过程的分化和意识控制发挥着作用（Cresswell，2013）。活动的远程控制过程，同时包含了行为活动中所附加的文化、价值、权力和政治的流动。这恰恰是远程控制中"场所""网络""尺度"等流动空间基本形态组织的内在机制。

二、场所的空间再生产

（一）弹性生产方式带来价值链的流动组织

技术进步和劳动力市场的变化，促使福特主义的大规模集中生产向世界各地的分散布局和弹性生产（Flexible Production）转变。弹性生产方式中，通过分散劳动力市场、劳动过程和消费需求，形成地理空间上分散且灵活的更加紧密的组织。与这种生产组织相呼应的是各种要素的自由流动。进入弹性生产时代，空间和距离的障碍被消除。空间中任何一个场所都被纳入到信息网络中，并在全球范围配置生产要素和资源，形成全球性的生产管理、加工和市场节点。这些节点是全球生产网络中的重要场所和功能区。弹性生产中的垂直转包方式以及信息在生产、管理中的作用，使得远程的管理控制得以实现，从而形成全球和区域的流动空间联系与价值链的流动组织。弹性生产方式既反映了微观管理层次上的"精益生产""后福特主义""后现代管理"等方面内容，同时这种变化的根本目的和归宿还在于资本的"弹性积累"（胡大平，2003）。

进入信息社会，生产的构成要素和生产关系的各个环节均发生相应的变革。在生产要素构成方面，以脑力劳动、从事信息技术活动的人逐渐成为劳动力的主体，由电子计算机控制的智能化、网络化的智能控制系统成为主要生产工具，信息要素和信息产业成为生产的主要对象。信息时代的生产环节中，智能化工具的个性化生产逐渐替代大规模集中化生产。信息技术和产品逐渐介入到产品分配当中。计算机和互联网技术产生后交换的领域和场所发生变化。消费环节可以通过信息技术和网络直接将生产商和消费者联系起来。信息时代的生产要素和生产环节的变化，形成生产链、供应链、企业和企业网络的弹性布局。通过信息技术、要素流动的结合，将分散的生产环节联系起来，形成流动空间网络。而流动空间网络连接的终端是分布在全球的城市节点或者城市中的场所。

价值链的流动组织，提高了商品或服务生产的管理、科技研发、生产加工、销售等活动场所布局的灵活性，在城市内部出现高技术产业区、总部经济、科技研发基地、品牌代理、批发零售等场所。这些场所一方面通过与价值链嵌入区域流动空间中，改变了城市和场所流动性相互作用的尺度，促使城市的产业和功能转型；另一方面流动场所的出现，重构了城市居民活动方式及活动空间组织。这也是本地居民适应流动空间带来的流动场所变化的结果。因此，价值链的流动组织，不仅对促进流动空间中场所和节点在地方空间的积累和生产，同时与本地文化价值、社会经济、资源禀赋、劳动力市场等相互作用，形成新的空间形式。

（二）流动消费场所的出现

经过工业化高速增长的生产积累之后，西方城市开始向以消费为主的社会形态转型。服务业发展和消费增长逐渐成为促进经济增长和城市发展的动力。西方国家借助于信息和资本的流动，其全球性弹性生产模式向消费文化、消费服务的全球扩张转变，并与各个国家结合形成了跨民族、文化差别的共享消费需求（张京祥等，2009）。消费社会转型和消费主义的流动，加强了消费文化、消费要素的空间流动性，并跨国家和地区扩散和传播，形成全球的消费流动空间。全球消费流动空间的跨国家渗透和积累，在城市中产生全球性的消费场所和消费文化景观。这种场所和消费景观具有极强的流动性。全球消费流动不仅仅是具有实用性物品的流动和消费，更多是附加的文化、价值观和符号的消费。法国学者鲍德里亚（Baudrillard）从符号学视角对消费社会和商品的符号价值进行了研究，指出除了商品的流动外，还包括符号消费的流动。

全球消费流动的地方化场所再现。全球性消费流动与地方的社会、消费需求结合。通过消费文化、消费要素和场所空间的相互作用，对城市消费空间和场所产生重构。这种重构和相互作用可以认为是全球消费要素流动的地方化场所建构，并伴随着消费文化、符号、价值的流动。如麦当劳、肯德基等连锁经营和全球扩张，其本质是饮食文化、品牌符号和流动价值跨国家和城市的场所再现和生产过程。全球消费流动的地方化场所再现，对城市居民的日常生活方式产生影响（图3-5）。从日常生活的文化、消费和空间三元互动的角度分析城市消费空间、消费场所的生产过程（张敏等，2013）。

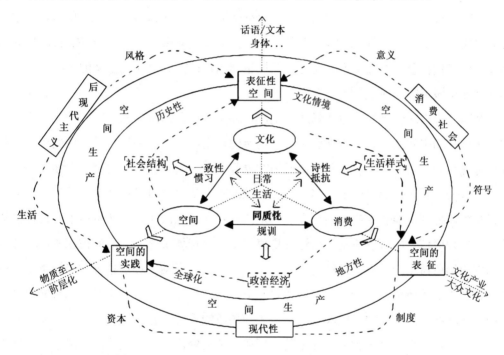

图3-5　基于日常生活的消费场所和空间生产理论框架

资料来源：张敏等，2013。

全球消费流动产生的消费场所和空间对居民活动产生影响。全球消费流动在城市中的场所再现，对居民的消费行为活动和休闲方式产生了不同程度的影响，如星巴克成为居民休闲、学习和交往的场所。与此同时，由于信息使用、文化习惯的差异，全球消费场所带来社会阶层分异，进而对居民活动的流动性、空间联系产生作用。

（三）流动空间的场所再生产作用

亨利·列斐伏尔和大卫·哈维是西方后现代空间理论的代表人物。他们分别提出空间生产理论和后资本主义的全球都市现象（孙萌，2009）。列斐伏尔认为，空间本质是一个社会生产的过程，它并非一个单纯的产品，而是社会生产力或再生产者。空间生产过程包括了空间产品的创造过程和社会关系的再造过程（空间再生产过程），强调从空间视角分析社会关系的建构或重构（Lefebvre, 1991）。列斐伏尔进一步提出"空间三元论"，包括空间实践、空间再现和再现的空间。哈维认为更灵活（弹性）的资本积累是资本主义后现代的重要特征，通过资本、企业的全球扩张来实现剩余价值的生产（Harvey, 1989）。因此，后现代社会的空间生产表现为流动性生产的特征，并以流动空间的场所、节点形式在全球化城市中出现。

全球流动空间带来的地方化场所再生产。在全球化和信息技术作用下的要素流，在塑造区域流动空间的同时，也促进了流动场所的再生产过程，并形成了全球城市的流动场所再现空间。而灵活的资本和基础设施布局强化了"自动化生产的空间"和"场所再现"（Representation of Spaces）（Zook et al., 2013）。信息化以及由此产生的空间分离，使得指挥、控制功能和生产功能不在同一地点进行（Hall, 2009）。场所再生产过程伴随着全球性和区域性的价值流动。而这种价值流动是全球城市体系联系的内在本质。流动空间中的场所再生产过程，往往是信息技术、要素流、活动、场所精神的空间再生产过程。新产生的场所成为流动空间新的边界和节点，并通过路径、网络融入已有的流动空间中。活动在不同空间的延续和再现，是流动场所的重要内容。

流动的场所再生产过程中，伴随的是同质场所的空间再现，使得城市风貌的趋同性问题日益严重，并带来潜在的场所身份认同、归属感的建构问题。如何在流动场所的再生产中，营造城市的场所特色，进行多样化、差异化发展，成为流动空间中场所生产和塑造需要重点关注的问题。

第四节　流动空间的空间效应：结构重构与形态变化

在新的流动范式作用下，促进了流动空间不同系统层面的融合，带来了城市空间组织的显著变化。流动空间改变了空间要素集聚和扩散的趋势，促进了城市空间结构的多中心、网络化发展，并支撑了智慧城市形态的出现。流动空间的空间效应还推动了城市土地利用、基础设施、活动空间的转型发展，并呈现出新的空间形式。

一、空间集聚与扩散变化：空间极化与分散化

新的流动范式下，导致时空压缩和空间距离的摩擦力降低，对生产、消费要素的空间集聚和扩散产生影响。一方面，信息技术促进了城市空间向虚实结合的流动空间转变，要素流的集聚能力不断提高，逐渐成为流动空间中要素高度集聚的节点和流动空间相互作用网络的活动场所；另一方面，信息技术与快速交通系统结合，支撑了城市空间的扩散发展，城市流动空间的边界和尺度不断扩大。同时，在不同空间层级上，流动空间的集聚与扩散表现为不同的演变趋势。在区域层级上信息技术促进了活动的空间分散和功能上的整合。在城市尺度上信息技术引起经济活动的集中（宋周莺等，2012）。

（一）空间集聚与新的空间极化

与工业时代相比，信息时代城市流动空间的要素流动更加密集。信息流、人流、物流、资本流、技术流等要素流动围绕流动空间中某个场所（节点）集中，并且要素流强度远远高于其它位置的场所，即出现流要素的空间集聚过程。流动空间中的粘性流动方式，使得全球性的要素流动与城市场所空间结合，并在城市中的场所节点汇集。场所空间的要素集聚程度与场所的活动性质、要素流动性和场所意义密切相关。城市中活动密集、流动性较强的场所往往集聚能力较强。如道路交通节点区域、商业中心等。对南京高铁站区产业空间分布及集聚特征的实证分析表明，高铁站对批发零售业、商务服务业、科技服务业等生产性服务业具有较强的集聚能力（图3-6），并且随着距高铁站场的距离增大产业的集聚程度降低（图3-6）（王丽等，2012）。

伴随着流动空间中场所要素集聚能力的提升，场所空间相互作用关系也发生变化。流动空间中要素集聚过程，也表现为场所联系的时空距离改变，使场所相互作用的范围扩大和尺度跃迁，改变场所之间要素流动的方向、强度、路径等特征，进而改变场所节点在流动空间中的地位和功能。因此，场所空间的集聚，对流动空间中的节点等级、网络结构产生深层次的影响和作用。

流动空间的集聚过程与场所功能变迁互为因果关系。流要素的集聚过程促进了场所空间向虚实结合的流动空间转变，并持续地改变场所的功能和要素结构。场所功能逐渐

由单一活动方式向多元化活动模式转变。场所的用地弹性不断增强，与其它场所空间之间的要素流动更加密切。场所的节点作用更为明显。反之，场所功能变迁还带来要素吸引程度的变化，尤其是无线网络、电子商务等信息功能的使用，对场所功能的改变具有放大效应，不仅增加了场所的虚拟活动组织，而且对场所已有的活动组织和功能结构产生影响。借助信息技术手段进行场所功能调整，在一定程度上扩大了场所要素流动的范围，推动了场所要素集聚的尺度上升，对场所的要素集聚能力提升发挥着积极作用。

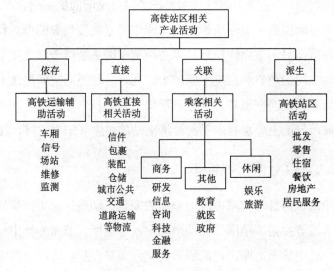

图 3-6　高铁站区的相关产业活动

资料来源：王丽等，2012。

　　流动空间的集聚导致流动空间的组织结构布局发生变化，流动空间中节点数量增加，改变城市的中心和场所节点的规模与组织结构，并且城市尺度、功能区尺度和社区尺度不同类型的场所节点也表现出不同的集聚态势。为了发挥集聚效应，原有的城市集聚的场所逐步解体，而围绕信息、知识密集和多元功能、共享性的城市功能集聚体产生（沈丽珍，2010）。流动空间极化现象表现在两个方面，一是传统的场所和中心集聚能力进一步加强，如电子商务与传统的城市商贸区结合，促进了商贸区向线上和线下销售结合的模式转变，极大地提高了商贸区对市场、人流的集聚程度。二是流动空间中新出现的要素集聚节点和场所。虚拟社区的应用使局部居住空间出现同质人群集聚的状态，同时加剧了城市居住空间分异过程带来的新活动集聚节点（韩瑞玲等，2010）。

（二）流动空间的扩散效应

全球要素流动和生产分工，促进了生产要素的全球流动和扩张，加速了资本、技术、人才和创新在世界范围的流动。全球流动和扩张加强了地方空间与全球生产网络的相互作用，促进了地方融入全球生产分工体系。城市层面的场所空间，一方面通过与全球流动空间的互动和要素流动，成为全球生产扩张的重要场所和节点；另一方面居民日常行为活动的空间移动带来城市内部要素的流动和空间扩散。信息技术和实体要素流动结合带来场所相互作用的时空距离变化，是空间扩散的重要基础和支撑。

空间扩散是城市活动组织和分工协作的基础。要素流动的空间扩散可以在更大范围和尺度进行流动空间的要素组织。远程控制和远距离的要素流动是空间扩散的技术支撑。这有助于加强城市场所的相互作用距离的拓展，从而加强城市空间的网络化组织过程。流动空间的扩散促进了城市生产管理、新产业区间的空间相互联系。信息技术广泛应用于企业生产中，从订单、设计、生产到销售各个环节间高效快速的响应链，企业突破空间摩擦的能力越来越强，从而使企业生产要素和各环节在更大的空间分散布局（丁疆辉等，2009）。通过远程服务控制和城市服务设施的分散布局，以提高边缘区域的服务功能。相对于城市经济指挥功能和全球化市场的集中化，常规的生产性和消费性服务功能更多地呈现分散化（孙世界等，2007）。

空间扩散对城市要素组织模式和空间结构产生影响。远程办公促进了城市居住、就业空间的分散布局，在一定程度上影响了居住的郊区化过程。随着电子商务和消费服务业后台办公的发展，服务供应商和消费者之间的远程电子对话逐渐对城市中实体的商业和消费者产生影响。为了降低商业供应链的成本，使得生产、物流配送等功能外迁，寻求郊区或者大都市周边地区交通便利、土地价格低廉的地区来布局，商业销售、管理控制中心仍然在城市中心地区集聚。要素流动的空间扩散，同样对城市的中心、场所功能产生影响，而郊区化扩散过程中加强了郊区中心节点的兴起，从而促使城市流动空间结构向多个中心转变。城市中心要素向郊区扩散过程中强化了中心与外围地区之间的要素流动和相互作用。

二、城市空间结构重构：多中心与网络化

流动空间对城市间相互作用关系产生影响。20世纪90年代，随着信息技术广泛应

用和影响，学者开始关注信息流对城市间传统要素流动的作用，以及带来的城市网络结构变化。信息技术、实体要素流和城市结合，对区域流动空间和城市网络结构产生作用。基于互补关系的复杂城市网络，中心城市正在向城市地区转变，并演变为巨型城市区域而融入全球城市体系。信息技术、通信网络发展促进了边缘城市的出现。流动空间对城市间相互作用产生影响，尤其是信息时代城市间高度的要素流动以及全球生产网络形成。全球要素流动性增强改变了城市网络结构。

传统的城市空间结构往往呈现圈层结构。伯吉斯早在 1923 年提出同心圆模式，认为城市功能布局以同心圆方式分圈层向外扩展，从中心向郊区依次为中央商务区、过渡性区域、工人住宅区、高品质住宅区和通勤者区，具有明显的单中心结构特征。随着城市化、工业化进程的不断推进，城市用地规模不断扩大，城市功能不断分化，出现了产业园区、创新研发、生产性服务等功能区。在小汽车、快速交通系统支撑下，城市空间沿主要交通通道向郊区延伸，并且在多条交通干道汇集地区出现新的商业、服务集聚中心。

信息技术的影响加剧了城市居住、就业、通勤、休闲等功能的空间组织分异。生产企业内部分工，带来企业生产的分散化布局。企业管理、销售部门向城市中心集聚。生产制造部门向郊区延伸。城市的各种功能布局不再受地域空间限制，资本、集聚、知识、创新等因素逐渐替代交通、土地、原材料等区位条件，成为影响流动空间功能布局的主导因素。在快速公共交通系统和远程办公支撑下，居住功能进一步向郊区延伸，通勤流动的空间范围不断扩大，居住和就业空间组织更加灵活和分散。城市的商业、金融、信息服务、科技研发等职能仍在城市中心集聚，但随着城市空间拓展呈现出多个中心的趋势，并且各个中心的职能和性质有所差异。甄峰（2004a）从基础设施网络、技术流动性的视角分析了信息时代城市空间结构的弹性化发展。而区域性的管理、生产服务、创新等功能，成为城市间要素流动的重要场所和节点，成为城市基本职能重点发展的区域。

新的流动范式加速改变了城市内部要素流动模式。居民行为活动的空间联系更加灵活、弹性和流动。城市社会结构和社会关系更加复杂和多元，从而促使城市空间结构由圈层结构向网络化结构转变。围绕居民日常行为活动产生的人流、物流、信息流、资本流等要素流动加强了城市空间相互作用。场所空间之间向网络化互动转变。城市空间中功能联系的路径网络更加密集，场所节点的数量不断增加，流动空间的范围不断拓展。这些加强了城市空间结构从圈层的等级结构向多中心、网络化的空间结构转变。

三、智慧城市形态与空间转型

（一）流动空间与智慧城市形态

通信技术与实体出行的联系促进了新的流动形式，对城市空间的流动性和场所相互作用方式产生影响，进而使城市形态不断重构。信息港、信息高速公路、高技术区、边缘城市、智慧城市、无线城市、智慧社区已经出现，城市空间结构正在重塑（魏宗财等，2013）。信息技术的变革和不断进步，带来了新的城市形态。信息技术和互联网发展带动了"数字城市""信息城市"的出现。随着新一代信息技术、物联网、云计算技术的发展和广泛应用，促使了信息时代的城市形态向智慧城市转变。席广亮等（2014）从智能功能、智慧空间应用以及智慧空间管理等层面探讨智慧城市组织形态（图3-7）。

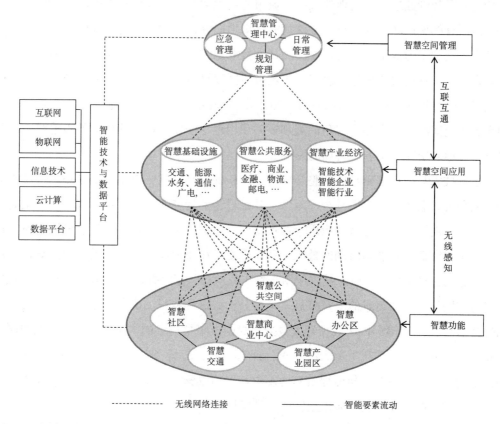

图 3-7　智慧城市组织形态示意

资料来源：席广亮等，2014。

智慧城市以绿色、低碳、集约、高效的空间为主要特征。智慧城市通过信息技术、互联网、物联网等技术将居民、活动、社会和空间联系起来，实现感知的物联化、更全面的互联互通、更加智能的管理，促进了城市信息、技术、资本、活动等要素的跨介质（人和非人要素）流动，从而实现城市要素更加全面、瞬时和安全的流动，并节约城市要素流动的成本，具有低碳、高效的流动空间特征。智慧城市通过远程控制作用，扩大了城市空间相互联系的空间距离，对要素流动的范围、尺度和相互联系网络结构产生影响。因此，可以认为流动空间是智慧城市的主导空间形态。

（二）流动空间影响下的空间转型

流动空间促进城市土地利用模式变化。流动空间对城市场所空间影响，促进了城市场所的用地和功能混合，由单一用地形式向混合用地转变。流动空间逐渐打破传统的城市功能分区和刚性边界对用地的限制。城市的用地边界变得模糊。新的功能和用地方式逐渐向原有的城市功能区渗透，促使功能区用地向弹性用地和综合用地转变，从而提高了城市土地利用的效率。同时，在新的粘性流动范式的影响下，基于混合用地和居民日常行为活动移动模式的规划理念应用于城市新区建设当中，如公共交通导向（TOD）开发模式、居民生活圈规划（柴彦威等，2013）。由此可见，基于空间流动性、居民活动移动等流动空间组织效率提升视角的规划策略和用地组织模式已经应用于城市建设中，并对城市土地和空间结构产生持续的影响。

信息技术与城市基础设施的整合作用。在新的流动范式影响下，信息技术与城市基础设施和公共服务设施广泛结合，对城市基础设施的功能布局、流动模式、建设策略等产生全方位的影响。信息技术应用于城市交通、电力、给水、排水等工程管网建设，极大提高了城市活动和要素流动的效率，从而改变了城市空间相互作用的时空距离，并对场所的流动性产生影响。信息技术应用于城市商业、医疗、教育、物流、金融等服务中，通过对居民日常生活需求的海量信息采集和分析，进行科学的服务决策和实现面向个体的位置信息服务（LBS），这被称为大数据和数据密集型科学的"第四范式"。大数据应用将对城市的服务模式产生革命性改变。新的流动范式下，城市基础设施和公共服务设施的空间布局、服务形态和运行效率均发生显著的改变，是流动空间中重要的技术和社会经济活动支撑，并促进了城市空间的转型发展。

流动空间通过改变场所功能、用地模式和要素流动性，对居民日常行为活动空间和城市功能空间产生重构作用。技术进步和城市基础设施系统的变化，对居民活动的流动性产生作用，改变了居民日常行为活动——移动的时空间分布规律。场所功能和用地模式的转型对居民活动空间产生系统性的影响，对活动的边界、强度、相互联系等产生一系列的作用。与此同时，智慧城市的建设，推动了城市居住、就业、休闲消费等功能空间转向虚实融合的流动空间。

第四章　信息时代的流动性分析与评价

第一节　居民流动性分析与评价

居民日常行为活动和活动空间是城市流动空间的本质。通过城市内部居民日常行为活动空间和活动的空间联系网络分析，有助于更加深入地理解城市流动空间组织特征。本节基于南京居民活动日志数据，分析居民活动的时空分布及空间联系特征，并从不同场所的活动内容视角分析场所空间的功能变化，进而从居民活动、交通可达性、土地利用强度耦合的角度进行空间流动性评价。

一、居民活动与流动性分析

（一）数据获取与样本属性

居民行为活动时空间数据通过居民行为调查问卷和活动日志获取。2012年9—10月作者所在研究团队通过面对面发放纸质调查表的方式，在南京市区20个地点进行居民行为活动的调研。主要选择南京新街口地区、湖南路商圈、夫子庙商业中心、玄武湖风景区、仙林中心等主要的人流汇集的地区进行问卷的发放。调研内容包含问卷和活动日志两个部分，问卷包括居民个人基本信息、信息技术使用、信息时代居民购物、休闲活动情况等问题。活动日志主要记录居民最近的一个工作日和休息日的活动情况，包括活动的起止时间、活动地点类型、实体活动内容、网络虚拟活动内容和具体的活动位置信息等。

本次调查共发放调查表1 038份，收回980份。在此基础上，选取642份活动日志内容填写完整的调查表，从中抽取居民的社会经济属性（性别、年龄、收入等）、网络及终端设备使用情况、活动日志数据。从有效样本来看（表 4-1），男性占 50.5%，年龄结构中以 23—30 岁为主，78.1%的被访问对象经常使用智能手机，83.3%居民经常使用笔记本电脑。从调查样本的空间分布来看，11.7%位于郊区，21.3%位于新城区，36.7%位于外城区，30.2%调查样本位于老城区。

表 4-1 调查样本基本情况

属性	类型	样本量	比例（%）
性别	男	325	50.5
	女	317	49.5
年龄	22 岁及以下	122	19.0
	23—30 岁	366	57.4
	31—40 岁	127	19.8
	41 岁及以上	24	3.7
月收入	无收入	76	12.1
	3 000 以下	219	34.0
	3 000—5 000	215	33.5
	5 000—8 000	81	12.6
	8 000 以上	50	7.9
经常使用智能手机	是	502	78.1
	否	140	21.9
经常使用笔记本电脑	是	534	83.3
	否	108	16.9
在城市中的位置	郊区	75	11.7
	新城区	137	21.3
	外城区	236	36.7
	老城区	194	30.2

（二）居民日常活动的时空分布特征

借助 T-GIS 的空间分析方法，对南京居民日常行为活动的时空路径进行分析。通过 GIS 中核密度方法分析活动地点与家之间距离的时间变化趋势，判断居民出行距离在不同时间段的强度变化，并分析不同性别、收入水平和户籍状况的居民活动的时空特征。通过居民活动的时空分布和特征分析，更深入地理解城市活动的路径和场所分布强度，把握城市流动空间组织的整体规律。

1. 居民日常活动的总体时空特征

（1）时空路径分析

采用时空 GIS 技术分别对南京居民工作日一天的实体活动和虚拟活动，及休息日一天的实体活动和虚拟活动时空分布进行三维可视化（图 4-1、图 4-2）。其中，二维平面为南京市区空间范围，垂直维度表示时间，由下至上表示 0—24 点。从时空路径图可以看出：

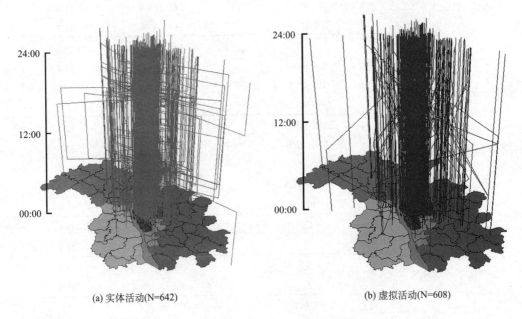

(a) 实体活动(N=642)　　　　(b) 虚拟活动(N=608)

图 4-1　南京居民工作日活动时空路径

无论在工作日还是休息日，居民日常活动在老城区集聚程度最高。这表明南京居民日常行为活动单中心集中的空间组织结构。南京老城的鼓楼、玄武等中心区对居民活动具有较强的吸引力。一方面中心城区教育、医疗、文化、商业等服务设施较齐全，公共交通系统发达，集聚了大量的居民在老城区居住和生活；另一方面，老城中心区行政办公、科技研发、商务商业等服务业高度集聚，吸引了大量居民到中心区就业。

南京居民工作日行为活动的范围大于休息日。远距离、长时间的出行和活动的比例较高。这主要是因为工作日大部分居民外出工作，通勤距离较长，活动的空间范围和出行距离较长。同时也说明南京居民工作活动的出行距离较远，部分居民的职住空间分离较为明显。

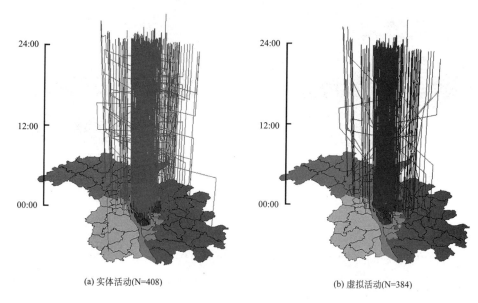

(a) 实体活动(N=408)　　　　　　　　(b) 虚拟活动(N=384)

图 4-2　南京居民休息日活动时空路径

　　工作日居民活动的时空路径比休息日的形态更为复杂，说明工作日居民活动内容丰富。无论是实体活动还是虚拟活动，工作日的时空路径总体上均比休息日的复杂和多样化。一方面工作日具有工作、上下班通勤等活动，并在上班和通勤途中伴随着其它的活动类型，如上下班交通途中进行网络休闲、网络娱乐等虚拟活动；另一方面休息日部分居民以居家活动为主，活动的空间流动性较弱。因此，工作日居民活动的时空路径比休息日更为复杂。

　　虚拟活动路径与实体活动路径变化趋势较为相似。绝大部分的虚拟活动依附于特定的实体场所和空间，如在家中进行各种虚拟网络活动。因此虚拟活动路径与实体活动路径存在一定的时空关联性。尤其是工作日虚拟活动的时空路径与实体活动的时空路径关联性更为突出，可以看出工作日在 8—12 点和 14—18 点的实体活动路径较为复杂，相对应的虚拟活动路径也较为复杂。

（2）活动的时空特征分析

　　为进一步反映居民日常活动出行的时空分布特征，本研究在 GIS 中分别对工作日、休息日居民活动时空分布进行核密度分析，平面维度分别为 0—24 小时时间点和活动离家距离，垂直维度为活动分布的强度，进而研究居民日常活动及出行的时空分布特征（图 4-3）。

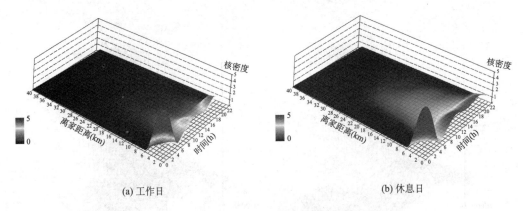

(a) 工作日　　　　　　　　　　　　　(b) 休息日

图 4-3　居民总体的活动核密度分布

　　工作日居民活动的时空分布具有明显的波动规律，除 0—7 点在家时间段外，8—12
点和 14—18 点两个时间段具有明显波峰，主要是因为工作日居民活动相对规律，出行的
时间和距离较为固定，大部分表现为单位和居住地之间的活动联系，而波峰之间时间段
的活动流动则为居民工作通勤。休息日活动时空分布没有明显的高峰。活动的时空分布
较为随机。同时，休息日居民活动起始时间晚于工作日，这与工作日、休息日活动方式
的差异有关。休息日居民以购物、休闲、社交等活动为主，时间安排上相对较为自由
灵活。

　　工作日居民活动离家距离整体上大于休息日，工作日居民活动出行的距离主要集中
在 0—14 千米范围。而休息日居民活动离家的距离则主要集中在 0—10 千米范围。这在
很大程度上反映了居民职住分离程度，在轨道交通和其它公共交通系统支撑下，居民工
作的空间联系尺度更大，而休息日大部分居民的活动在家附近进行休闲、购物等活动，
这避免了长距离的通勤。

2. 居民日常活动的时空特征分异

（1）不同性别居民活动的时空特征

　　工作日男性在中长距离活动的密度稍微高于女性（图 4-4（a）、图 4-5（a）），表明
男性远距离工作通勤的概率高于女性。男性工作日 18—22 点活动强度高于女性，这与男
性晚上外出就餐、社交活动较为频繁有关。休息日女性中短距离的出行活动强度高于男
性，同时女性也有一些较远距离活动的分布（图 4-4（b）、图 4-5（b）），说明休息日女
性出行活动的频率较高。女性休息日的购物、娱乐等活动，促进了消费活动相关的出行。

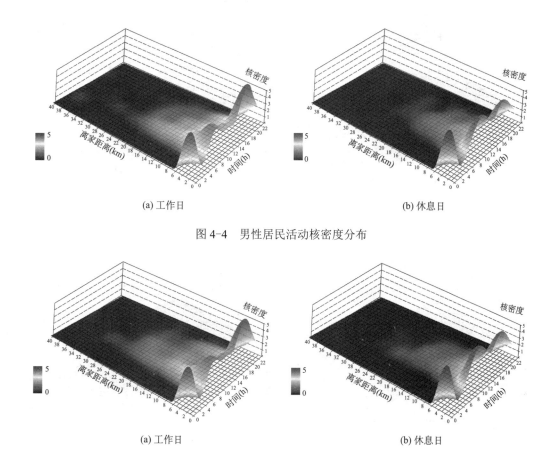

(a) 工作日　　　　　　　　　　　　　　　　　(b) 休息日

图 4-4　男性居民活动核密度分布

(a) 工作日　　　　　　　　　　　　　　　　　(b) 休息日

图 4-5　女性居民活动核密度分布

可以看出，男性和女性活动的时空分布差异较小。性别差异对居民工作选择和工作模式的影响越来越小。女性和男性在工作机会和时间上的差异越来越小。这使得男性和女性的工作活动时空分布特征也较为相似。同时，男性和女性在购物消费、社交、休闲娱乐等活动方面的偏好、习惯差异，导致不同性别在工作日晚上、休息日时间内的活动出行距离存在分异现象。这种分异在很大程度上反映了居民对公共活动空间使用的性别差异性。

（2）不同收入水平居民活动的时空特征

根据居民的社会经济属性，将月收入 3 000 元以下、3 000—5 000 元和 5 000 元以上的部分分别视为低收入、中等收入和高收入水平居民，分析不同收入水平居民工作日和休息日活动的时空分布核密度（图 4-6、图 4-7、图 4-8）。

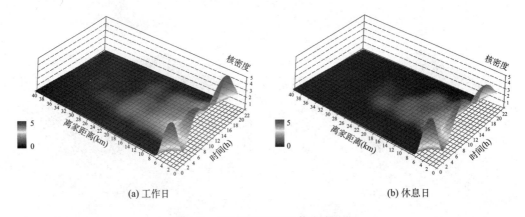

(a) 工作日　　　　　　　　　　　　　　　(b) 休息日

图 4-6　低收入居民活动核密度分布

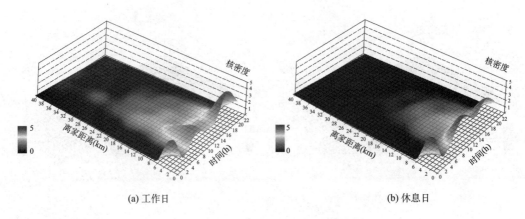

(a) 工作日　　　　　　　　　　　　　　　(b) 休息日

图 4-7　中收入居民活动核密度分布

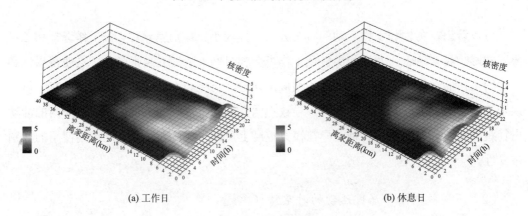

(a) 工作日　　　　　　　　　　　　　　　(b) 休息日

图 4-8　高收入居民活动核密度分布

　　工作日不同收入水平居民活动的核密度存在较大差异，尤其是低收入居民活动的时空分布与中收入、高收入居民之间差异最为明显。低收入居民活动在 7—18 点分布最强，中收入和高收入居民活动则具有 8—12 点和 14—18 点两个较为明显的时间段。中收入居民活动的空间距离范围分布最广，主要集中在 0—14 千米范围；低收入居民活动分布的空间距离范围相对较小，以家附近的活动为主。这说明工作日中高收入居民的活动时间较为规律，具有明显的上班、下班活动时间特征，而低收入居民活动的时间分布不确定因素较大，这与低收入居民的就业方式有关。工作日中收入居民活动出行的范围尺度较大，某种程度上是由中收入阶层的郊区居住、市中心就业，带来的远距离工作通勤所造成。

休息日不同收入水平居民活动的时间分布较为相似，主要集中在 10—20 点时间段范围内。从空间距离分布来看，低收入居民活动具有明显的近距离集聚特征，以家及附近地区活动为主；中高收入居民休息日活动出行的距离相对较大，高收入阶层活动出行的空间较为分散。由此可见，收入水平在很大程度上影响居民的购物、休闲等活动出行，进而影响居民活动的空间流动性以及居民流动空间的组织模式。

（3）不同户籍居民活动的时空特征

从城镇和农业户口的角度，分析居民活动的时空核密度，研究不同户籍对居民行为活动的影响。总体上，城镇户口居民工作日和休息日活动核密度分布较为集中和规则，而农业户口居民工作日和休息日活动核密度分布呈现出分散、不规则的形态（图 4-9、图 4-10）。

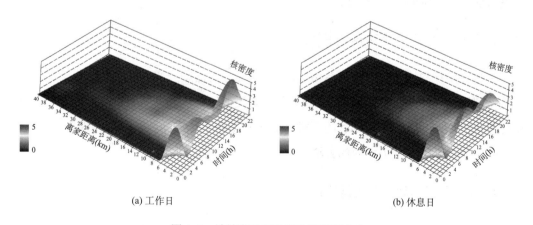

(a) 工作日　　　　　　　　　　　　　　(b) 休息日

图 4-9　城镇户口居民活动核密度分布

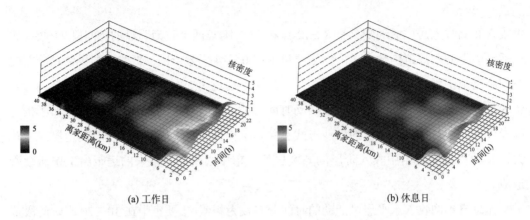

(a) 工作日　　　　　　　　　(b) 休息日

图 4-10　农业户口居民活动核密度分布

工作日城镇户口居民呈现出典型的上班、下班活动时间分布。通勤距离主要集中在 0—16 千米范围内。活动的空间分布规律性较为明显。农业户口居民工作日开始时间相对城镇户口居民较早，结束的时间相对较晚。这在一定程度上说明农业户口居民整体上工作时间较长。部分居民进行远距离通勤，出行的范围尺度较大。

休息日城镇户口居民出行活动时间集中在 10—20 点范围内。离家距离集中在 0—14 千米范围内。整体上活动核密度的时空分布较为规则。而在休息日，农业户口居民活动的时空分布具有较强的随机性。这是因为，绝大部分城镇户口居民休息日以非工作活动为主，而农业户口居民由于缺乏稳定工作，休息日有可能从事工作活动，因此农业户口居民内部的活动空间分布存在较大分异。

（三）居民日常活动的空间联系特征

从居民出行和活动的空间联系角度，分析居民行为活动分布与联系的网络结构特征，并从不同居住区、不同活动场所的角度，分析居民活动的联系范围和空间尺度的差异性。在把握居民整体的活动分布形态的同时，对居民工作、购物和社交三种较为典型的活动形式的空间联系也进行了相应的分析。

1. 南京居民活动联系的网络结构

（1）整体的活动联系网络

根据居民居住地和活动地点所在的地区，建立南京各区之间的活动联系频数矩阵。根据活动联系频数矩阵得出南京居民活动的网络分布（图 4-11）。可以看出，鼓楼、玄武、白下等区域是活动流汇集的地方，成为南京居民活动联系网络中等级最高的节点和场所。活动流汇集能力最强的场所主要集中在南京老城区。其中，从下关、栖霞、浦口、建邺、秦淮等区域到鼓楼的活动联系强度最大。从鼓楼、秦淮、玄武到白下的活动联系强度也较大。从活动联系的路径来看，存在明显的非对称性结构。外围地区指向主城区（老城区、外城区）的活动联系强度较大，而由主城区指向外围地区的活动联系强度相对较小。这表明南京老城区、外城区和外围地区之间居民活动联系呈现不对称性和老城区集聚的特征。同时，南京居民活动联系表现出一定的空间邻近性特征。相邻的地区之间往往具有较为频繁的活动联系，如长江北岸地区的六合和浦口的活动联系，江宁与邻近的白下、秦淮、雨花台等区域的互动联系较为频繁。

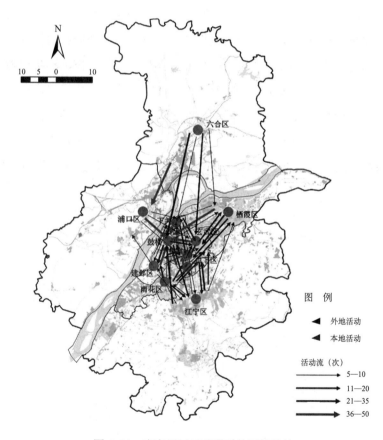

图4-11 南京居民活动联系的网络结构

从各个地区的活动联系指向来看，居住在鼓楼、浦口、江宁、栖霞、建邺等地区的居民以本区活动为主，本区以外的活动频次相对较小。下关、秦淮、雨花台等区的居民活动中，分布在其它地区的比例相对较高。鼓楼区的商业、医疗、就业等设施较为完善，对本区居民活动具有较强的吸引力。浦口、江宁、栖霞等新城区由于与城市中心地区空间距离较远、出行不便等原因，居民以选择在新城内部空间活动为主。

（2）工作和购物活动的联系网络

工作和购物是居民日常行为活动的最主要组成部分。分析工作、购物活动的流动联系，有助于把握城市的居住和就业空间、消费空间的流动性联系特征，以及场所空间的相互作用关系（Limtanakool, *et al*., 2009）。

从南京居民工作通勤联系来看（图4-12），鼓楼区是工作活动集聚能力最强的地区。在秦淮、玄武、栖霞三个地区居住的居民流向鼓楼工作的频数最高。下关、江宁、浦口、建邺、白下等区域流向鼓楼工作的居民也相对较多。这与鼓楼的行政机关、高校、科研院所、商业服务等要素集聚有着密切的关系。玄武、白下的工作活动集聚能力也较强，南京老城区是就业活动最为集中的场所。江宁、栖霞等新城区建设、产业园区发展，大量新增工作岗位，吸引部分主城区居民到新城就业，促进了工作活动的郊区化流动。从各个区的工作活动联系指向来看，秦淮、白下、建邺等区域居民在本地区就业的比例较低。90%的秦淮区居民在秦淮以外地区工作，而71%的鼓楼居民在本地区工作。

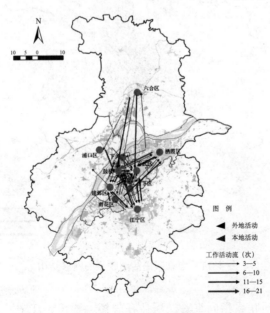

图4-12　工作活动联系网络

　　工作通勤联系网络反映了南京居民的职住空间关系。南京老城区是主要的就业中心，吸引了大量的外城区、外围地区居民就业，相应地增加了郊区到老城区的通勤流动。同时，随着南京新城区的规划建设，科技研发、商业服务等功能场所的出现提供了大量的就业岗位，逐渐吸引部分新城区和郊区居民到本地就业，在一定程度上减少了远距离的通勤活动流动。

　　从南京居民购物活动出行联系网络来看（图 4-13），鼓楼、白下两个地区是网络中购物活动集聚的核心场所，并且对整个南京市区范围具有吸引作用。通过统计南京各区之间购物活动联系的频数，可以看出鼓楼、白下两个地区承载了约 40%的购物活动。购物活动联系具有显著的老城指向性特征。建邺区、秦淮区也具有一定的购物活动集聚能力，但集聚的强度低于鼓楼和白下。购物活动的流动范围也相对较小。江宁区、浦口区则吸引了部分邻近地区的居民购物流动。江宁地铁沿线的商业场所建设吸引了邻近的雨花台区、栖霞区少数居民购物，浦口区的弘阳广场等商业中心吸引了部分六合区居民的购物消费。从各个区的居民购物活动联系指向来看，下关、玄武、雨花台、浦口的居民以到本区以外场所购物为主。下关居民到本区以外城区购物的比例达到 61.5%；鼓楼、秦淮、白下、建邺居民则以本区购物活动为主导。

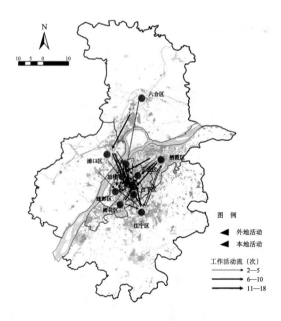

图 4-13　购物活动联系网络

由此可见，南京居民购物活动空间呈现出多中心网络结构。新街口、湖南路等传统优势商圈所在地的鼓楼和白下地区，是南京购物活动联系网络中的核心区。建邺区的河西商业中心、秦淮区的夫子庙商圈则是购物活动联系网络中的次级节点，而浦口、江宁、栖霞等郊区商业中心在网络中的节点吸引作用不明显，以本地购物活动集聚为主。同时，南京居民购物活动联系以向心性流动为主，外围地区的商业设施配套和消费集聚能力有待进一步提升。

2. 不同区域居民的活动联系特征

以街道为研究尺度，选择在南京主城和外围地区等区域居住的样本，分析在不同区域居住的居民活动联系范围和尺度的空间差异，进而更加清晰地认识城市场所区位、功能差异与居民流动性之间的关系。主城区选择湖南路街道和孝陵卫街道（含部分卫岗街道调查样本），外围地区选择栖霞的仙林街道、江宁东山街道和浦口区的泰山街道（含部分顶山街道的调查样本）（图4-14）。

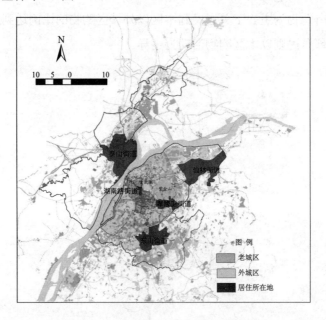

图 4-14　按居住地选择的研究街道单元

所选择的五个研究区域中，湖南路街道、孝陵卫街道、仙林街道、东山街道和泰山街道的居民样本数分别为 40、37、39、53 和 24 个（表 4-2）。根据不同街道居民工作日和休息日的活动地点，在 ArcGIS 中生成居民活动联系 OD 线，并运用 GIS 空间点离散趋势分析方法计算标准差椭圆（Standard Deviational Ellipse，SDE）。通过标准差椭圆来研究居民活动的空间相互作用趋势以及活动联系的边界范围。

表 4-2　不同区域的样本数和活动频数

研究区域	样本数	工作日本街道范围内活动		工作日本街道外活动		休息日本街道范围内活动		休息日本街道外活动	
		频数	比例	频数	比例	频数	比例	频数	比例
湖南路街道	40	154	93%	11	7%	83	69%	37	31%
孝陵卫街道	37	128	85%	22	15%	100	85%	17	15%
仙林街道	39	94	73%	34	27%	73	72%	29	28%
东山街道	53	117	72%	46	28%	95	81%	22	19%
泰山街道	24	65	69%	29	31%	68	85%	12	15%

（1）主城居民的活动联系特征

通过居住在湖南路街道和孝陵卫街道的居民活动联系特征分析（图 4-15、图 4-16），来反映南京老城区和外城区居民活动相互作用的范围和尺度。湖南路街道居民活动的联系主要集中在主城范围内。休息日的居民活动联系标准差椭圆面积大于工作日标准差椭

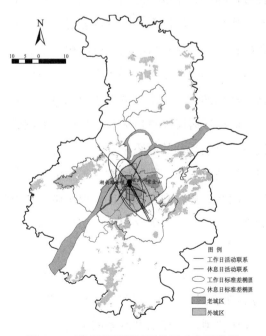

图 4-15　湖南路街道居民的活动空间联系

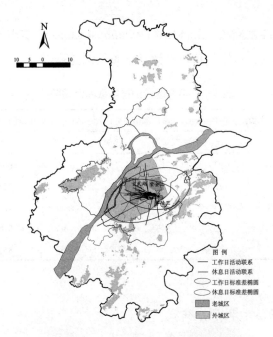

图 4-16　孝陵卫街道居民的活动空间联系

圆，表明湖南路街道居民在休息日的活动联系范围大于工作日；标准差椭圆长轴为南北方向，说明老城区居民日常活动联系以南北向联系为主。孝陵卫街道居民活动联系也以主城为主要区域，并且工作日居民活动联系的标准差椭圆面积大于休息日，说明外城区居民的工作日的通勤距离较远，而休息日的活动范围相对较小。

　　总体上，主城居民日常活动联系范围主要集中在主城范围内，而老城区和外城区居民在工作日、休息日活动联系的范围大小呈现出相反的特征。老城区居民的休息日活动趋向郊区化的流动联系，而外城居民休息日活动则具有向老城商业中心联系的特征。

　　从湖南路街道居民不同类型活动的联系来看（图 4-17），工作和购物活动的频数较高，但大部分以湖南路街道内部工作、购物为主。工作活动对外与栖霞、雨花台、建邺地区等轨道交通沿线区域联系。购物和社交活动主要集中在休息日。社交活动与河西、江宁等个别地区产生联系。总体上，老城区居民的工作、购物和社交活动的空间联系规律不明显。

　　孝陵卫街道居民的工作、购物和社交活动的流动具有明显向主城集中的特征（图4-18）。工作活动主要分布在玄武、白下、鼓楼等城区，同时个别居民在南京经济技术开发区、江宁经济技术开发区等地，工作活动联系的范围尺度较大。居民工作的通勤距离较长。购物和社交活动以家附近为主。个别居民休息日在新街口、河西万达和夫子庙等地进行购物和社会交往活动。

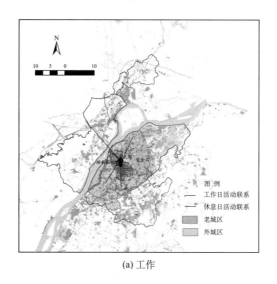

(a) 工作

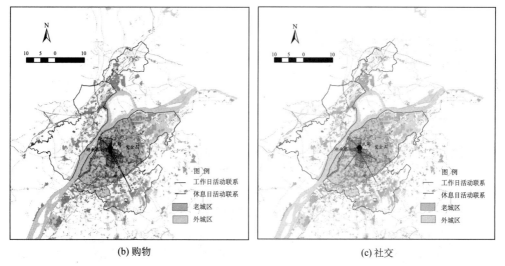

(b) 购物　　　　　　　　　　　　　　　(c) 社交

图4-17　湖南路街道居民不同类型活动空间联系

（2）新城区居民的活动联系特征

通过栖霞区仙林街道、江宁区东山街道和浦口区泰山街道居民的活动联系分析（图4-19、图4-20、图4-21），来反映南京外围新城地区居民活动空间的相互作用关系。

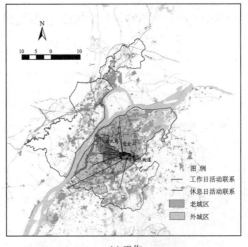

(a) 工作

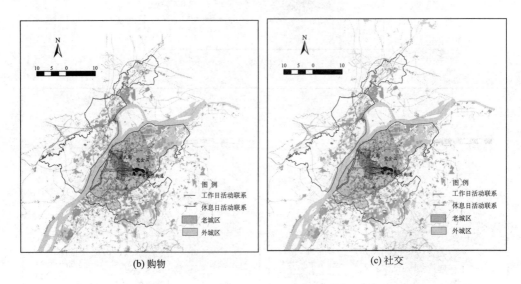

(b) 购物

(c) 社交

图 4-18   孝陵卫街道居民不同类型活动空间联系

　　仙林街道居民活动联系的范围较大，几乎包括了南京市区所有的区域，与老城区的联系是仙林街道居民活动的主要联系方向。工作日活动联系的标准差椭圆和休息日的标准差椭圆较为相似。工作日和休息日的活动均呈现较大范围和尺度的流动联系。

　　工作日东山街道居民的活动以南北方向联系为主，向北主要向鼓楼、白下区等老城中心流动联系，向南到南京空港区等区域。工作日东山街道活动联系的标准差椭圆南北向长轴较长、东西向短轴较短，呈现出明显的南北轴线集聚特征。休息日东山街道居民活动联系的标准差椭圆短轴较长，活动联系方向较为分散，包括南京主城区和栖霞、江宁等区域。

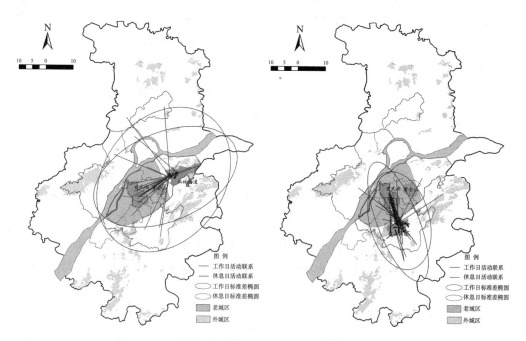

图 4-19　仙林街道居民的活动空间联系　　　图 4-20　东山街道居民的活动空间联系

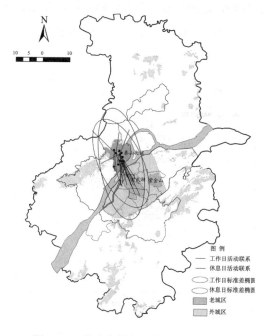

图 4-21　泰山街道居民的活动空间联系

　　浦口区泰山街道活动联系以浦口区和南京老城区联系为主导。工作日活动联系方向主要指向白下和鼓楼。活动联系的标准差椭圆南北方向的长轴较长。活动联系的范围较为集中。休息日活动以浦口区内部流动为主。活动向弘阳广场商业中心等江北商业组团集聚。仅有少数居民到老城区新街口商业中心等地活动。

　　由此可见，外围新城地区居民活动联系的标准差椭圆较主城地区居民活动联系的标准差椭圆大。新城区居民活动的联系范围相对较大，并呈现出整个市区尺度上活动联系的特征。同时，新城区活动联系范围主要指向老城中心地区的场所空间。

　　仙林街道的工作活动联系主要流向老城区、浦口和六合等地，并且与老城中心地区的联系频数较高。购物和社交活动主要分布在栖霞区的学则路商业区、仙林中心等地，以本地消费和社会交往活动为主。而对外的购物、社交活动联系主要流向新街口、湖南路等老城区商业中心（图 4-22）。可以看出，仙林街道居民的工作通勤范围较广，流动尺度较大。购物、社交出行以本地商圈为主要目的地，而个别居民到老城传统商业中心活动。

　　东山街道的工作、购物和社交活动以南北向流动联系为主导（图 4-23）。除了在江宁本地工作之外，部分居民工作活动联系的范围指向鼓楼、白下、玄武等老城区，并且集聚特征较为明显。购物和社交活动主要集中在休息日。在东山街道本地购物的居民较多，而向市中心联系的购物和社交活动主要指向新街口地区。

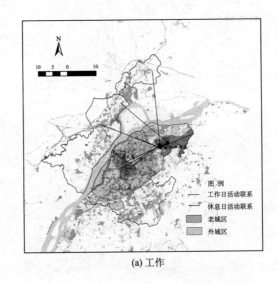

(a) 工作

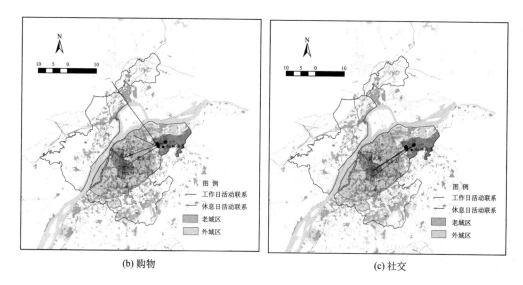

(b) 购物   (c) 社交

图 4-22 仙林街道居民不同类型活动空间联系

泰山街道的工作活动联系的范围主要包括老城区北部地区，以中山北路、鼓楼等地区为主，工作通勤出行的距离较长（图 4-24）。而居民的购物和社交活动的频次较低，购物以本地活动为主，仅有个别居民的购物和社交活动分布在鼓楼的新城市广场商业区。

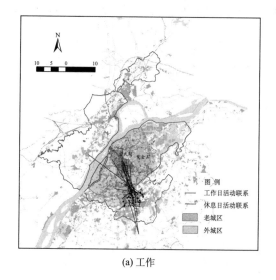

(a) 工作

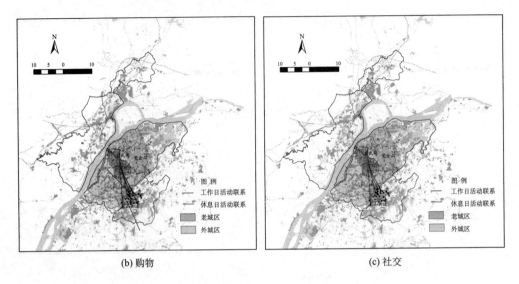

(b) 购物　　　　　　　　　　　　　　　(c) 社交

图 4-23　东山街道居民不同类型活动空间联系

3. 不同区域活动的集聚特征

选择南京新街口地区、湖南路商圈、夫子庙等传统商业中心和河西万达广场、仙林中心等新城商业中心，分析不同场所的活动联系，从公共活动场所的角度分析其可以吸引居民活动的空间范围和尺度（图 4-25）。同样地，采用标准差椭圆来分析在不同场所活动的居民居住地空间分布趋势。

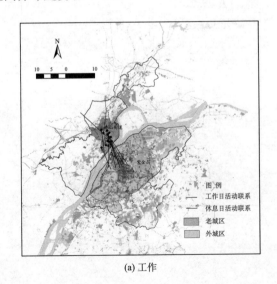

(a) 工作

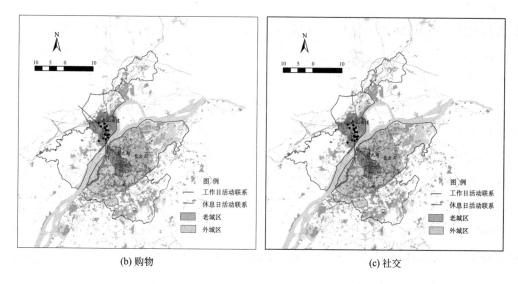

(b) 购物　　　　　　　　　　　　　　(c) 社交

图 4-24　泰山街道居民不同类型活动空间联系

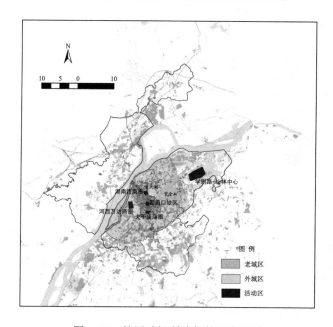

图 4-25　按活动场所选择的研究区域

（1）主城商业中心的活动集聚特征

通过对新街口、夫子庙和湖南路商业中心活动的居民居住地联系分析，从而研究南京重要活动场所的活动集聚强度和联系范围尺度。新街口地区作为南京最大的商业中心，具有较强的活动集聚和吸引能力。其活动联系标准差椭圆的长轴和短轴均较长，吸引南京不同区域的居民到新街口活动。工作日的标准差椭圆面积小于休息日的标准差椭圆，说明休息日流向新街口活动的居民分布范围和尺度更广（图 4-26）。夫子庙地区以商贸旅游功能为主，对居民活动也具有较强的吸引能力。到夫子庙活动的居民主要分布在南京主城范围，同时也有个别外围地区的居民到夫子庙活动。夫子庙休息日活动联系的标准差椭圆明显大于工作日。夫子庙的休息日活动集聚的范围较大（图 4-27）。与新街口地区和夫子庙相比，湖南路商圈的活动集聚程度相对较小。湖南路商圈活动的居民主要分布在鼓楼、玄武、栖霞等城北地区，活动联系的尺度较小。湖南路商圈活动联系的标准差椭圆长轴方向在工作日和休息日存在明显的差异（图 4-28），主要原因在于到湖南路商圈活动的居民相对较少，其空间分布的随机性和不确定性导致空间范围的变化。

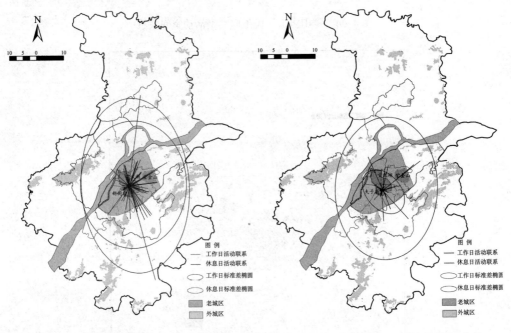

图 4-26 新街口地区活动的空间联系　　　　　图 4-27 夫子庙商圈活动的空间联系

由此可见，主城商业中心活动的联系范围以主城为主体，同时对外围地区居民也具有较强的吸引力。工作日和休息日主城商业中心活动的联系范围和尺度存在较大的差异。休息日主城商业中心活动集聚联系的范围尺度明显较大，说明休息日到新街口、夫子庙等老城区商业中心购物、休闲、社交活动的较多，并且分布范围较为广泛。总体上，主城商业型场所与主城其它场所和外围地区场所之间存在较强的相互作用关系。

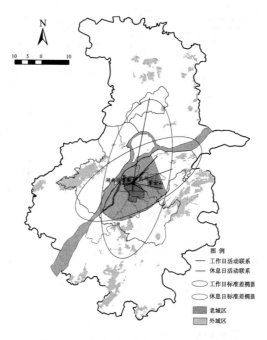

图 4-28　湖南路商圈活动的空间联系

　　流向新街口地区工作活动的频次相对较低，并且到新街口地区工作的居民空间分布较为分散。到新街口地区购物和社交活动的居民较多，并且空间分布范围较广，尤其是到新街口地区购物的居住分布在南京市所有的区域，并有部分南京以外地区的居民到新街口购物消费。休息日新街口地区的购物和社交活动明显高于工作日（图 4-29）。

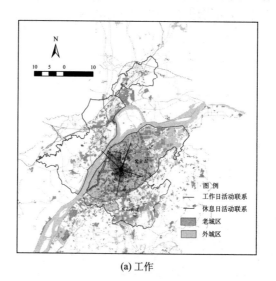

(a) 工作

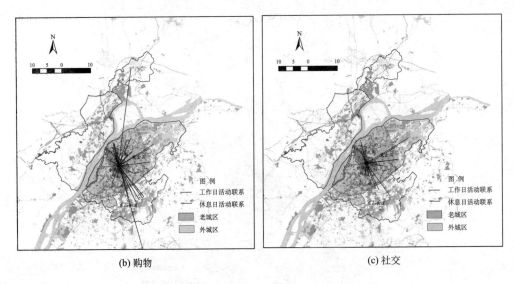

(b) 购物　　　　　　　　　　　　　　(c) 社交

图 4-29　新街口地区不同类型活动的空间联系

　　到夫子庙商业区工作和购物的频次较低，并且活动集聚的居民居住地范围较小，主要分布在南京主城南部地区（图 4-30）。而到夫子庙地区集聚的社交活动较多，并且联系范围较大，可以见以商业、旅游休闲功能为主的夫子庙地区，对较大范围尺度居民的休闲和社交活动具有较强的吸引力。

　　到湖南路商圈工作、购物和社交活动的次数明显低于新街口地区和夫子庙地区，仅有极少数居民到湖南路商圈进行工作、购物和社交活动，并且活动联系的范围较小（图 4-31）。说明湖南路商圈以吸引周边区域居民的活动为主。

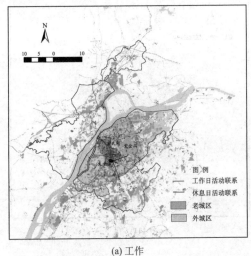

(a) 工作

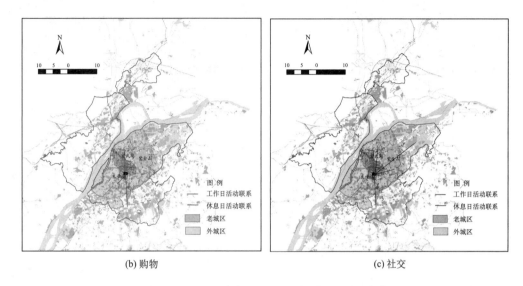

(b) 购物　　　　　　　　　　　　(c) 社交

图 4-30　夫子庙商圈不同类型活动的空间联系

（2）新城区商业中心的活动集聚特征

通过河西万达广场、学则路—仙林中心商业区的活动集聚状况，分析南京新城区活动的居民分布范围和空间尺度，进而反映当前新城商业活动场所的空间相互作用和联系特征（图 4-32、图 4-33）。到河西万达广场商业中心活动的居民以河西地区为主，并辐射到主城的其它区域，并有少量江北地区和江宁居民到河西万达广场商业中心活动。学则路—仙林中心商业区以本地居民活动集聚为主，同时吸引老城区、江宁、浦口等区域

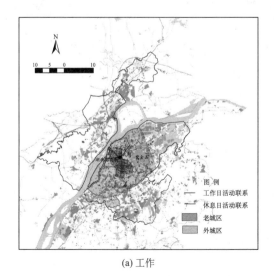

(a) 工作

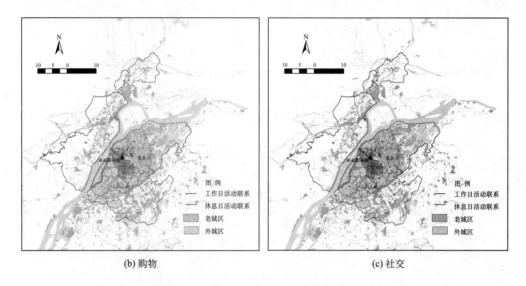

(b) 购物   (c) 社交

图 4-31 湖南路商圈不同类型活动的空间联系

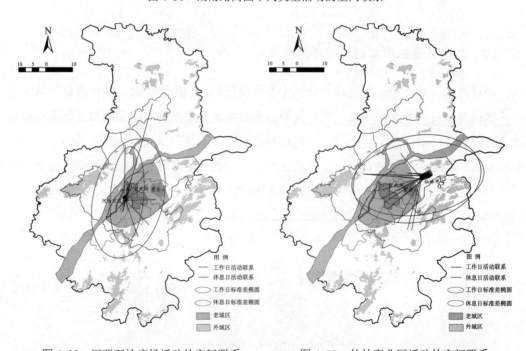

图 4-32 河西万达广场活动的空间联系   图 4-33 仙林商业区活动的空间联系

居民到仙林活动。工作日和休息日学则路—仙林中心商业区活动联系的标准差椭圆形状较为相似,长轴为东西向,说明工作日和休息日到仙林活动的居民空间分布范围较为一致,并且以主城地区的居民活动为主。

随着南京新城区的开发建设，尤其是高品质的环境和公共活动场所建设，以及休闲娱乐、大学城等服务功能的布局，提升了其活动集聚的能力，逐步吸引主城区居民的活动联系。新城区的活动场所与主城区场所空间之间的流动性和相互作用越来越明显。

流向河西万达广场工作的居民以河西地区为主，其他少数居民分布在下关、栖霞和浦口等地区范围。到河西万达广场进行购物活动的居民主要分布在河西、鼓楼、玄武、江宁等区域。购物活动联系的空间范围较为分散，集聚特征不明显。而到河西万达广场商业区进行社交活动的居民较少，仅有极少数居民，空间分布和联系具有较大的随机性（图4-34）。

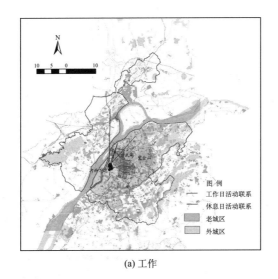

(a) 工作

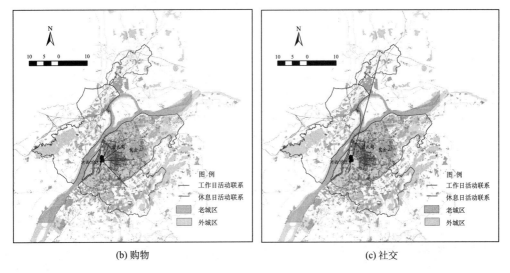

(b) 购物   (c) 社交

图4-34 河西万达广场不同类型活动的空间联系

　　到学则路—仙林中心工作的居民主要集中在仙林本地区域，同时也有部分鼓楼、玄武的居民到仙林地区工作，尤其是仙林大学城的建设布局，吸引了市中心的教师等人员到仙林工作。学则路—仙林中心的购物和社交活动以本地居民活动为主。这表明仙林商业区消费活动的流动范围和尺度较小，商业区的影响力明显不足（图4-35）。

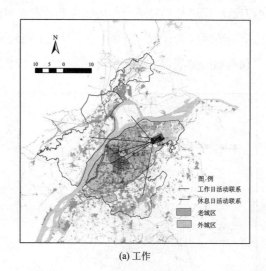

(a) 工作

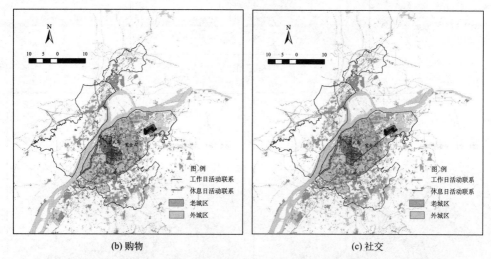

(b) 购物　　　　　　　　　　　　　　　　　　(c) 社交

图4-35　仙林商业区不同类型活动的空间联系

（四）居民日常活动的场所集聚特征

通过家、单位、学校等场所的活动类型构成，分析场所的活动多样性和集聚特征，从而研究场所的空间弹性变化。分析不同虚实活动在不同场所的融合状况，以及虚实活动的空间融合特征，研究不同场所的虚拟化和流动性变化。

1. 不同场所的活动类型

采用统计分析的方法，得出工作日、休息日不同场所的工作、用餐、娱乐休闲、购物、观光旅游、外出办事、运动、社交等实体活动以及网上办公、社交网络、网上购物等虚拟活动构成情况，分析不同场所的活动构成特征（图 4-36、图 4-37、图 4-38、图 4-39）。

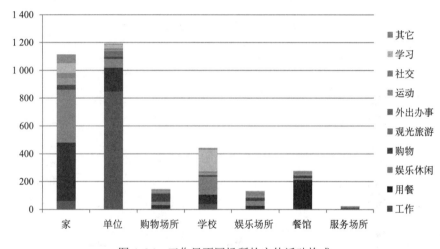

图 4-36　工作日不同场所的实体活动构成

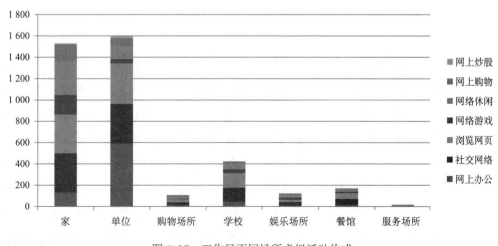

图 4-37　工作日不同场所虚拟活动构成

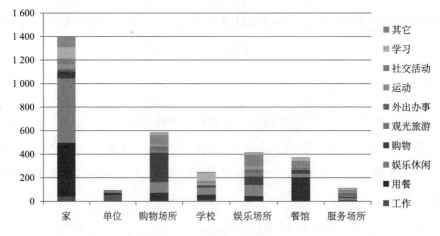

图 4-38 休息日不同场所的实体活动构成

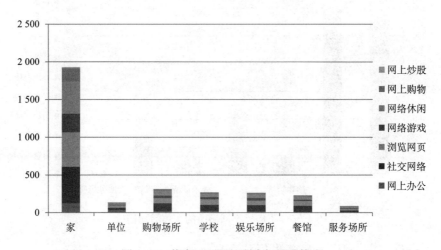

图 4-39 休息日不同场所虚拟活动构成

家和单位是工作日居民活动的主要场所。休息日则人部分活动集中在家。工作日所有活动记录中，33.5%和35.8%的实体活动分别在家和单位进行；38.5%和40.3%的虚拟活动在家和单位进行。休息日所有活动记录中，43.2%的实体活动和59.6%的虚拟活动在家中进行。可以看出，家和单位是居民最为主要的日常行为活动场所，居民在家中主要进行用餐、娱乐休闲、学习等实体活动和网上办公、社交网络、网页浏览、网络休闲等虚拟活动。随着家庭互联网的不断普及使用，以及城市内部面向个体的服务模式发展，极大地丰富了居家活动的内容和形式，使得居住社区的空间功能更加弹性和流动性。单位除了承载工作活动之外，也出现了其它不同类型的活动。这说明城市的办公空间越来越向虚拟化、流动性和综合功能转变。

休息日购物场所、娱乐场所和服务场所（如银行、医院、邮局）等公共活动场所也集聚了较多的实体活动，以餐饮、娱乐、购物、社交等活动为主。这说明休息日公共场所的居民流动性较强，并且居民在公共活动场所的活动形式具有多元化的特点。居民对公共活动场所的多元化活动需求，在某种程度上促进了城市公共活动场所向复合功能转变。这种变化增加了城市对活动高度集聚、快速交通支撑的城市综合体的需要。

虚拟活动的场所集聚程度与实体活动的场所分布强度有着密切关系，如工作日实体活动较为集中的家、单位和学校，其虚拟活动的集中程度也较高。这进一步说明虚拟活动的场所依赖性。但是，休息日购物场所、娱乐场所、餐馆等流动性较强的公共活动场所虚拟活动集聚程度明显低于实体活动。这说明流动性较强的场所中的虚拟活动相对较少。

2. 虚实活动的空间融合特征

从南京居民虚拟活动和实体活动的时空间关联分析结果来看（图 4-40），南京主城区范围内居民的虚实活动空间融合程度较高，尤其是新街口商业中心区。在 9—18 点的时间段内虚拟、实体活动的分布密度均很高，说明白天活动时间居民活动的多样化程度较高。在工作等实体活动过程中进行其它的虚拟活动，这在很大程度上导致了实体活动时间和方式的破碎化。江宁、浦口、六合等外围地区居民实体活动和虚拟活动的融合程度较低，并且虚实活动的时间分布规律性不明显。

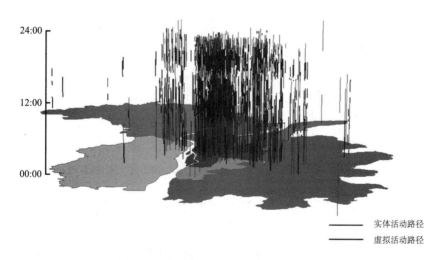

图 4-40　虚拟与实体活动的时空路径对比

同时，20—23 点居民的虚拟活动和实体活动分布均较为密集。晚上居民的虚实活动融合程度较高。信息技术的广泛普及应用，丰富了居民夜间活动方式，使得晚上主要活动发生的家、公共活动等场所更加弹性。

通过统计分析不同类型场所的虚实活动发生频次（图 4-41），从而研究不同场所的虚实空间融合特征。工作日和休息日不同类型场所均有一定数量的虚实活动发生。虚拟活动已经渗透到不同类型场所当中，促使了场所的功能发生改变。工作日单位的虚拟活动频次高于实体活动，这表明办公活动和办公场所的虚拟化程度较高。同时工作日购物场所、娱乐场所和服务性场所的虚拟活动频数较高，大量的虚拟活动促进了这些场所的虚实空间融合，成为城市流动空间中具有高度活动流动性的节点。而休息日不同场所的虚拟活动频数整体上低于实体活动。

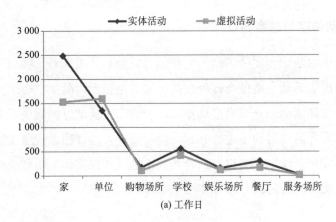

(a) 工作日

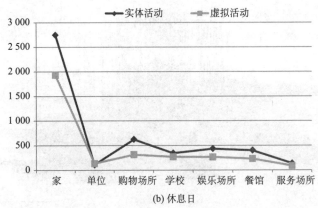

(b) 休息日

图 4-41　实体活动和虚拟活动频次

二、基于居民视角的空间流动性评价

(一)空间流动性评价方法

1. 评价指标选取与赋值

本研究从空间可达性、活动强度、空间活跃性等 3 大类指标、10 个分项指标来构建空间流动性评价指标体系(表 4-3)。

表 4-3 空间流动性评价因子等级划分标准

流动性层次	分类指标	评价指标	指标内容	赋值
空间可达性	交通可达性	交通站场	一级缓冲区	9
			二级缓冲区	5
			三级缓冲区	1
		城市道路网	一级缓冲区	9
			二级缓冲区	5
			三级缓冲区	1
	信息化水平	信息设备使用	是否经常使用智能手机	是 1;否 0
			是否经常使用笔记本电脑	是 1;否 0
			是否经常使用平板电脑	是 1;否 0
		网络使用状况	居住地是否可以上网	是 1;否 0
			单位是否可以上网	是 1;否 0
			是否用手机上网	是 1;否 0
		网络应用水平	是否经常使用电脑网络应用和手机网络应用	经常使用 1;偶尔使用 0.5;不使用 0
活动强度	居民日常行为活动	工作日活动强度	工作日实体活动	空间分布密度大小
			工作日虚拟活动	空间分布密度大小
		休息日活动强度	休息日实体活动	空间分布密度大小
			休息日虚拟活动	空间分布密度大小
空间活跃度	土地利用强度	土地利用类型	商业用地	3
			居住用地	2
			工业用地	1

（1）空间可达性指标

流动空间是赛博空间和场所空间相互作用和结合的空间形式，其空间可达性包括了赛博空间的信息接入能力和场所空间的交通可达性两个方面，因此选择交通可达性和信息化水平来反映空间的可达性状况。

交通可达性可以理解为一个地方到另外一个地方的容易程度，是生产和生活活动组织的重要支撑。学者从交通网络中节点相互作用、公共交通规划、土地利用、居民出行等角度进行交通可达性的定义，采用距离度量法、拓扑度量法、累积机会法、潜能度量法等方法进行交通可达性评价。流动空间中的交通可达性表现为城市道路交通系统对城市用地、居民行为活动的时空支撑能力。钮心毅提出可达性为城市用地在时空上可接近的方便程度（钮心毅，1999）。由于不同交通方式和道路系统对城市空间的作用不同，综合道路交通连通状况反映了流动空间的交通可达性。本研究采用路线重要度度量法进行交通可达性指标计算，选取铁路站场、轨道交通站点，以及快速路、主干道、次干道等不同等级道路进行缓冲区分析，将缓冲区分析结果进行叠加得到总体的交通可达性评价结果。

根据铁路站场、轨道交通站点对周边区域生产生活的直接和间接影响情况，按照到站点的直线距离划定缓冲区范围，并根据站场、站点对空间的影响程度进行赋值。根据到南京高铁站场的距离划定 1.5 千米、3 千米、5 千米三个缓冲区。根据到南京站站场的距离划定 1 千米、2 千米、3 千米的三个缓冲区，到轨道站点距离划定 250 米、500 米、1000 米三个缓冲区，分别赋值 9（高影响）、5（中影响）、1（低影响）。城市快速路（绕城高速、快速交通干道）、城市主干道、城市次干道依次按照 250 米、150 米和 100 米划定一级缓冲区并赋值 9，按照 500 米、300 米和 200 米划定二级缓冲区并赋值 5，按照 800米、600 米和 300 米划定三级缓冲区并赋值 1（表 4-4）。

表 4-4　交通可达性评价因子

评价标准		分级及赋值		
		高影响（9）	中影响（5）	低影响（1）
交通因子	高铁站点	0—1.5 千米缓冲区	1.5—3 千米缓冲区	3—5 千米缓冲区
	铁路站场	0—1 千米缓冲区	1—2 千米缓冲区	2—3 千米缓冲区
	轨道站点	0—250 米缓冲区	250—500 米缓冲区	500—1 000 米缓冲区
	城市快速路	0—250 米缓冲区	250—500 米缓冲区	500—800 米缓冲区
	城市主干道	0—150 米缓冲区	150—300 米缓冲区	300—600 米缓冲区
	城市次干道	0—100 米缓冲区	100—200 米缓冲区	200—300 米缓冲区

信息化水平的测度主要采用信息时代南京市居民行为活动调查问卷数据,从信息设备使用、网络使用状况、网络应用水平三个方面进行居民个体的信息化水平评价,在此基础上根据调查样本的居住地分布进行不同空间单元(街道尺度)的信息化水平计算。信息设备使用情况选择"是否经常使用智能手机""是否经常使用笔记本电脑""是否经常使用平板电脑"三个指标,选择"是"赋值1,"否"赋值0;网络使用情况选择"居住地是否可以上网""单位是否可以上网""是否用手机上网"三个指标,选择"是"赋值1,"否"赋值0;选择"语音聊天""搜索引擎""网络音乐""网络社交"等18项电脑网络应用和18项手机网络应用使用情况来评价居民的网络应用,选择"经常使用"赋值1,"偶尔使用"赋值0.5,"不使用"赋值0。

（2）活动强度指标

活动强度体现了居民日常行为活动的空间分布情况。通过活动强度来反映城市实体场所空间的活动集聚水平。高活动强度的场所往往是各类活动高度集聚、活动联系频繁的地方。居民的实体活动强度与场所的交通基础设施条件、土地利用状况等有着密切的关系。信息技术作用下的虚拟行为活动,进一步提升了场所的活动内容和功能,加强了场所中居民活动的相互联系。通过居民虚实活动的空间分布,可以反映居民活动的空间强度。

本研究通过居民日常行为活动日志调查获得的居民活动位置信息,采用 ArcGIS 中的核密度分析方法计算活动的空间分布密度,在分析过程中考虑所有的实体活动和虚拟活动空间分布。采用核密度分析方法计算得到工作日的活动分布强度和休息日的活动强度,按照每星期 5 个工作日、2 个休息日进行权重分配,加权计算得到总体的活动强度。

（3）空间活跃度指标

空间活跃度反映了城市土地利用强度及其所承载的各类活动情况,可以通过一定地域范围内的各类建设用地规模和土地开发强度来简单地反映空间活跃程度。按照国家城市用地分类标准划分的 10 大类用地中,居住用地、商业用地和工业用地是城市的主要生产生活用地。这三大类用地的建设规模、开发强度在很大程度上反映城市空间活跃程度(席广亮、甄峰,2012)。因此,研究中选取南京市商业、居住和工业三大类用地的分布状况,作为空间活跃性指标。

由于不同类用地的开发强度控制指标较难获取,研究中对土地的开发强度进行简化处理，将商业、居住、工业用地的开发强度分别指定为 3、2、1。城市用地类型数据利用《南京市城市总体规划 2010》的土地利用现状图，将土地利用现状图转换成 GIS 空间矢量数据，统计各类用地布局和规模。

2. 指标权重确定

本研究采用层次分析方法（AHP）确定流动性评价指标权重。在指标体系构建的基础上，构造两两比较判断矩阵，由判断矩阵计算被比较元素相对权重，加权计算流动性评价结果。具体计算过程如下：

（1）建立层次结构

根据空间流动性评价的需求，将流动性评价指标的重要程度及其对流动空间的影响大小作为目标层。将空间可达性、活动强度、空间活跃度作为第一层次因素。将交通可达性、信息化水平、居民日常行为活动、土地利用强度作为第二层次因素。

（2）构造两两判断矩阵

按照建立的评价指标层次结构，构建判断矩阵。针对指标两个因素 i 和 j 哪一个更重要，对各层次元素的相比重要性进行两两比较。本研究使用 1—9 的比例标度，它们的意义见表 4-5：

表 4-5　标度的含义

相对重要性	等同重要	稍微重要	明显重要	强烈重要	极端重要	相邻判断中值
赋值	1	3	5	7	9	2，4，6，8

通过两两重要性比较得到判断矩阵 A：

$$A =(a_{ij})_{n×n} \tag{式 4-1}$$

式中，a_{ij} 为因素 i 和 j 重要性比较的相对值。

在此基础上，构建如下判断矩阵（表 4-6）：

表 4-6 构造判断矩阵

	空间可达性（a_1）	活动强度（a_2）	空间活跃度（a_3）
空间可达性（a_1）	1	1/2	2
活动强度（a_2）	2	1	3
空间活跃度（a_3）	1/2	1/3	1

（3）指标权重计算

对判断矩阵先求出最大特征根，然后再求其对应的特征向量 W，其中 W 的分量（W_1，W_2，…，W_n）就是对应 n 个要素的相对重要度，即权重系数。本研究采用和积法计算权重系数。首先，将判断矩阵每一列归一化；其次，对按列归一化的判断矩阵，再按行求和，将求和的结果进行归一化处理，则得到特征向量：

$$W=[W_1,W_2,...,W_n]^{\mathrm{T}}=[0.297, 0.538, 0.164] \qquad （式 4-2）$$

同时，根据层次单排序的结果，进行判断矩阵检验，满足一致性检验的结果。说明判断矩阵和特征向量成立。

交通可达性和信息接入能力对流动空间中的可达性影响，具有同等重要的作用。因此本研究通过层次分析法计算第一层次因素的指标权重，第二层次因素、第三层次因素则按照其与对应的第一层次因素贡献和影响，进行权重分配。得到空间流动性评价指标权重（表 4-7）：

表 4-7 流动性评价指标权重表

流动性层次（权重）	分类指标（权重）	评价指标（权重）
空间可达性 （0.297）	交通可达性 （0.148 5）	交通站场（0.074 2）
		城市道路网（0.074 2）
	信息化水平 （0.148 5）	信息设备使用（0.029 7）
		网络使用状况（0.044 6）
		网络应用水平（0.074 25）
活动强度 （0.538）	居民日常行为活动 （0.538）	工作日活动强度（0.384）
		休息日活动强度（0.154）
空间活跃度 （0.164）	土地利用强度 （0.164）	用地类型（0.164）

（二）南京城市空间流动性分析

1. 流动性要素特征

（1）交通可达性

南京城市交通可达性分布与南京建成区、道路交通设施的分布格局有着密切的关系。中心城区的交通可达性水平较高，外围地区的交通可达性水平相对较低（图 4-42）。中心城区的交通可达性主要受铁路站场、轨道交通站点和快速交通系统的分布格局影响。总体上，南京市区绕城高速以内的主城区交通可达性较高，并且沿着轨道交通一号线、二号线的区域交通可达性明显高于其它空间。轨道交通等大运量公共交通系统，对城市空间的人流组织起着重要的支撑，并对站点周边地区的土地利用、功能布局产生影响。可以看出，新街口、南京高铁站、南京火车站等区域是可达性最高的地区。外围地区沿着主要的区域性快速交通线路呈现相对较高的交通可达性水平，而外围地区其它空间的可达性水平整体较低。

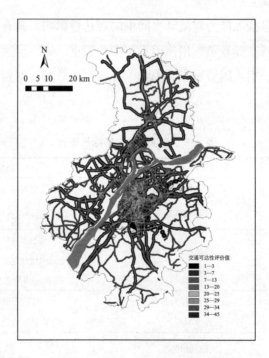

图 4-42　南京交通可达性空间格局

（2）信息化水平

信息化水平主要通过居民的信息设备使用、网络使用和网络应用来反映。信息化水平的差异也体现了不同空间的信息流动性。信息流动性较高的区域居民信息联系、信息交流较为频繁，因而活动和场所空间的流动性较强。信息流动性较低的区域居民信息交换的频率相对较低，同时居民行为活动和所在的场所空间的流动性也较低。从信息流动性评价结果来看（图 4-43），南京城市信息流动性较强的空间主要分布在老城区、河西和江宁新区，而其它区域相对较低。从信息流动性来看，老城区和近年来建设基础较好的河西、江宁新区的居民流动性较强。

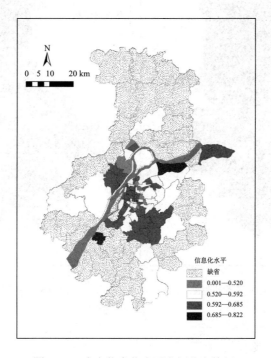

图 4-43　南京信息化水平空间分布特征

（3）活动分布强度

通过居民日常行为活动的空间分布强度来反映场所空间的活动流动性。活动的强度越大，表明场所的活动集聚能力越强，活动的空间联系越频繁。从工作日活动分布强度来看（图 4-44），主城区是活动高度集聚的区域，尤其是鼓楼区、玄武区、秦淮区、白下区等老城区,而老城区以外的雨花台区、栖霞区等交通便捷的区域活动集聚强度也相对较高。同时,河西新城、仙林新城、江宁新城等外围地区建设的新城中心区域,也是工作日活动高度集聚的区域。

从休息日活动分布强度来看(图 4-45),鼓楼区、玄武区、秦淮区等老城中心区仍然是活动高度集聚的区域,而建邺区、雨花台区、栖霞区等其他主城区的活动强度明显高于工作日。河西、仙林、江宁三大新城的活动集聚强度也明显高于工作日。

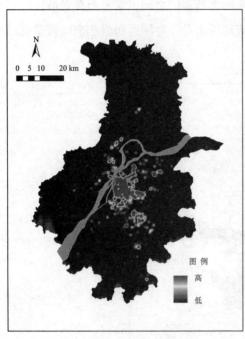 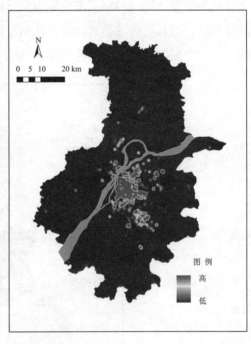

图 4-44　工作日活动强度　　　　　　　图 4-45　休息日活动强度

(4)土地利用强度

从南京市土地利用现状来看,主要的建设用地集中在绕城高速以内的主城区。外围的建设用地主要分布在河西、江宁、仙林和浦口等新拓展的城区。总体上,商业用地、居住用地主要分布在主城区和新城区,土地利用强度相对较高。工业用地主要分布在外围地区和郊区,土地利用强度较低(图 4-46)。

商业用地主要在老城区集聚。新街口地区、夫子庙地区、中央门地区以及湖南路、山西路、珠江路等区域是南京传统的商业集聚空间。随着近年来南京新城的建设,逐渐形成了一些为新城配套服务的商业集中区域，如河西新城的万达广场、仙林新城的仙林中心和学则路商业区、江宁新城沿轨道交通站点形成的商业集聚区、浦口区的弘阳广场等。新城区商业中心的出现和集聚发展，极大地提高了新城和郊区的人口集聚能力。

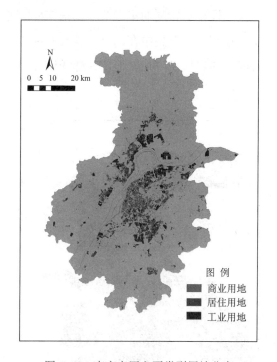

图 4-46　南京市区主要类型用地分布

南京老城区范围内，除商业用地外，居住用地是主要的用地类型，集聚了大量的老旧住宅小区。伴随着南京建设用地不断向外围空间拓展和新城区的规划建设，以及轨道交通一号线、二号线的建成使用，带动了居住用地向新城区和外围地区轨道交通沿线集聚，尤其是河西新城、仙林新城和江宁新城出现了大规模的居住空间。同时，近几年南京跨长江通道的规划建设，促进了长江北岸的新区居住用地增长。

南京市区的工业用地主要集中在长江沿岸的南京经济技术开发区、江北产业区、板桥产业园，以及江宁经济技术开发区、空港产业区等区域。整体上，工业用地布局在商业和居住用地的外围，建设强度低于商业用地和居住用地。

2. 流动性的总体特征

对交通可达性、信息化水平、活动强度和土地利用强度等流动性评价要素进行加权计算，得到南京城市整体的空间流动性（图 4-47）。从流动性大小来看，南京城市空间流动性最高的地区集中在老城区，其中新街口及其周边地区是南京空间流动性最强的区域。河西新城、南京火车站周边地区、中华门地区、孝陵卫等外城区域的空间流动性也相对较高。各个片区出现流动性相对较高的集聚节点。南京外围地区的江宁、栖霞、浦口等部分地区流动性也相对较高，主要集中在南京高铁站及周边区域、江宁新城、仙林中心、南京经济技术开发区、浦口新城等地。而南京建成区其他空间和郊区的流动性相对较小。

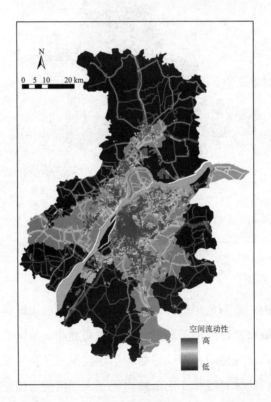

图 4-47　南京城市空间流动性总体评价结果

从南京城市空间流动联系的路径和网络来看，老城区空间流动联系的路径较为密集，呈现出由城市主、次干道支撑的高度网络化联系和相互作用空间。外城地区的空间流动联系主要通过快速交通系统、轨道交通来联系。快速交通沿线、轨道交通沿线成为空间流动性较强的区域。外围地区空间联系的路径相对较少，主要通过快速交通将主城区和外围的建设区域联系起来。南京城市外围地区的空间联系主要表现为南北方向的相互作用路径，主城区向北跨长江与浦口、六合等流动性较强的区域联系，向南延伸至南京空港区。

南京城市空间的流动性边界主要集中在主城区范围，以绕城高速公路为边界。绕城高速公路以内的主城区空间流动性明显高于绕城高速公路以外的地区。同时，可以看出南京空间流动的边界向南延伸至机场，向东延伸到行政区边界。长江以北区域的空间流动则呈现沿长江的带状形态。流动的边界主要集中在江浦镇和六合城区之间的区域。

第二节　企业流动性分析

本节在分析信息技术对企业区位因子影响的基础上，深入剖析信息时代的企业要素流动性与空间组织，重点从流动性角度分析企业空间组织的变化，并进一步从全国和区域两个尺度，分析全国零售企业联系网络和区域生产性服务企业（物流）联系网络。这有助于理解信息时代企业的流动与联系网络对城市和区域发展的影响作用。

一、信息技术影响下的企业区位因子

（一）传统的企业区位因子

工业时代传统的企业区位布局，以韦伯提出的工业区位论为代表，强调企业布局的成本因子，提出最小费用区位原则。韦伯重点强调了运输费用、劳动力费用和集聚力三个区位因子，尤其是运输费用对企业空间布局起着最为重要的作用（韦伯，1997；宋周莺，2012）。因此，传统的企业空间布局，以减少物理空间和距离的阻隔，从而降低运输成本和费用为主要出发点，促进企业要素在实体空间中的流动性和效率提升。

在韦伯工业区位论的基础上，学者从不同角度发展和探索了工业时代的区位因子，主要包括以下几个方面的因子。首先，是自然资源、原材料、土地和经济等因子的影响，决定了企业生产要素的供给，尤其是资源和能源密集型企业，对这些生产要素的区位更加敏感。其次，交通运输因子、市场因子、集聚因子等代表了影响企业收入的区位要素，如霍特林（Hotelling）提出最大收入区位原则，并强调了企业尽可能的占有最大市场区域。同时，技术因子、资本因子、制度因子等也对工业时代的企业布局产生影响。这些要素决定了地方的产业环境。以斯科特（Scott）为代表的学者提出结构区位论，认为企业区位选择应考虑各个地方的比较优势和竞争优势，而资本、技术、制度等因子对竞争优势的贡献作用更加突出。总体上，工业时代传统的区位因子主要考虑自然资源条件、原材料、土地因子、运输因子、劳动力因子、集聚因子、技术因子、资本因子、制度因子以及其它因子等。劳动密集型、资源密集型以及技术密集型等不同特点的企业中，各个区位因子的影响及作用存在差异性。

企业布局主要考虑与相关区位因子的物理距离和地理空间邻近性，降低"距离成本"和发挥集聚效应成为企业区位选择的内在影响机制。企业的区位选择也与企业本身的生产效率有着密切的关系。企业在区位选择过程中根据其生产效率状况，一方面通过主动选择机制，在创新要素、市场规模、政府政策等各方面条件有利的城市和区域布局；另一方面采用被动选择机制，表现为低效率的企业在无法承受城市和地区的高生产成本、市场竞争以及地方挤出政策制约后，被动选择迁入发展的过程（刘颖等，2016）。企业在区位选择和空间流动过程中，同时受到区位要素条件变化和企业自身效率的双向作用。

（二）信息时代新的区位因子

以移动互联网、物联网为代表的新一代信息技术出现，对传统的区位论和企业区位因子选择产生不同程度的影响。这表现为物质区位因子的弱化，以及新区位因子作用的突显。企业区位选择和生产要素流动的决定机制逐步由"距离成本"转向"时间成本"（宋周莺等，2012）。时间依赖性对新的信息技术下企业空间变化产生质的影响。传统企业区位因子的重要性不断下降，而新区位因子的作用持续强化（图 4-48）。

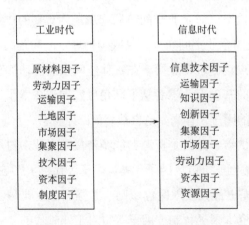

图 4-48　信息时代的区位因子变化

资料来源：宋周莺等，2012。

信息技术要素越来越成为主导性因子。进入信息社会，信息技术对居民生活和社会经济发展的作用越来越凸显。数字城市、智慧城市的发展，进一步加速了信息技术在各个行业中的影响。信息技术的空间扩散以及空间配置的差异，一方面体现了城市和区域的信息化基础设施发展水平的不同；另一方面对信息技术高度依赖型企业的区位选择和空间流动起着决定性作用（汪明峰，2015）。宋周莺等（2012）认为信息技术对企业区位选择具有三个方面的影响作用。①互联网以及信息技术基础设施的空间不均衡分布，即所谓的"数字鸿沟"，对企业区位选择产生影响。不同区域的信息基础设施发展水平以及互联网的可接入性，影响企业的沟通交流、对外信息联系以及参与网络分工的能力。因而企业区位选择往往流向信息基础设施良好的区域。②信息技术对企业运行模式和空间组织产生影响。信息技术在企业中的应用，改变了企业的生产、分配和消费各个环节的关系及其空间分布。这促使企业内部业务联系、商业运行模式产生相应的调整。信息技术对产业链上下游联系产生影响，使得产业链中不同企业之间的互动更加灵活自由，企业生产更加弹性。通过分析信息和通信技术（ICT）使用强度与企业的地理分布关系，发现企业内部组织的破碎化组织与互联网使用强度有着密切的联系。互联网在企业内部的扩散也对企业的竞争压力以及各部门地理分布产生积极效应（Galliano, 2011）。③信息技术推动了传统企业区位要素的变化，进而影响企业的空间组织和区位选择。互联网、信息技术的广泛应用，并与交通、物流、能源、创新等区位因子的结合，改变了传统区位因子的配置水平和运行效率，如高速铁路网络、智慧物流、电子商务等要素的发展，对企业区位选择和空间布局产生新的吸引力。

交通运输开始关注快速交通网络以及运输时间的影响。进入信息时代，随着交通技术的快速发展，尤其是航空和高速铁路网络的建设，对城市和区域的可达性、要素流动性产生明显的影响，并对区域和城市的区位关系、空间结构产生影响（金凤君等，2016）。高速交通网络的建设和完善，对于融入高速交通网络高度发达地区的城市来讲，可以与其它城市共享资源、市场和要素流动，对企业高端部分产生极强的集聚效应。而缺乏高速交通网络覆盖的地区，则可能面临边缘化的趋势，以及企业区位选择的流出影响。同时，信息时代企业布局越来越强调交通的时间弹性。企业区位选择由工业时代的交通运输成本最小化转向信息时代的交通运输时间最短化转变。一方面，信息技术的进步促进了运输效率的提升，也改变了物流的组织模式，出现了快速配送和精准服务等。这些变化极大地降低了企业产品流通的费用。这表现为运输成本和费用对区位选择的影响减弱。另一方面，信息技术的快速发展提升了交通运输信息管理水平，尤其是智慧物流的发展，促进了满足精准定位、信息追踪、快速响应的现代物流体系建立。在现代物流体系基础上，支撑了在线消费模式出现和虚拟的商品流通。时间距离对虚拟的产品市场和商圈服务起着关键作用，同时交通运输和物流时间对企业区位选择越来越重要。

知识和创新的重要性进一步凸显，成为社会因子的核心。传统区位论对于社会因子主要关注社会文化环境、企业家精神等制度要素。进入信息时代，推动了知识和创新要素的扩散与应用。知识和创新要素对于企业布局的影响越来越重要，并成为社会因子的核心内容。知识和创新因子对企业区位选择的影响，主要表现为知识和创新的空间溢出效应。一方面，知识和创新要素的溢出效应，在一定的地理空间形成良好的创新氛围和环境，形成知识创新富集的区域。这些区域影响企业的区位选择。另一方面，知识和创新要素的溢出效应，有利于创新网络的形成，并对企业产生集聚作用。创新网络中的企业可以更好地进行创新资源的共享、扩散和应用，进而影响企业的区位选择。进入信息时代，互联网的快速发展和应用普及，促进了以众创空间等为载体的创新空间发展，并通过整合各种创新主体和要素，形成创新网络，有利于企业资源的集聚和空间布局（王晶等，2016）。信息时代的知识创新企业和平台的溢出效应更加明显，并加速了邻近地域的创新要素流动，对企业的集聚和区位选择产生影响作用。

企业组织关系和网络的变革。传统的企业空间组织往往基于生产资料、市场和交通运输的地域空间差异，从生产的比较要素出发，进行垂直等级化的生产和消费分工。企业往往寻求资源、市场和交通运输组合条件良好的区位进行布局。信息时代企业生产要素的流动性得以极大加强的同时，通过远程控制和网络虚拟空间的联系作用，使得企业的生产资料供给、市场获取呈现更加扁平化的趋势。一方面，技术的进步和产业结构的调整，企业对于传统的资源和能源的依赖程度降低，对于生产性服务、知识和创新等要素的需求持续提升。这些要素的高度网络化组织，将对生产和消费性企业的组织关系与区位选择产生变革性的影响。另一方面，企业借助网络虚拟空间中的信息、资本、技术和创新等要素流通。任何实体空间中的弱区位地域，通过互联网与本地的资源融合，成为网络虚拟空间中参与分工的重要节点，并影响信息时代的企业区位布局。

信息时代消费模式的转变，带来市场因子的重要性下降。传统的区位论主要从利润最大化的原则出发，考虑企业与市场之间的距离以及市场的规模、等级和构成等。在信息技术的影响和作用下，消费者的消费需求以及消费模式发生颠覆性的变化，进而对市场要素布局以及企业和市场之间的关系产生影响。①市场地位和作用的变化。网络购物、在线消费等信息时代新的消费模式的兴起，对传统的市场业务和需求产生巨大的冲击影响，使得市场的地位和作用不断下降（席广亮等，2014；Zhen *et al.*，2016）。市场地位和作用的变化，使得企业对市场的依赖性逐渐减弱，市场因子对企业布局和区位选择的制约作用也相应地减小。②市场服务范围的变化。传统企业布局对市场范围的考虑，主要受市场的物质空间和固定边界的限制。进入信息时代，在互联网信息技术的支撑下，企业可以联系到任何网络覆盖的地方，尤其是电子商务的发展。企业服务的市场范围可以延伸到更加广阔的区域。因此，信息时代市场作用和服务范围的变化，企业的布局和区位选择相应的也发生变化。从考虑与传统市场的距离关系转向关注新的消费模式和消费需求对企业布局的要求。

二、信息时代企业流动性与空间组织

信息技术不仅对企业区位因子产生影响，并且对企业要素的流动性和空间组织产生明显的作用。信息技术加速了资本与市场要素的流动，使得企业能够快速地与资本、市场、技术、人才、创新等要素互动和空间匹配，实现高端要素向企业流动和汇聚、企业发展的资本和技术支持、创新网络构建等提供支撑。

（一）资本与市场要素的流动和空间匹配

企业发展过程中，无论是传统的生产加工和服务型企业，还是高新技术领域企业，都需要巨大的资本和市场要素支撑。尤其是传统企业，需要通过供给侧改革来推动要素优化和业态转型升级，而互联网技术为企业的供给侧改革提供媒介催化作用。借助互联网的互联互通作用，来引导资本、市场的供给与企业需求在地域空间上的快速精准匹配，从而促进资本和市场要素更好地向企业流动。一方面，信息技术、互联网与资本要素的融合，可以更好地促进风险投资者和社会资本向地方城市流动，并支撑本地创新机构或企业研发部门的增长，从而推动本地传统企业转型升级和产品的高端化发展。另一方面，依托互联网时代的电子商务和共享经济发展，为地方企业的优势资源和产品提供市场对接，直接面向消费者进行产品与服务的信息传播，实现市场拓展渠道和营销的多元化，从而提升地方企业产品的市场流通性。

根据经济学的一般规律，资本的密度和集聚状况反映了空间开发利用的效率，并对空间形态和业态功能组织产生影响，因此吸引外部资本的流入成为城市产业空间整合和功能提升的重要路径。在产业发展中，充分发挥信息技术、互联网在金融资本要素优化配置中的价值，借助互联网的媒介作用来促进风险投资、社会资本与地方产业空间的匹配。这种匹配过程有助于实现生产要素的重组和创新资源的优化配置，尤其是社会资本和地方的创新要素、人才、产品的互动，形成融合式创新的优势。

商品流通不足与缺乏市场机会往往成为企业和经济发展的重要制约。互联网为企业打破市场和流动性限制，与资源要素市场和消费者之间的匹配提供重要途径。尤其是电子商务平台与传统产业的结合，实现了地方产品与外部市场的直接互动与快速匹配，围绕互联网流通拓展电子商务、商务办公、现代物流和商品服务等业态功能，成为企业功能空间组织的重要支撑。

（二）技术流动与企业开放式创新生态系统

信息技术的深入发展促进了信息、人才、技术等创新要素的自由流动，越来越多的技术创新资源借助于网络信息平台进行共享和交换，持续推动技术和创新要素的优化配置。技术和创新要素的流动，一方面改变了企业技术研发、生产制造、产品与销售等不同环节的联系模式，使得企业各个部门的布局更加灵活自由；另一方面，改变了企业与企业之间，企业与行政部门、科研机构之间在技术合作、产品创新方面的相互关系，促进了协同创新、开放式创新等创新模式的出现。尤其是社会化、开放式创新过程，对企业组织、产业发展产生深刻的影响作用。

所谓开放式创新，就是在不同个体或组织之间，基于有目的的知识流动而进行的分布式创新过程。切萨布鲁夫（Chesbrough，2003）早在 2003 年提出开放创新理论，强调企业组织从封闭的创新转向内外部协同的创新模式，并构建内外部结合的开放创新组织体系。互联网为创新核心要素资源，人力资本的高效流动提供平台支撑。高效流动的人力资本的地方嵌入，有助于地方空间对外部高端人力资本和创新要素的集聚，使得地方形成开放式创新的功能场所。这些功能场所往往以众创空间、联合办公空间、创意工坊等功能空间形式出现，并具有内外部创新人才高度流动、创新活动密集、产学研高度结合等典型特征（冯静等，2015）。创新人才和创新机构与地方的产业经济结合，在促进全球（区域）与地方互动的创新资源网络形成的同时，有利于在地方打造开放式的创新生态系统，从而提升本地企业的技术、研发和创新资源整合能力。

在技术流动和开放式创新过程中，信息技术发挥着重要的媒介作用。信息技术改变了创新主体之间的合作边界与交流方式，并形成新的创新系统和创新模式，如"信息技术+企业创新主体"模式、"中介组织+信息技术+产业创新主体"模式、"中介组织+信息技术"模式等。不同的模式代表了创新的中介组织、信息技术（媒介）与产业创新主体之间的联动机制。面向信息社会与智慧城市建设，中介组织更加强调互联网、信息技术以及创新的服务功能，并为产业创新主体搭建重要的平台和载体。创新社区、创客空间则发挥了这种创新的中介组织作用。信息社会的产业创新主体更加多元化、扁平化，更加容易促进技术和创新要素的流动，形成以本地创新平台为支撑，进而汇聚人才、智能技术、产业创新主体等外部创新要素（图4-49）。

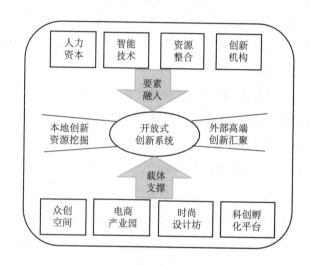

图4-49　开放式创新生态系统示意

（三）价值链的全球流动与弹性布局

伴随着信息技术的进步和快速发展，工业时代生产链的流动组织和全球配置，逐渐转向信息时代价值链的全球流动组织。在信息技术的支持下，企业的远程知识和技术交流可以瞬时进行。传统的垂直专业化分工向大量供应商的多向连接、扁平化方向发展（汪明峰等，2009）。对于加工制造企业来讲，一方面信息技术作为各部门、各环节之间的信息传递与整合的媒介，促进生产商、供应商、分销商等之间形成更有效的价值链系统，为形成加工制造企业的全球生产网络创造条件；另一方面，信息技术可以实现加工制造企业及其产品流通过程中的增值，主要体现在技术研发、智能化管理、销售服务模式等环节的技术优化，以及虚拟价值链的出现，可以在区域或者全球范围进行技术、人才、资本的流动与整合。在互联网、电子商务的影响下，对生产性服务企业的采购与供应管理、销售与客户服务、业务流程组织等方面带来新的机遇和变革，不仅强化了服务型企业总部、分部以及服务网点之间的要素互动，而且信息的媒介作用极大地促进了企业的服务供给与消费者需求之间的时空匹配。总之，信息时代价值链各环节的联系更加紧密，呈现出高度网络化和流动组织的特征。

价值链的流动组织表现在生产关系各个环节的变化。生产领域，智能化工具的个性化生产逐渐替代大规模集中化生产。信息技术和产品逐渐介入产品分配。计算机和互联网技术产生后交换的领域和场所发生变化。消费环节可以通过信息技术和网络直接将生产商和消费者联系起来。生产环节变化的同时，带来生产链、供应链、企业和企业网络的弹性布局。通过信息技术、要素流动的结合，将分散的生产环节联系起来，形成流动生产网络。价值链的流动组织，提高了商品生产的管理、科技研发、生产加工、销售等活动场所布局的灵活性。因此，信息技术影响下的价值链流动组织，不仅促进全球生产要素在地方空间的积累，同时与本地文化价值、社会经济、资源禀赋、劳动力市场等相互作用，形成新的生产空间。

信息技术在促进价值链全球流动的同时，也减弱了价值链要素扩散的地理限制。信息技术、互联网使得人才、资本、信息等要素的流动性大大加强。在改善交易信息对称性、降低交易成本的同时，也可以突破实体交易、配送、流通的时间和空间限制。技术进步和劳动力市场的变化，促使福特主义的大规模集中生产向世界各地的分散布局和弹性生产（Flexible Production）转变。格雷厄姆等（Graham *et al.*, 2001）分析了信息技术对企业区位及其空间组织的影响，认为信息技术使企业区位选择和布局更具弹性。进入弹性生产时代，空间和距离的障碍被消除。空间中任何一个场所都被纳入信息网络中，并在全球范围内配置生产要素和资源，形成全球性的生产管理、加工和市场节点。这些节点是全球生产网络中的重要场所和功能区。弹性生产中的垂直转包方式以及网络信息在生产、管理中的作用，使得远程的管理控制得以实现。

（四）信息流动与智慧产业融合

信息技术作为重要的外部动力，为企业发展提供新的机会，促进企业与外界环境的交流，并对企业生产要素的流动尺度、企业专业化分工与联系等产生重要影响（Carbonara，2005）。信息流动成为企业要素和资源全球流动配置的重要驱动力，并持续地推动企业要素由地方流动转向区域、全球范围的流动。企业组织在更高的尺度上进行，实现生产和服务要素的流动与重组。在这个过程中，企业同时进行着地方、区域和全球等不同尺度的流动，这对于建立在地方企业联系基础上的产业集聚以及全球企业联系网络的形成具有重要的支撑作用，并影响产业要素的集聚与扩散过程（马双，2016）。同时，信息流动可以提升企业对外开放与交流水平，强化企业之间的联系并不断建立新的企业合作关系，包括相同行业上下游之间的信息流动联系，以及跨行业之间的联系。企业在信息流动与联系中，持续地提升专业化分工的深度。

随着企业信息技术的深度应用与融合，信息流动对企业的影响越来越由外生动力转为内生动力，成为企业自身发展与组织中不可或缺的要素。企业通过信息流动来优化自身流程组织以及企业内部资源、人力资源管理。信息流动不仅是企业内部人员联系、跨层级交流的媒介，也是企业总部与分支机构，以及各分支机构之间相互联系的技术支持。智慧城市建设以及物联网在企业内部的应用，实现了物理基础设施和信息系统设施的互联互通，可以促进企业内部跨异质的信息流动，促进企业各类要素的远程控制、生产自动化和流程管理。

互联网时代的企业组织，越来越依赖于企业之间以及企业内部的信息流动。在促进企业柔性生产的同时，也推动了产业的协同发展、共生网络的形成。信息流动带来了企业之间的瞬时信息交换与知识分享，并呈现出知识、信息流动的无边界化趋势，形成跨地区的企业虚拟合作、远程办公与控制体系，有助于实现更高层次的产业发展协同。信息流动为生产商、服务商与消费者之间的供需匹配、互动联系提供支持。传统"生产商—批发商—零售商—消费者"的链式商品间接流转模式，越来越被"生产商—消费者""供应商—消费者"直接联系的模式所替代。强调柔性生产和个性化服务，进一步催生了平台经济、共享经济、微经济等新经济模式。与此同时，围绕互联网、智慧城市等领域发展起来的中小企业，需要不断地整合外部资源和要素。这个过程中高度依赖于因信息流动而产生的企业共生网络，促进虚拟化的创新环境和创新氛围的形成，以及企业与各类要素的融合发展。

信息流动通过改变企业内外部要素的互动关系和企业组织模式,而对产业的虚拟化、网络化和融合发展产生影响，并且在不同行业中呈现不同的特征。信息技术在传统产业中的流动，促进了传统产业的技术创新和要素扩散过程，并推动了制造业的创新模式、生产经营模式变化，以及服务领域的商务模式变化。这些变化使得传统产业的空间组织更加灵活自由。信息技术也成为传统产业转型升级的内生性因素。信息技术与先进制造业的深度融合，促进了柔性生产与智能制造产业发展，尤其 3D 打印、人工智能、机器学习等新技术在制造领域的应用，实现了生产环境的智能操控、智能决策和智能协调。在移动信息技术以及"互联网+"发展环境下,企业可以通过实时大数据来挖掘和分析消费者的消费偏好，以及服务需求信息和消费行为活动特征，进而优化服务决策，为消费者提供精细化的企业服务，不断创新服务企业的商业模式（Singapore, 2011）。尤其是线上线下消费信息流动与整合的过程，极大地促进了电子商务、智慧商贸物流等业态的发展，实现商贸流通领域实体经济与虚拟经济的深度融合。同时，信息流动也促进了农业与工业、服务业之间的融合，尤其是电子商务在乡村地区的应用，对于乡村与城市之间的产业功能联系，具有极强的促进作用。

三、企业流动性与网络特征分析

不同尺度的企业联系网络，反映了企业不同部门或机构在信息、资本、技术和产品的流动状况。这在很大程度上代表了不同区域和城市之间企业要素的流动性。可以采用联系强度和节点地位来综合分析企业网络特征。联系强度体现的是企业在不同地区之间的要素流动强度，而节点地位则体现的是城市对企业要素流的网络控制力。本研究开展全国尺度的零售企业网络分析和区域尺度的金融、物流企业网络分析，旨在从网络视角提供企业流动性分析方法和路径。

（一）全国尺度的网络零售企业联系网络分析

1. 数据来源

通过天猫商城开放 API 数据的挖掘，分析全国尺度的网络零售企业联系网络。通过挖掘不同网络商品的注册城市信息，并假定以网络商品销售总量来反映每个城市的网上零售企业水平。天猫商城是中国最大的 B2C 电子商品平台，拥有将近 30 万网上零售店铺。根据中国互联网信息中心（CNNIC）有关调查，2015 年天猫商城的零售额占全国网络零售市场的 65.2%。而服装和电子产品是最受欢迎的商品，约 79.7% 和 44.8% 的互联网用户在网上购买过服装和电子产品（CINIC, 2016）。考虑到国际品牌服装和中国品牌服装零售的空间差异，主要选择 57 种销量最好的国际服装品牌和 52 种销量最好的中国服装品牌，以及 37 种电子产品品牌进行数据挖掘。

通过网络数据爬虫的方法，从天猫商城获取所选择品牌网上店铺的注册城市、品牌信息，以及每个店铺的商品数量。一共获取 62 万条服装商品信息和 49.2 万条电子产品信息，进一步将商品数量少于 1 000 的品牌剔除，最终得到 36 个国际服装品牌和 45 个中国服装品牌共计 58 万条商品信息，以及 31 种电子产品品牌的 45.8 万条商品信息。同时，以地级市作为研究单元，统计每个城市的国际品牌服装、中国品牌服装和电子产品的数量。最终，97 个网上零售服装和电子产品数量较多的城市选为研究对象，其中 65 个城市位于东部地区，中部和西部地区的城市数量分别为 25 个和 8 个（图 4-50）。

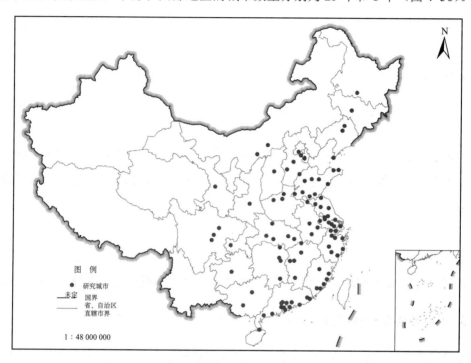

图 4-50　研究对象的分布

2. 分析方法

相同品牌商品的零售商之间往往存在紧密的信息、资本和贸易服务的要素流。零售商销售的商品规模反映了要素流的强度。如果两个城市同时销售相同品牌的商品，这个品牌商品的联系也体现了这两个城市之间零售企业的联系。因此，城市之间的网上零售商品联系近似于城市之间的零售企业联系。基于此，我们借鉴测度生产性服务业网络的联锁网络模型，通过服装和电子品牌的网上零售商品数量来计算城市之间的零售企业网络。假定 m 类网上服装品牌分布在 n 个城市当中。第 i 个城市的网上零售企业服务价值可以定义为第 j 个品牌的网上销售商品数量，用 V_{ij} 来表示。因此，网上零售商品的服务价值矩阵 V 可以用以下公式表示：

$$C_{ab,j} = V_{aj} \times V_{bj} \tag{式 4-3}$$

其中，V_{aj} 和 V_{bj} 是第 j 个品牌在城市 a 和 b 中的服务价值，$C_{ab,j}$ 表示通过服装（或电子）产品品牌 j 计算得到的城市 a 和 b 之间的连通度。因此，城市 a 和 b 之间的整体零售企业连通度可以表示为以下公式：

$$C_{ab} = \sum_{j=1}^{m} C_{ab,j} \tag{式 4-4}$$

每个城市有 $n-1$ 个联系度，城市的绝对点度值 N_a 表示为：

$$N_a = \sum_{i=1}^{n} C_{ai}(a \neq i) \tag{式 4-5}$$

公式中，C_{ai}（$a \neq i$）表示城市 a 的连通性，N_a 表示零售企业网络中的绝对点度值。点度值越高，表示城市在零售企业网络中的嵌入性越高。同时，标准化的点度值计算公式如下：

$$P_a = \frac{N_a}{N_h} \tag{式 4-6}$$

其中，P_a 是城市 a 的标准化点度值，N_h 表示在整个网络中连通性最高的城市 h。

3. 网络零售企业网络分析结果

通过联锁网络模型对 97 个城市的网上零售企业网络进行分析，并在 ArcGIS 软件中采用自然断裂点法将城市的网络连通性划分为五个等级，并将连通性最高的三个等级在图中进行可视化表达。另外，得出网络点度最高的 15 个城市的联系矩阵（表 4-8、表 4-9、表 4-10）。

表 4-8　基于国际品牌服装的网上零售企业联系矩阵

	上海	杭州	厦门	北京	广州	连云港	泉州	苏州	深圳	长沙	金华	温州	武汉	郑州	嘉兴
上海	0														
杭州	26 968	0													
厦门	23 100	15 441	0												
北京	23 088	16 706	13 734	0											
广州	20 298	15 415	11 658	12 404	0										
连云港	22 854	16 783	15 134	15 828	10 143	0									
泉州	17 099	12 704	11 382	9 303	11 728	3 040	0								

续表

	上海	杭州	厦门	北京	广州	连云港	泉州	苏州	深圳	长沙	金华	温州	武汉	郑州	嘉兴
苏州	18 256	13 162	11 976	11 749	10 122	11 343	8 730	0							
深圳	18 385	12 655	10 556	10 866	9 760	11 525	7 642	8 734	0						
长沙	12 431	8 781	8 422	8 119	5 981	11 153	3 006	6 253	6 025	0					
金华	11 101	8 732	7 884	7 348	6 136	9 241	4 154	5 874	5 680	4 893	0				
温州	9 416	7 212	5 983	6 160	5 259	7 424	3 838	4 902	4 718	3 520	3 383	0			
武汉	8 687	6 779	5 675	5 654	4 671	7 312	3 457	4 061	4 251	3 543	3 277	2 714	0		
郑州	8 349	6 302	5 720	5 494	4 473	7 766	2 469	3 799	4 143	3 569	3 115	2 740	3 656	0	
嘉兴	5 800	5 275	3 804	3 592	5 698	1 158	5 726	3 214	2 877	1 272	2 008	1 912	1 450	1 591	0

表 4-9　基于中国品牌服装的网上零售企业联系矩阵

	上海	苏州	杭州	广州	泉州	北京	厦门	合肥	济南	武汉	郑州	嘉兴	南京	金华	无锡
上海	0														
苏州	19 245	0													
杭州	12 782	11 010	0												
广州	10 569	7 252	8 502	0											
泉州	9 359	8 513	5 203	10 560	0										
北京	10 122	11 155	7 417	7 498	6 341	0									
厦门	8 861	7 085	5 596	6 289	9 445	6 696	0								
合肥	8 808	8 762	6 243	2 167	2 092	4 269	3 001	0							
济南	7 883	7 304	4 608	2 913	6 007	3 986	5 819	4 139	0						
武汉	7 941	7 903	4 285	2 557	4 364	4 758	4 493	4 102	3 717	0					
郑州	6 395	6 394	3 399	6 714	4 964	4 464	3 708	2 309	2 411	2 809	0				
嘉兴	6 556	6 217	4 626	2 999	1 199	2 810	1 395	3 258	2 208	1 805	980	0			
南京	4 333	5 529	3 162	3 832	4 279	3 454	3 467	1 938	2 275	2 388	2 140	1 232	0		
金华	5 441	5 500	3 458	1 818	1 462	3 242	3 121	2 796	2 257	2 775	1 704	1 630	1 614	0	
无锡	4 827	6 073	3 705	1 438	1 785	2 027	1 650	2 684	1 918	2 097	1 329	1 875	1 462	1 594	0

　　从国际品牌服装的零售企业联系网络中，可以看出 33 对城市的网络连通度大于 10 000，另外 51 对城市的网络连通度介于 5 000 到 10 000 之间，408 对城市的网络连通度在 1 000 到 5 000 之间，而 90% 的城市之间网络连通度小于 1 000。从表 4-8 的联系矩阵中，可以看出连通性最高的城市主要有上海—杭州（26 968）、上海—厦门（23 100）、

上海—北京（23 088），以及上海—连云港（22 854）。这些城市之间的连通性明显高于其他城市之间的连通性。

表 4-10　基于电子产品的网上零售企业联系矩阵

	深圳	上海	北京	广州	东莞	杭州	武汉	南京	福州	成都	苏州	合肥	泉州	济南	郑州
深圳	0														
上海	122 467	0													
北京	99 496	59 105	0												
广州	74 254	44 625	36 717	0											
东莞	60 190	35 106	29 296	21 726	0										
杭州	58 414	34 958	28 841	21 223	16 650	0									
武汉	51 282	28 905	22 757	17 350	13 852	13 931	0								
南京	46 352	30 459	22 782	17 059	12 697	13 330	10 902	0							
福州	36 500	21 258	15 937	11 868	9 617	9 756	9 417	8 261	0						
成都	26 192	16 015	12 770	9 345	7 688	7 638	6 333	6 101	4 710	0					
苏州	28 343	16 031	12 582	9 378	7 023	8 042	7 416	6 215	5 296	3 375	0				
合肥	20 540	12 189	9 675	7 633	6 217	5 574	4 872	4 576	3 395	2 628	2 330	0			
泉州	20 479	11 749	9 386	7 840	6 713	5 191	4 777	4 198	3 134	2 546	1 794	2 694	0		
济南	18 299	10 981	8 904	6 521	5 395	5 332	4 353	4 247	3 211	2 564	2 348	1 870	1 801	0	
郑州	17 820	10 665	8 924	6 496	4 994	5 361	4 370	4 118	3 098	2 381	2 542	1 643	1 405	1 626	0

　　结果表明，基于国际品牌服装的网上零售企业网络呈现出明显的空间分异（图4-51）。北京、上海、广州、厦门和其它网络核心城市主要集聚在东部地区，尤其是长三角地区。然而，中部地区城市的网络中心性明显低于东部地区的城市。尽管长沙、武汉、郑州和其它中部城市发挥着区域经济中心的作用，但这些城市在国际品牌服装的网上零售企业网络中并非核心。除了成都之外，大多数西部城市处于网络边缘地位。总体上，基于国际品牌服装的网上零售企业网络呈现出从东部到西部的中心性衰退现象。一方面，这种网络配置是由各个城市的贸易水平、国际化程度、基础设施配套和互联网等要素差异所引起；另一方面，网上零售网络空间差异可能进一步加剧网络中心和边缘城市之间的极化现象。网上零售企业网络核心城市的控制作用，将进一步强化其商品和企业的要素流动性，而边缘城市将在整个企业流动性网络中面临着被更加边缘化的可能。

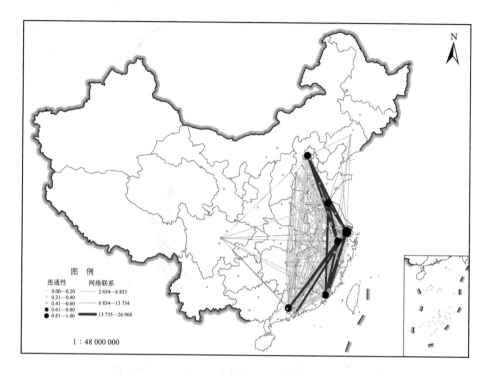

图 4-51　基于国际品牌服装的中国网上零售企业网络

　　表 4-9 为通过中国品牌服装所反映的网上零售企业网络中连通性最高的 15 个城市。网络连通性大于 10 000 的城市有 7 对，分别为上海—苏州（19 245）、上海—杭州（12 782）、上海—广州（10 569）、上海—北京（10 122）、苏州—杭州（11 010）、苏州—北京（11 155）和广州—泉州（10 560）。其中，上海和苏州之间的连通性远远高于其它城市。这说明上海和苏州之间的中国品牌服装网上零售企业相互联系和流动性最强。同时，上海、苏州在中国品牌服装的网上零售企业网络节点地位也是最高。而中国品牌服装的网上零售网络与国际品牌服装网络存在较大的差异。

　　基于中国品牌服装的网上零售企业网络核心城市主要集中在珠三角、长三角、福建省和其它东部地区（图 4-52）。这些区域恰恰是中国服装制造主要集聚的地区。服装生产的优势为网上商品的流动提供产业支撑。合肥、武汉和其它中部城市同样在中国品牌服装的网上零售企业网络中占据核心地位。然而，成都、昆明和其它西部城市的网络连通性与点度值仍然较低。总体上，东部地区和西部地区的中国品牌服装的网上零售网络联系紧密，表明中国品牌服装的网上零售企业在东西部地区之间的要素流动较为频繁。

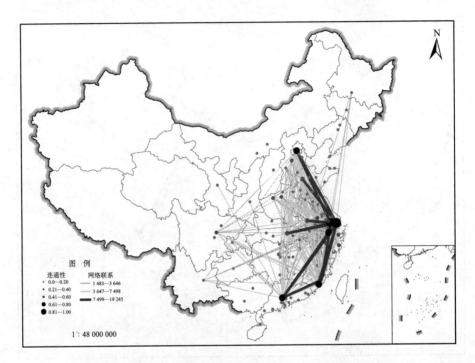

图 4-52　基于中国品牌服装的中国网上零售企业网络

电子产品的网上零售企业网络分析结果显示,7 对城市之间的连通性数值超过 50 000,分别为深圳—上海（122 467）、深圳—北京（99 496）、深圳—广州（74 254）、深圳—东莞（60 190）、北京—上海（59 105）、深圳—杭州（58 414）和深圳—武汉（51 282）。在这些联系中,深圳和上海的最强,其次为深圳和北京。这表明这些城市在电子产品的网上零售企业网络中起着支配性地位。这些城市之间的电子产品贸易和流动性较强。除了这些核心城市之外,其它城市的连通性降低的趋势非常明显。

图 4-53 进一步显示基于电子产品的网上零售企业网络结构的地域不均衡性。网络的核心城市主要集聚在东部地区,例如深圳、上海和北京等,而中西部地区的大部分城市处于网络的边缘地位。在电子产品的网上零售企业连接过程中,核心城市拥有相对更多的区域代理商和批发商,并与边缘城市的网上零售企业进行联系,从而进行信息、资本和产品的流动。

总体上,通过不同类型商品的分析,可以看出网上零售企业网络呈现出空间极化和网络分层的特征,即明显地从东部地区的中心城市向中西部地区的边缘城市衰减。不同类型商品的网上零售企业网络中,节点城市主要包括北京、上海、广州和深圳。说明这些城市在互联网经济时代的信息流、技术流、资本流,甚至于创新要素流均很强。

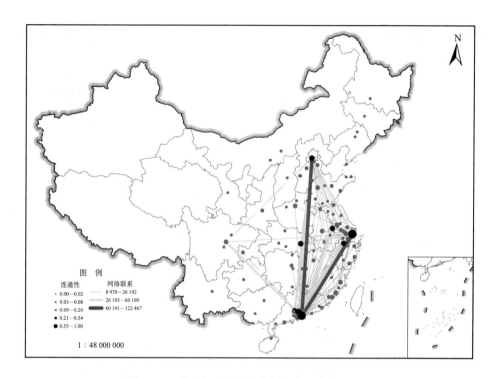

图 4-53 基于电子产品的中国网上零售企业网络

（二）区域尺度的生产性服务企业网络

1. 数据与方法

本研究选取快递企业联系网络模拟江苏省货物流网络体系。借鉴泰勒（Taylor，2004）所提出的关联网络法进行快递企业网络分析。该方法被广泛用于全球、国家、巨型都市区等不同尺度的城市网络研究。其核心是以企业间的联系模拟城际联系从而构建区域城市网络。

选取快递物流企业，以不同企业在不同城市设的多种分支机构为基础，从快递物流企业机构间的联系出发，建立"企业机构—企业网络—城市网络"的分析框架。通过叠加快递物流企业在江苏省的经营网络，形成区域快递物流企业网络，从而模拟出区域城市网络并加以分析。其中快递物流企业 j 在 A、B 两个城市之间的网络连接度可以表示为 $W_{ab,j}=V_{aj}\times V_{bj}$。$A$、$B$ 之间总的网络连接度为 $W_{AB}=\sum_j W_{ab,j}$，由此可以构建一个城市连接度矩阵。单个城市与其他所有城市的连接度为 $N_A=\sum_i W_{Ai}$，整个网络的连接度综合为

$T=\sum_i N_i$。单个城市的网络连接率为 $L_a = N_A / T$。以网络连接率最高的城市为基准，得出单个城市的相对连接率 $P_a = N_A / N_H$。

以江苏省 2015 年 13 个地级市、42 个县级城市为研究对象，通过 POI 抓取与分类获取省内主要快递物流网点，统计各等级机构分布数量，并按照机构等级赋以不同分值，求和得到各快递物流企业在 55 个城市中的得分。同时还建立城市快递物流企业之间的服务价值矩阵，作为下一步构建网络联系矩阵的基础。其中选择的国内主要大型快递物流企业包括顺丰速运、邮政 EMS、圆通快递、中通快递、韵达快递、申通快递、宅急送、天天快递、汇通快递、速尔快递。根据快递物流网点不同等级机构间的管理关系，分别统计各快递物流企业的公司、网点在各城市的数量，并对不同等级的机构进行赋值。其中，公司赋值为 3，网点赋值为 1。

2. 江苏省内各城市间的物流企业网络分析

根据县级及以上城市之间的快递物流联系，将数值进行标准化，通过自然断裂法聚类分析将城市与城市之间的物流企业强度以及单个城市的物流联系度分为五个层级（表 4-11）。

表 4-11　2015 年货物流强度等级划分

标准化物流联系度	等级	标准化物流强度	等级
0.611—1.000	第一层级	0.392—1.000	极强
0.370—0.611	第二层级	0.182—0.392	强
0.165—0.370	第三层级	0.078—0.182	中等
0.065—0.165	第四层级	0.023—0.078	弱
0.000—0.065	第五层级	0.000—0.023	极弱

根据表 4-12 与图 4-54，货物流联系强度第一层级的为南京，在江苏省货物流联系网络中具有绝对的中心地位。第二、第三层级货物流联系强度的城市主要分布在苏州、无锡、常州、徐州等地区。苏南地区的物流网络体系相比较苏北地区更为紧密。地级市由于物流网点的数量明显高于县级市，因此较强的货物流联系主要集中在地级市与地级市之间。苏南地区的高强度货物流主要集中于南京、苏州、无锡、常州、昆山、扬州、常熟、南通之间。苏北地区的高强度货物流主要集中于徐州、连云港、淮安之间。

表 4-12　江苏省 2015 年县级及以上城市货物流联系强度层级划分

层 级	数量（个）	城 市
第一层级	1	南京市
第二层级	4	苏州市、无锡市、常州市、徐州市
第三层级	6	昆山市、扬州市、常熟市、连云港市、南通市、淮安市
第四层级	16	泰州市、沭阳县、镇江市、宿迁市、睢宁县、江阴市、邳州市、张家港市、盐城市、丰县、东海县、沛县、太仓市、兴化市、新沂市、宜兴市
第五层级	28	靖江市、海门市、泰兴市、仪征市、启东市、如皋市、滨海县、泗洪县、灌云县、如东县、大丰市、阜宁县、溧阳市、灌南县、泗阳县、丹阳市、响水县、盱眙县、扬中市、宝应县、东台市、海安县、涟水县、句容市、建湖县、射阳县、高邮市、金湖县

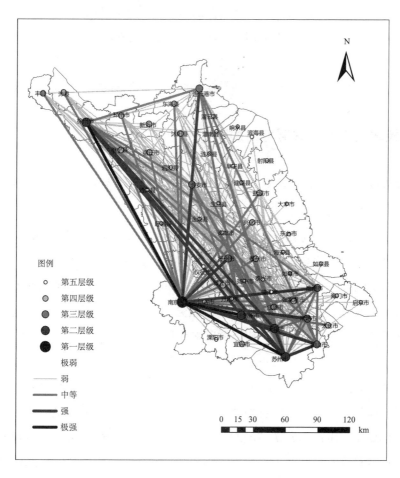

图 4-54　2015 年江苏省县级以上城市货物流网络结构

从江苏省各城市之间物流企业联系网络结构来看，等级较高的城市主要集中在南京以及苏南等地区。一方面与这些地区较高的社会经济发展水平有关，尤其是在经济发展中的规模效应和聚集效应，推动了物流等要素的高速流动，持续发生着区域之间的货物流入流出。另一方面这些城市的物流企业聚集优势，对社会经济发展具有支撑作用，也对人才、创新、资本等要素的流动提供保障。

第三节　公共服务的流动性分析

移动互联网、物联网、云计算、人工智能等智能技术与公共服务设施的结合，在催生智慧化公共服务模式的同时，对传统公共服务资源的供需匹配方式，以及对设施供给的灵活性、流动性产生极大的影响作用。基于智能技术手段，可以实现对城市公共服务的动态监测、服务供给与需求匹配，以及服务资源的优化配置，尤其是对公共服务的时空流动性特征及影响机理的挖掘，有助于提升城市公共服务供给能力和智慧管理水平。

一、智能技术应用对公共服务的影响作用

在数字中国、智慧社会等战略引领下，智能技术与城市公共服务的结合越来越紧密，尤其是移动互联网广泛应用于城市日常生活服务，催生了远程在线服务、即时配送服务等新的服务供给方式，并对城市公共服务的供给和需求关系产生显著影响。中国互联网络信息中心（CNNIC）报告显示，截至 2019 年 6 月，我国网络购物、网上外卖、在线教育等在线服务的用户规模为 6.39 亿、4.21 亿和 2.32 亿，分别占整体网民的 74.8%、49.3%、27.2%。智能技术持续改变城市公共服务供给和资源配置的方式。这对城市公共服务资源配置的效率和公平性具有明显的影响作用。

智能技术广泛应用促进了城市流动服务模式的发展。基于智能技术的城市公共服务供给方式出现，不仅改变了公共服务供给渠道（例如，线上线下融合的服务）、供给市场的组织结构，而且还带来了不同类型公共服务产品的生产、分配和供应等环节组织的时空尺度、结构变化（Berne et al., 2012）。已有研究在区分无形生活服务与有形生活服务的基础上，探讨移动互联网对无形服务（例如在线娱乐）供给的瞬时信息传递与服务匹配过程影响（Shi et al., 2019），分析即时配送平台、无接触配送对有形生活服务产品供

给的可获取性、可及性的作用（Xi *et al.*, 2020），并探讨移动互联网应用对实体服务空间的时空制约削减作用。同时，B2C、P2P 等服务市场的快速发展，推动了共享服务、合作式消费性服务的繁荣，并催生了区域一体化、全触式的智慧服务供给方式（吴克昌等，2014；赵勇等, 2015；Lyons *et al.*, 2018），推动了基于固定空间（场所）的公共服务供给模式向以居民为中心的流动服务供给模式转变。

智能技术改变了城市公共服务供给（服务设施）与需求（居民）的交互关系，促使城市服务设施的功能结构和组合关系、城市居民与城市服务资源的关联模式、城市居民相互的交流网络等发生改变。首先是公共服务资源和要素流动、共享更加全面系统。由于信息的不对称性和不完整性，导致传统基于服务半径和空间可达性进行的公共设施配套服务和运营管理中，服务资源供给端要素难以协同，严重制约了公共服务运行效率。而各类智能技术作为重要的信息"媒介"，减弱了公共服务供需的时空限制和信息不对称性，为消费者和服务供应者提供直接联系的互动渠道（Choudrie *et al.*, 2018），并对实体服务供应者与需求者之间的匹配关系产生影响作用（Gil *et al.*, 2008）。从而有助于消除公共服务供需双方的信息孤岛，实现服务信息的充分流动，打破服务供给与需求之间的时空阻隔与制约，极大地降低了服务共享的时间距离（Time Distance）和成本距离（Cost Distance）。

另一方面，智能技术使得公共服务资源流动与共享更加灵活多样。在智能技术支撑和服务信息充分流动下，居民与公共服务资源之间的互动联系渠道和方式更加多元化，可以享受内容和质量更加多样化的服务资源和城市公共产品，从而有助于提升城市服务的有效供给水平。同时，居民服务需求满足和活动更加灵活自由和弹性（Schwanen *et al.*, 2008; Alexander *et al.*, 2011；申悦等, 2011），并带来消费与服务过程的破碎化和重新组合（Mokhtarian, 2004）。总体上，公共服务设施流动与共享的系统性、多样性变化，对城市服务设施的功能配套、供给体系、空间布局和管理模式等产生颠覆性的影响。

二、智能技术影响下的公共服务流动性分析

（一）公共服务供需匹配及时空流动特征

传统的城市服务模式，往往由于资源配置的空间不均等、服务信息流动与共享不充分，而造成公共服务的有效供给空间差距较大，在很大程度上影响了城市服务资源供给的公平性。同时，缺乏对服务资源和信息的深度挖掘和感知，导致公共服务供给的精细

化、供给弹性不足等问题的出现。而大数据分析技术、服务设施的智慧化建设，恰恰为城市服务供给的公平性和精细化等问题解决提供重要的技术手段。

日常生活服务供给的时空特征分析。通过深度访谈、文本分析、互联网数据挖掘等方法，分析移动互联网、配送平台应用下的日常生活服务供给渠道、时间以及服务供给场所特征，挖掘实体服务模式向移动互联网时代的在线服务模式转变，探讨线上线下融合对公共服务的时空流动性作用。通过服务资源和设施相关的大数据分析，深度挖掘城市服务资源的配置和布局问题，评价服务设施的利用效率、服务质量和满意度。采集社交网络、点评网站、手机信令、网络论坛、智能刷卡等居民日常活动时空大数据，分析诸如学校、医院、体育馆、养老院等各类公共服务设施的利用效率、服务或管理质量，并对供给与布局的合理性进行评价，并结合统计分析、问卷调查或访谈等传统方法对影响公共服务设施利用和布局的内在因素或动力机制进行探讨。秦萧等（2014）基于大众点评网络口碑度分析，探索南京城市不同口碑的餐饮业空间分布格局，以及餐饮设施的服务效率。

公共服务需求与居民活动的时空特征分析。从城市服务资源和设施使用状况，以及居民日常行为活动角度，分析公共服务的需求特征。移动互联网终端设备的广泛使用，以及服务设施的智能化建设，为了解个体居民的行为特征和日常活动习惯，以及对不同类型、不同等级服务设施的需求分析提供了极大的便利性。可以在采集各类网络大数据、服务设施日常运行和用户行为监测数据的基础上，利用文本语义分析、视频图像分析、空间分析、社会网络分析等方法，一方面进行公共服务、政务服务的舆情识别与分析，挖掘居民对服务供给的态度与建议，另一方面挖掘居民的教育、就医、交通出行、行政事务等日常活动对服务资源的利用强度、空间分布特征，进而挖掘居民对各类公共服务设施与政务服务的内在需求。孙道胜等（2017）基于时空间行为的分析方法，利用北京清河街道 18 个社区的个体居民 GPS 轨迹数据，通过对社区生活圈的时空范围、集中度和共享度分析，提出基于社区生活圈的公共服务设施空间优化策略。与此同时，传统的社会调查方法，仍然是公共服务需求分析的重要途径。赵勇等（2015）通过问卷调查的方式，分析石家庄居民对智慧化公共服务的需求，表明在智慧城市建设初期阶段，公共服务水平与居民需求存在较大差距。

城市公共服务供需匹配过程与时空关联分析。移动互联网、大数据、云计算、人工智能等智能技术在城市公共服务的广泛应用，在改变公共服务设施供给和需求的同时，也对公共服务的供需匹配过程产生影响，包括对服务的需求产生、服务产品信息搜索、服务选择、服务流通、服务后反馈等不同环节的作用，以及带来的供给方和需求方在各环节的时空关联模式变化。在新的数据环境下，可以综合利用居民公共服务的问卷调查数据，以及基于智能手机程序（App）的居民服务需求与活动监测数据等，从服务需求产生、信息搜索、服务流通等供需环节，分析智能技术应用下的公共服务供需匹配过程及虚实空间关联特征，深入挖掘公共服务供需互动联系的线上线下渠道、时空尺度，以及供需匹配的不同时空交互模式与特征。

（二）智能技术对公共服务流动性影响机理

已有较多研究从服务设施区位分布、服务机会、交通可达性等要素维度，进行公共服务设施供需匹配关系及其流动性的影响机理分析（Geurs *et al.*, 2004; Neutens *et al.*, 2012; 王松涛等, 2007; 宋正娜等, 2010; 蒋海兵等, 2017），并强调实体设施的空间集聚、交通可达性以及空间邻近性对公共服务设施供需关系的影响和作用机制。智能技术应用于公共服务，在改善公共服务数字联通性的同时（Calderwood *et al.*, 2014; Mayaud *et al.*, 2019），提升了居民连接本地市场和服务产品的能力，进而对城市公共服务资源的供需匹配性和流动性产生影响（Choudrie *et al.*, 2018）。凯尼恩等（Kenyon *et al.*, 2003）以数字连通性和虚拟流动性为出发点，分析其对城市公共服务供需匹配的影响作用。里昂等（Lyons *et al.*, 2018）从土地利用（供给机会的区位和分布）、交通（运输和超越距离的成本）、时间（服务机会存在的时间和居民可以使用的时间）、个体（个体连接服务机会的需求、能力和方式）等方面，分析移动 App 对居民需求与公共服务供给的流动性影响。

借鉴国内外相关的研究成果，笔者结合当前中国公共服务智能化发展趋势以及居民行为活动的变化，重点从服务质量与感知、交通与居民出行、时间利用方式、个体与社会联系四个维度，从供给与需求的角度，构建智能技术应用对城市公共服务流动的影响机制分析框架，包括供需匹配的信息对称性、认同感、时空制约与弹性变化等影响（图4-55）。

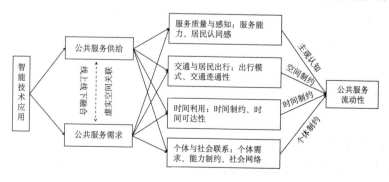

图 4-55　公共服务流动性影响机理分析框架

　　城市公共服务的智能化以及基于智能技术的公共服务方式的出现，在很大程度上改变了公共服务品质与效率，以及居民对公共服务质量的感知水平，进而对公共服务供给资源与居民需求的联系产生影响作用。可以借助于商家深度访谈、文本数据、网络数据挖掘等方法，从生活服务供应者方面，分析智能技术应用对公共服务供给渠道与服务质量、服务能力的影响，以及线上线下服务融合对公共服务供需匹配关系及流动性的影响作用。从居民服务感知角度，利用大众点评等网络评价数据、问卷调查数据，挖掘各类公共服务设施的网络评价与认可度，分析智能技术应用对生活服务时空可获得性、服务质量和效率的感知与居民认同性影响，挖掘智能技术影响下居民对公共服务供需联系的时空距离、匹配尺度的感知变化。

　　网络搜索、地图导航等信息技术的应用，不仅改变了居民的交通出行选择，也对居民到达不同公共服务设施的出行方式和交通连通性产生影响。在实际的分析中，可以通过问卷调查数据，分析地图导航等技术对居民不同类型公共服务活动的交通出行影响，包括对出行频率、出行方式、出行距离和出行时间等影响，及其对公共服务供需匹配联系的影响机制。同时，随着即时配送等消费服务模式的快速发展，促进了传统到店消费服务向配送到家消费服务转型，催生了商品服务相关的配送运输交通。这持续改变着居民、活动与服务场所之间的交通连通性。

　　信息技术与公共服务的结合，使得各类公共服务供给的时间日趋弹性，不再受实体服务设施经营时间的约束，进而对公共服务需求者的时间利用产生影响。可以借助于问卷调查数据、居民服务需求与活动监测数据，分析智能技术应用对实体公共服务时间制约的削减影响，以及实体服务的时间可接入性和资源供给弹性变化，分析智能技术对公共服务时效性、时间可达性的影响，并探讨互联网在线服务模式对公共服务供需匹配的时间节约与压缩的影响作用。

　　公共服务供给与居民需求之间的互动及服务要素流动性，往往受个体活动的能力制约所影响。例如个体的年龄、收入、家庭结构、身体健康状况可能会对公共服务使用、相关的出行活动产生不同程度的影响，而智能技术、在线远程服务模式的出现，可以减弱空间距离和出行对个体服务需求满足的约束。与此同时，社交网络和媒体的应用普及，在很大程度上促进了个体与个体、个体与社会的信息交互，并对个体居民的供给服务需求及消费活动的流动性产生影响。因此，可以利用问卷调查数据，分析移动互联网使用对居民个体的公共服务需求影响，分析网络服务信息获取、网络配送服务对居民实体服务需求活动的时间、空间影响，挖掘移动互联网应用对个体能力制约（例如，智能化服务带来的数字鸿沟问题）影响，及其对公共服务供需匹配关系的影响作用，探索基于互联网的社会联系与互动网络，如社交媒体、朋友圈等信息获取，对居民公共服务选择及其供需匹配性的影响。

（三）智能技术与公共服务设施的可达性

智能技术在公共服务中的普及应用，不仅改善了公共服务资源供给与需求之间的数字连通性，同时对公共服务的空间集聚和扩散、可达性产生影响。尤其是智慧化公共服务普及和使用水平的空间差异，导致地区之间的服务可达性不同。西方学者安德森等（Anderson *et al.*, 2003）从创新扩散和效率假设的理论出发，分析电子商务应用于购物消费服务的过程中，空间要素对居民流动性和购物可达性的作用，并认为相较于郊区，城市中心地区所具有的人群受教育程度高等优势更有利于创新和电子商务消费服务扩散。本研究以日常生活服务为例，分析互联网即时配送平台使用下的服务设施可达性，重点进行生鲜果蔬服务的可达性分析。

1. 数据来源与方法

研究以南京主城区为主要的空间范围，包括鼓楼区、秦淮区、玄武区、建邺区、雨花区等区域。以美团外卖平台的生鲜果蔬服务为研究对象，统计配送平台的店铺名称信息，数据收集时间为 2020 年 4 月 1—8 日。数据具体的获取方式：一是以研究范围内的各小区为收货地址，查询周围可以进行配送服务的生鲜果蔬店铺信息；二是将采集的店铺信息在百度地图开放平台进行位置匹配，以获得所采集店铺的经纬度坐标，生成配送平台的服务设施空间分布图。共获得 2 374 家店铺的位置信息，作为生活服务可达性分析的样本。

不同空间的累积服务供给机会在很大程度上可反映服务设施的可达性。研究采用两步移动搜寻法来计算生鲜果蔬配送的累积服务机会，以反映基于即时配送平台的生鲜果蔬服务可达性。通过两步移动搜寻方法，以即时配送平台的生鲜果蔬店铺和居民为源点，以出行的距离或居民所在的小区为搜索半径进行两次搜索，对搜索半径内可接入的店铺数量进行统计，店铺数量越多则表示可达性越高。具体计算公式如下：

第一步，针对生鲜果蔬的店铺 j，搜索距离阈值（d_0，服务半径）范围内的小区质心（k），计算供需比 R_j。

$$R_j = \frac{S_j}{\sum_{k \in (d_{kj} \leqslant d_0)} P_k} \qquad \text{（式 4-7）}$$

式中，P_k 为搜索区内小区 k（即 $d_{kj} \leqslant d_0$）的人口数；S_j 为 j 点的总供给；d_{kj} 为位置 k 和 j 的距离。

第二步，对每个小区质心 i，搜索所有距离阈值（d_0，服务半径）内的生鲜果蔬店铺（j），将所有的供需比 R_j 求和即得到小区 i 的可达性 A。

$$A_i^F = \sum_{j \in (d_{ij} \leqslant d_0)} R_j = \sum_{j \in (d_{ij} \leqslant d_0)} \frac{S_j}{\sum_{k \in (d_{kj} \leqslant d_0)} P_k} \qquad \text{（式 4-8）}$$

式中，A_i^F 为小区 i 对生鲜果蔬供给设施的空间可达性，值越大表明小区的可达性越高；R_j 为小区 i 搜索区（$d_{ij} \leqslant d_0$）生鲜蔬菜供给设施 j 的供需比。

2. 可达性分析结果

基于上述的美团外卖平台生鲜果蔬店铺数据和两步移动搜索方法，按照 1 000 米、3 000 米和 5 000 米的配送范围，分别以即时配送平台的店铺和南京主城区小区质心为源点，以 OD 直线距离为搜索半径确定搜索区域。按照上述公式计算得到即时配送平台的生鲜果蔬店铺空间可达性分析结果，如图 4-56。

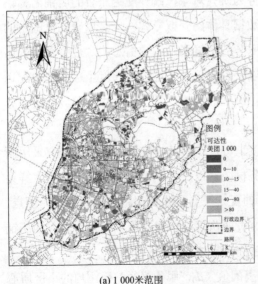

(a) 1 000 米范围　　　　　　　　　　　(b) 3 000 米范围

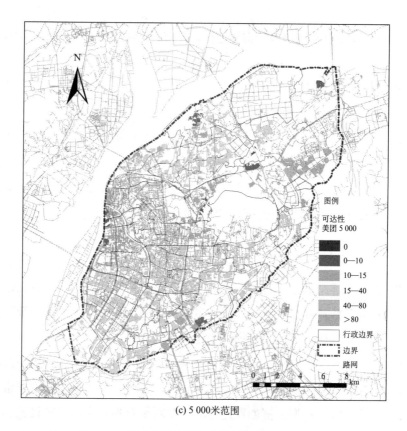

(c) 5 000米范围

图 4-56 即时配送范围的生鲜果蔬店铺可达性分布

资料来源：钱欣彤，2020。

从分析结果可以看出，1 000 米配送范围的生鲜果蔬店铺可达性空间差异较大，而 3 000 米和 5 000 米配送范围的生鲜果蔬店铺可达性空间差异相对较小。总体上，即时配送服务可达性的空间分异明显，但随着配送范围和距离的增加，可达性的空间差异呈现缩小的特征。对于特定居住小区来讲，配送范围扩大意味着可以提供配送服务的店铺数量增加，从而改善了配送服务的可达性。

可达性高值区域主要集中在南京仙林新城、河西新城南部等地区，可能是由于这些新城区域处于建设发展阶段，便利店、菜场等生活服务设施配套尚不完善，而在线生鲜果蔬配送服务则弥补了实体生活服务配套不足。这在很大程度上验证了效率假设，即在线配送平台的普及，有效地提高了公共服务供给能力和供给效率，促进了公共服务的空间流动性与公平性。同时，仙林新城、河西新城南部等新城地区，居住人口中年轻人所占比重相对较高，而年轻人更容易使用在线配送平台购物消费。这也支持了创新扩散的理论假设。相反地，在南京新街口等城市核心区，生鲜果蔬配送服务的整体可达性较低。

三、基于流动性的城市服务模式

移动互联网、物联网和云计算等智能技术在公共服务领域的应用，对公共服务的时空分布、供需匹配以及流动性和可达性等带来不同程度的影响。面向未来智慧社会的城市规划建设和管理，需要考虑智能技术与公共服务的深度融合建设，并利用多源数据推动政务服务模式的创新，实现流动性公共服务资源的优化配置。

（一）智能技术与公共服务融合建设

互联网时代城市居民出行和活动方式的变化，对公共服务设施的智能化建设提出更高的要求，尤其是在智慧城市建设过程中，需要突出民生服务应用，推动智慧交通、智慧医疗、智慧教育、智慧商业、智慧物流等建设，强化智能技术对公共服务的支撑。一方面，通过移动互联网及终端应用与城市公共服务设施的结合，实现各类公共服务资源的高效整合，进行线上线下融合的公共服务供给，以优化公共服务的供给要素和供给体系，促进传统的公共服务转型。例如通过移动互联网平台整合交通服务设施和资源，提供共享单车、共享汽车等服务，方便居民的交通出行。另一方面，利用互联网、物联网、人工智能等技术，更加高效地实现公共服务设施的互联互通，进而支撑在线服务、远程服务、无接触式服务等新的服务模式。这有助于打破时间、空间和距离对公共服务供给的制约，从而提高公共服务的灵活性和时空弹性。

与此同时，围绕智慧城市建设的数据库、信息平台和各类传感设施，为城市各类公共服务设施的运行提供智能技术支撑，实现教育、医疗、商业、物流等公共服务设施的时空动态监测、管理和预警，解决公共服务供给和需求之间的时空不匹配问题，以提升城市公共服务资源的运行效率和质量。例如，通过城市综合交通信息系统平台的规划建设，对城市各类交通方式以及人流、物流状况进行实时监测管理，并根据交通需求的时空变化，进行公共交通服务设施的动态调配。

（二）人本化的"流动服务"供给

智能技术对公共服务模式的影响，最显著的表现为对公共服务供给流程的变革，出现了面向个体的人本化"流动服务"供给。所谓的"流动服务"，可以认为是在远程通信技术以及在线配送、智慧物流等支撑下，为居民提供的主动式到家服务或远程服务，例如远程医院服务、商品配送等服务。传统的公共服务设施大多基于固定的场所和位置，进行被动式的服务，而移动互联网等技术支撑下的流动服务模式，强调以居民为中心、以需求方所在地为导向，提供主动的个性化、定制化服务。

　　"流动服务"供给过程中，通过信息技术、电子商务与供应链结合，带来流动的销售、信息交流、商品服务追踪、配送等服务。服务供应各个环节的空间分布范围更广，相互之间联系更加密切，服务供给的流动性大大增强。一方面生产商或者服务部门可以直接面向需求者进行信息交流、商品交易和售后服务等，大大提高了服务的效率。另一方面，通过电子商务平台、在线服务平台引入第三方物流配送，为服务供给方和需求者之间的实物化商品服务提供便捷的物流配送，从而推动个性化的流动服务模式发展（图4-57）。

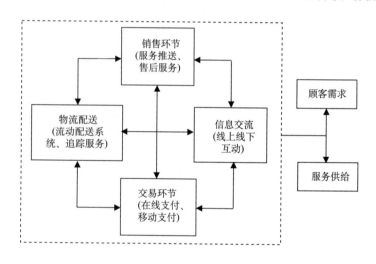

图 4-57　个性化流动服务模式

（三）大数据与政务服务创新

　　互联网和大数据为公共资源优化配置和功能集成提供了重要的支撑，尤其是在"互联网+公共服务"的模式下，有利于促进城市政务服务的集成化、便捷化和精细化。首先，利用大数据信息平台，整合各种类型的公共服务和政务资源，实现跨部门、跨区域、跨层级的服务要素整合、信息共享和服务保障协同，提升政务资源和设施的集成化服务水平。其次，互联网与大数据信息平台的普及应用，可以有效地将线上服务与线下实体服务设施整合，提供线上线下融合的便捷化服务。尤其是线上线下融合的新零售模式的出现，极大地提高了居民购物消费的灵活性和便捷性。同时，通过公共服务运行数据的采集、挖掘和动态分析，尤其是对服务相关的业务数据与用户数据的整合分析，深度挖掘公共服务的实际需求与运行状况，进而根据用户的需求意愿、需求偏好和时空动态规律，开展主动式的服务推送，满足多样化、定制化的服务需求，实现公共服务的精准化供给。

基于互联网和大数据的服务模式，改变了居民、企业和政府之间的信息共享与流动方式。政府主导的自上而下服务与管理模式，越来越向自上而下和自下而上结合的服务方式转变。一方面，从居民和社会的实际需求出发，进行人本化的政务服务和资源配套；另一方面通过社会化的网络服务平台，在服务供给和政务管理过程中，引导公众参与公共资源建设，实现智慧化的公共服务建设过程。

第五章　基于流动性的智慧城市组织模式

第一节　智慧城市要素系统构成

智慧城市是一个复杂的系统,学者从不同视角和维度提出智慧城市的要素系统构成。从 ICT 技术应用角度,吉芬格等(Giffinger *et al.*, 2007)和伊斯马吉洛娃等(Ismagilova *et al.*, 2019)认为智慧城市主要包括智慧生活、智慧治理、智慧经济、智慧环境、智慧市民、智慧流动性和智慧建筑等方面。纳母等(Nam *et al.*, 2011)则从技术、人口和制度三个方面提出智慧城市的系统要素,其中技术因子包括物质基础设施、智能技术、移动技术、虚拟技术等;人口因子包括人力基础设施和社会资本;制度因子则包括治理、政策和规章制度。从城市系统科学角度,王世福(2012)从战略体系、社会活动体系、经济活动体系、支撑体系、空间体系等五个维度构建智慧城市的概念模型。

在智慧城市建设实践中,欧洲阿姆斯特丹、哥本哈根、赫尔辛基等城市从智慧工作、智慧交通、智慧生活、智慧公共空间(街道、建筑)、智慧能源等系统建设智慧城市,并强调城市整体系统的可持续性(吴志强等,2014)。日本通过"I-Japan 战略",推动网络基础设施、电子政务、智慧医疗健康服务、智慧教育等智慧城市系统发展。国内智慧城市加强更加注重系统性。住房和城乡建设部颁布《国家智慧城市(区、镇)试点指标体系(试行)》(2012),构建了保障体系与基础设施、智慧建设与宜居、智慧管理与服务、智慧产业与经济等四大方面。结合新型城镇化需求,国家发改委发布的《新型智慧城市评价指标(2018)》,包括创新发展、惠民服务、精准治理、生态宜居、智能设施、信息资源、信息安全等 7 大系统内容。

本研究立足于复杂系统科学和人地系统理论,认为智慧城市是由技术、活动、空间和管理相互联系、相互耦合而成。智慧城市系统可以分为技术支撑系统、活动系统、空间系统和决策系统四大系统，如图 5-1。从各个系统的要素特征与系统构成，进行智慧城市系统的详细分析。

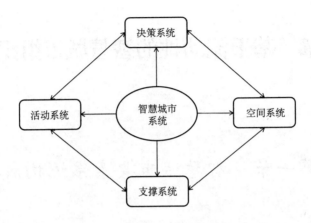

图 5-1   智慧城市系统的要素构成

一、技术系统

技术支撑系统是智慧城市运行和系统组织的基础，是服务于智慧城市的各类活动、空间组织和决策运行的技术、设施与数据平台的总称，也是智慧城市各类要素系统协同、流动与联系的载体。智慧城市的技术支撑系统主要包括信息技术、数据信息系统、智能基础设施三个部分。以移动互联网、物联网、大数据、云计算、人工智能等为代表的智能技术快速发展，是智慧城市形态下的核心技术体系，对城市要素的感知、信息互联互通及空间组织模式带来根本性的影响。数据信息系统是智慧城市数据信息资源汇聚、共享和业务协同的基础，是智慧城市系统之间信息流动的核心。智能基础设施包括了宽带网络、三网融合等信息网络设施和智慧能源、智慧交通、智慧电网等城市基础设施的智能化。

（一）信息技术系统

在信息技术的快速发展过程中，围绕城市信息化的城市形态也在不断发展变化，从最早的信息城市（港）演变到数字城市，再到现在以智慧城市为主导的高级形态，伴随的是信息技术的进步和更新迭代。20 世纪 80 年代，光纤通信技术的发展，推动了以远程通信服务为主要特征的信息港的快速发展（甄峰，2005）。20 世纪 90 年代末期，全球定位系统（GPS）、遥感系统（RS）、地理信息系统（GIS）等为核心的"3S"技术发展，促进了以城市多源空间信息集成管理为主要内容的数字城市建设（张元好等，2015）。与此同时，基于固定宽带的网络技术也得到了快速的发展。在全球化、信息化的引领下，信息和通信技术（ICT）不断向纵深方向发展。移动通信与互联网的结合推动了移动互联网技术的繁荣。同时，物联网、云计算、大数据、人工智能、云计算等技术的发展，成为智慧城市建设的关键技术体系。

3G、4G、5G 等移动通信技术发展，以及智能手机、移动定位设备、可穿戴设备等智能移动终端设备发展，使得移动互联网技术在社会经济和服务中得到广泛应用。移动互联网技术具有便捷性、智能性和个性化等特点，可以实现随时随地接入、终端广泛连接和智能定位。这些已经广泛渗透到工作、生活的各个领域，成为居民和企业之间移动通信、信息流动和远程沟通的重要技术支撑。通过移动互联网技术，不仅实现全球不同国家、不同区域之间信息的瞬时接入和实时流动，也为城市不同部门、社会组织和功能空间之间的信息流提供技术支持。

物联网与感知技术系统主要包括无线射频识别技术（RFID）、智能识别卡、红外感应器、二维码、遥感遥测、定位技术、无线传输技术等具体的技术和设备。通过泛在物联技术的布设，可以将城市各类要素与互联网连接起来，进行智能的感知、海量数据的汇集与传输、信息交换和通讯，从而实现智能化的识别、定位、监测和管理。借助于物联网感知技术，推动了人与物、物与物、物与信息系统之间的信息传输和流动，从而支持异质性空间的信息流和服务技术流。

云计算技术以共享计算资源和存储空间的方式，提供便捷化、个性化的信息计算资源配置服务，包括网络、服务器、数据存储、应用服务等。云计算技术所具备的超大规模计算能力、服务终端的遍在化、高扩展性和个性需求满足等特征，在智慧城市建设的各个领域得到广泛使用，极大地降低了城市要素系统之间、不同主体之间信息流动和数据资源共享的成本。

人工智能技术。人工智能具有高效的自我学习、适应与创造能力，可快速地渗透到社会经济的各个领域（Kankanhalli *et al.*，2019）。2018 年，《麻省理工科技评论》将面向大众的人工智能（AI for Everybody）列为 2018 年全球十大突破性技术之一。从全球人工智能技术研发的趋势来看，主要集中在图像识别和视频处理、机器人、人机交互等领域。近两年，中国在《2017 年新一代人工智能发展规划》的基础上，聚焦人工智能开放创新平台的搭建，推动人工智能的实际应用场景开发，尤其是在语音助手、人脸识别、智能机器人、智能供应链等领域得到快速发展，并成为智能基础设施建设和应用的新趋势（席广亮等，2019）。

（二）数据信息系统

数据信息系统是智慧城市系统建设的中枢，尤其是通过统一的数据资源管理系统建设，为智慧城市数据的存储、计算、管理、网络和安全运行提供重要支撑。欧洲智慧城市建设实践中，荷兰阿姆斯特丹、西班牙巴塞罗那等城市打造覆盖居民生活、工作、交通以及城市公共空间等各个领域的数据资源系统，并向社会开放和共享使用。2012 年我国住房和城乡建设部开展的智慧城市试点工作，强调试点城市的基础数据库建设，主要包括人口、企业法人、宏观经济社会运行、地理空间和建筑物等数据库。在基础数据库建设的基础上，进一步整合部门的业务数据，形成多领域、业务协同的数据信息资源共享基础平台，为智慧城市运行提供数据保障服务。

利用数据资源系统的数据共享基础，开展基于数据精准分析的城市要素仿真模拟和预测，为智慧城市的活动组织、服务配套和空间规划提供决策支持。这个过程主要涉及到数据资源的标准化和融合管理技术、数据仿真分析模型构建技术、数据预测和可视化分析技术等。首先是对不同渠道来源、不同业务数据的标准化处理，实现多源异构数据的汇流入库和统一管理。其次，围绕政务管理、经济活动、民生服务、城市规划决策等不同应用需求，建立相应的数据分析模块，作为城市子系统和要素仿真模拟的数据分析技术支持体系。最后，基于数据信息系统，构建城市要素预测和可视化分析模型，并与具体的行业应用相结合，提供数据驱动的智慧城市应用决策支持。

（三）信息基础设施

信息基础设施主要包括信息网络设施和城市基础设施信息化两个方面。信息网络设施是智慧城市最基本的硬件基础设施系统和技术保障。当前主要的信息网络设施主要由城市骨干网、城市无线网和三网融合等设施所构成，并具有高速、泛在、安全和融合等特征（张小娟，2015）。信息骨干网络在全球和区域尺度的带宽配置、联系方向和等级体系，决定了全球和区域之间信息流网络结构。因此，智慧城市建设首先应考虑完善的信息网络设施建设，为数据和信息交换流动提供基础保障。

城市基础设施的信息化，则主要是智能技术在交通、电力、给排水、防灾、环卫等基础设施领域的应用，打造智能交通、智能电网、智慧环卫等智慧基础设施系统，实现对城市基础设施的互联、感知、运行管理和优化配置，以提高城市基础设施的运行效率。城市基础设施的信息化发展，在很大程度上将虚拟的信息流和依托城市基础设施的交通流、能源流、水流等资源要素流整合在一起，并对城市基础设施和资源要素流网络、结构和动态进行实时监测、调度和管理。

二、活动系统

智慧活动系统是智慧城市的核心所在，涉及到智慧居民生活、智慧产业经济、智慧政务与服务等方面，是智能技术应用于市民、企业和政府等多个主体，以及城市社会、经济和管理各个领域的集中体现。城市各类活动的系统智慧化，在很大程度上对居民的生活方式、企业生产方式和政务管理模式产生影响，并对社会公平性、经济运行和社会治理效率产生作用。

（一）智慧生活

智慧生活主要是指将移动互联网、大数据、云计算等技术，应用于居民工作、生活、学习、社交与娱乐等日常生活中，带来更加舒适、便捷和健康的智慧化生活方式。智慧生活可分为智能移动、智能购物、智能办公、智能社交，以及智能社区生活与智能家居等内容。通过智能技术与居民日常生活的结合，一方面出现基于网络虚拟空间的活动方式，如网络购物、网络社交、在线娱乐等网络虚拟活动，另一方面促进了线下实体活动的虚拟化，以及线上线下融合的活动方式，如智能交通出行、线上线下融合的社区活动等。

在智慧化的生活下，居民日常活动——移动的范式产生巨大的变化。居民的虚实活动、交通出行与城市功能空间的交互关系也随之发生改变。这些影响和变化主要体现在居民日常活动的时空范围、出行频率以及人流的尺度等方面，并对城市社会关系、社会网络及其组织结构等产生影响。随着移动通信技术、位置信息服务、可穿戴设备等深入发展，将对未来智慧社会下的生活方式和社会组织产生更加深远的影响。

（二）智慧经济

智慧经济是智慧城市活动系统的重要组成部分，包括智慧产业和传统产业的智慧化发展两个方面。智慧城市在全球范围的发展和繁荣，围绕相关的技术、产品、服务和活动诞生了一系列的智慧产业业态。具体来讲，主要包括物联网、云计算、数据计算、新一代网络、信息系统、智能移动终端等相关的技术研发、硬件设备制造和软件系统服务业。这些与智慧城市建设直接相关的产业发展，在一定程度上培育了城市和区域新的产业类型，并拓展了相关的经济活动，成为新一轮产业高端化争抢的焦点。例如，在我国智慧城市建设中，贵州大数据产业、无锡物联网产业成为地方新的经济增长点。

　　传统产业的智慧化主要体现在智慧产业与传统产业的融合，包括智慧产业与农业、制造业和服务业的结合。农业方面，主要是将智能技术应用于农业生产环境监测、农产品溯源以及食品安全等方面。制造业方面，以工业 4.0 为主要标志，突出智能技术融入在产品设计、加工制造、销售流通、服务等全过程，实现全面的感知化和智能化，促进制造各个环节的自动化和数据流动，推动规模经济转向范围经济，推动异质化定制化的产业发展。服务业方面，主要是将互联网、物联网、云计算等技术融入金融、物流、交通运输、商业、会议会展等服务行业中，推动服务流程、服务模式与管理等过程的数字化。以智慧物流为例，通过物流管理信息平台，实现物流服务企业、物流服务需求者与物流配送者的互联互通和实时互动，并对产品流通过程进行跟踪和监测，极大地提升了物流服务的效率。

（三）智慧服务

　　智慧服务是将智能技术融入城市运行管理、政务服务和公共服务来提升服务的社会公平性和运行效率，也是城市治理现代化的重要体现。智能技术与城市服务系统的结合，实现了政务服务和社会服务资源信息的有效整合，提升行政管理部门、服务供给者与企业、市民之间的信息交流与互动水平，进而促进服务的资源共享性、信息对称性和管理高效性。广义的智慧服务可以分为智慧管理服务、智慧政务服务和智慧公共服务。智慧管理以智慧城管、智慧应急管理、智慧水务、智慧环保等为主；智慧政务服务主要依托于城市政务服务信息平台、公共信息服务平台等系统平台的建设，为行政管理机构提供协同办公、移动办公，以及政务审批、教育培训、舆情监控、内外网门户管理等服务功能。智慧公共服务则包含了智慧教育、智慧医疗健康、智慧社保、智慧旅游、智慧交通等服务功能。

三、空间系统

智慧城市空间系统可以认为是虚拟空间与实体空间相互作用与融合所形成的流动空间。智慧城市空间的本质就是流动空间。从这个意义上来讲，智慧城市空间系统构成可以分为虚拟空间和实体空间。虚拟空间是由网络信息所构建起来的空间形式。实体空间则是现实世界的各类要素所呈现出的空间状态。虚拟空间与实体空间的耦合，促进了城市实体空间向流动空间的转化（张小娟，2015）。由各类信息智能技术所构建起来的虚拟空间与实体空间的作用和影响，可以分为对物质空间系统的影响和属性空间系统的影响（沈丽珍，2010）。

（一）物质空间系统

实体空间的物质要素系统是人类社会经济活动所依赖的各类自然资源、自然环境和建成环境，可以分为资源系统、能源系统、环境系统、安全系统、交通运输系统、市政基础设施、社会资源设施、建筑物等主要的类型。智能技术与物质空间系统的结合，促进了物质空间的流动化，并形成了资源环境和物质空间系统的智能化运行状态。一方面互联网、物联网等技术应用于资源环境和能源要素，改变了这些要素的流动性和流动状态，另一方面可以实现对各类资源和环境要素的实时感知与动态监测，并对物质空间的要素系统进行动态调控和优化管理（图 5-2）。

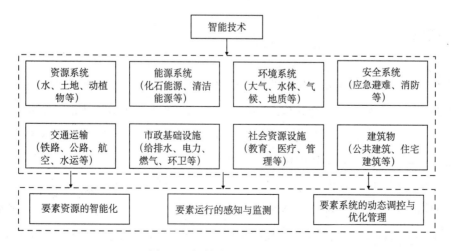

图 5-2　智慧城市要素空间系统

随着智能技术的深入发展和广泛应用，人类对物质空间要素的互联互通、感知和调控的能力进一步增强。通过新的技术手段，可以更好地对资源禀赋、环境发展变化规律及其系统组合关系等进行清晰的认识，更加深入地揭示物质空间要素的运行态势及演变规律。在对物质空间要素感知和认识的基础上，进一步对从可持续人地关系的角度，考虑资源环境要素运行及其承载能力与人类活动的匹配性，并通过仿真模拟来进行资源环境要素的调控管理，提升城市资源环境的可持续性。

（二）属性空间系统

属性空间主要体现在智慧城市的空间结构和空间功能两个方面。城市的空间结构反映了社会经济和土地利用的空间组织模式与形态。传统的城市空间结构往往呈现出圈层式的结构。在智能技术的影响下，城市内部的人流、物流、信息流、资本与技术流等呈现更加复杂的网络。各类要素流的中心集聚与郊区扩散等趋势更加多元。总体的结构上表现为多中心、网络化、扁平化等特征。

智慧城市空间功能方面，表现为智能技术在居民、就业、游憩休闲、交通等功能空间的融入，以及带来的功能空间虚实融合和流动性变化。一方面，通过智慧产业园区、智慧社区、智慧商贸区、智慧交通空间等建设，推动功能空间内部的资源要素和空间信息整合，并实现不同功能空间内部的资源共享、一体化协同管理与综合服务能力提升。另一方面，智能技术的应用，强化了功能空间与其他功能空间之间的要素流动性支撑，为不同功能空间之间的分工协作和互动联系提供更加智能化、高效化的服务。

四、决策系统

智慧城市决策系统主要由相关的目标战略体系、运营管理与指挥系统、公众参与决策等内容构成。大数据、云计算和人工智能等技术，在助力理解和认识城市系统的运行规律同时，通过数据融合来实现跨部门的多目标战略制定和综合决策，实现智慧城市决策系统的科学化、智能化与协同化。智能技术的支撑，能够更加有效整合决策的多维度信息，并通过综合的信息模拟与战略情景分析，实现最有效的决策过程。更为重要的是，通过智慧城市运行管理指挥平台等技术工具，推动各部门、各环节之间信息流动的效率，也改变了决策过程中各利益相关主体之间的信息对称性与流动性，全面优化提升城市运行管理的决策流程和决策机制。

面向智慧城市战略目标制定和管理决策，越来越多地依赖于多源数据融合分析与仿真模拟，来辅助人的综合判断，从而实现人机交互的智慧辅助决策。面向智慧城市的常态化运营管理，在对城市系统的综合信息感知、实时监测评价以及战略情景模拟推演的基础上，进行系统运行的评估与优化决策反馈，实现智慧城市运行管理的全过程智能调控与优化决策。与此同时，基于大数据的舆情分析挖掘，以及建立具备多主体互动功能的城市公共信息平台，更好地服务于公众需求的挖掘、意愿的表达和管理决策的过程参与，促进社会化的协作治理与决策。

第二节　智慧城市系统结构与耦合关系

智慧城市系统的要素主要由技术系统、活动系统、空间系统和决策系统所构成，每个系统又包含相应的子系统。在这些要素系统的基础上，形成智慧城市复杂系统的层次结构、系统模型与耦合关系。从承载层、活动层和管理层的角度构建智慧城市系统的层次结构；从要素流与系统耦合的角度构建智慧城市系统结构模型，进而分析智慧城市的系统组织与耦合特征。

一、智慧城市复杂系统结构

（一）智慧城市的层次结构

层次性是系统复杂结构的重要表征，智慧城市的复杂系统层次结构可以划分为承载层、活动层和战略层三个层次（图5-3），分别代表了人类活动的承载体、人类活动系统和人类活动战略调控的组合关系。在三个层次中，活动层是智慧城市复杂系统的核心；承载层是各类活动智能化运行的技术和空间支撑；战略层则从目标、制度和运行管理等战略层面保障智慧城市各类活动的高效运转组织。

1. 承载层

智慧城市系统的承载层体现了信息化时代城市技术支撑系统和物质要素的运行状态与演变趋势。在互联网、物联网、大数据、云计算等智能技术的作用下，城市物质要素系统由传统的孤立、封闭与静止状态转向联系、开放与流动的状态。物质要素的韧性以及对社会经济活动的承载能力不断提升。总体上，智慧城市的承载层越来越呈现出具有深度的智能性，以及系统自我反馈和主动响应的技术与空间系统。

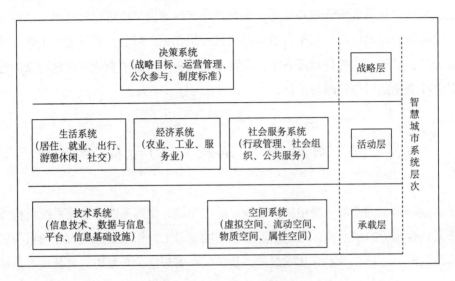

图 5-3　智慧城市系统层次结构

资料来源：据张小娟，2015 修改。

承载层以智能技术系统以及智能技术与物质空间要素结合的形式而存在。智能技术系统以信息基础设施及终端设备为物理载体，融入各类感知技术、通信技术、应用技术等，具备感知、信息传输、远程控制和自动化管理等能力，并决定了信息流的存在形式以及信息流与其它要素流结合的形式。智慧城市活动的承载空间表现为智能技术融入资源、能源、环境、安全、市政基础设施、社会服务设施、建筑等物质空间要素，例如智能电网、智能交通、智能管网、智能建筑等形式，伴随着智能化的是物质空间要素的流动化和网络状的存在。虚实结合的流动空间则成为智慧城市活动承载的主导属性空间形式。

信息基础设施、信息系统平台与物质空间要素的结合，实现了各类要素的互联与整合，增强了资源、环境、能源、基础设施等子系统内部的互联互通。这些物质空间要素的智能流动化，可以更加高效地整合资源并提升设施对活动的支撑能力，还促进了单一物质空间要素与其它要素系统之间的互动和联系，推动城市物质空间系统的整体流动性变化，形成具有高度网络化和支撑能力的空间系统。总之，信息技术系统与物质空间的结合，促进了虚拟空间与实体空间的连接与融合，并持续重塑流动空间的形态。

从层次之间的互动关系来看，承载层为人们的社会经济活动提供虚拟和实体的承载空间，并为人与人、人与物、物与物联系提供支撑。随着技术的进步和深入发展，其组织形式和空间形态在不断地发生变化，对经济活动的支撑能力也产生相应的变化。在这个过程中，智慧城市承载层不仅对活动层和战略决策层具有支撑和承载的作用，同时也通过空间的根植性进行系统信息的反馈与调节。

2. 活动层

智慧城市系统的活动层体现了智能技术融入社会经济及其组织关系的状态。互联网、大数据、云计算等技术与社会经济活动的结合，在改变各类活动方式的同时，对社会流动性、社会创新能力与社会联系网络等产生作用。基于互联网的远程互动，支撑各类虚拟活动的开展，改变了实体活动的组织形式，使得工作、社交、休闲、出行等日常生活中人与人的交互方式和联系网络更加复杂化和扁平化。拉泽等（Lazer *et al.*, 2009）通过分析一段时间某德国银行内部管理者、销售、技术支持和客服人员之间相互联系的网络，发现相较于面对面交流等高度等级关系，通过 E-mail 邮件联系的人员网络呈现更加扁平的特征（图 5-4）。与此同时，智能技术提供了居民、企业和政府等不同主体之间的活动联系与信息互动，形成不同类型和形态的网络与智能活动系统，推动人与人、人与物、物与物的快速便捷连接，从而对城市社会经济和服务活动产生系统性的影响。

图 5-4　某银行内部人员面对面和邮件联系网络结构

资料来源：Lazer *et al.*, 2009。

在政府管理活动中，通过整合各类数据库资源，建立公共信息服务平台，实现行政管理和公共服务过程中的信息联动、资源共享和高效决策，从而提升政务管理活动的智能化。在智慧城市中，利用统一的政务服务和公共服务信息平台，拓展智慧政务办公、智慧监管、智慧社会服务和智慧管理决策等功能，支撑不同层级、不同部门的业务协同与高效的政务管理，对市场运行、社会舆情进行实时监测并做出快速反应，面向居民和企业提供主动服务，提升政务服务的精细化、个性化和决策的科学化。

企业活动中，电子商务、物联网、云计算等技术与产品的生产、流通、分配和消费等环节的结合，推动经济活动各环节之间的商品和要素自由流动，形成组织高效和运行合理的智慧化经济。以流通环节为例，电子商务在农产品中的应用，打破了城乡之间市场和产品信息的不对称性，建立起农产品生产者与消费者直接的信息互动与商品流动渠道，在一定程度上降低了农产品及相关服务流通的距离和时间成本，也有助于提升农民的经营收益。智能技术与企业生产和服务活动的融合，催生智能制造、智慧企业、智慧商业服务、智慧物流等新的企业运行形态，对生产经营理念、管理模式、价值创造等创新产生根本性的影响和组织变化。

居民生活层面，智能技术融入居民日常生活的各个方面，使得人们进入全新的数字化生活状态，呈现为智慧办公、智慧购物、智慧娱乐、智慧出行等活动方式。例如，智慧交通出行中，导航技术、移动定位技术、地理信息系统等技术与交通系统运行融合以实现交通的实时感知，通过手机导航等为居民提供定制化的出行线路规划方案，并实时进行出行线路优化调整，满足个性化的出行需求。这极大地改变了居民个体与城市设施系统、城市空间和社会组织之间的互动关系。

3. 战略层

智慧城市系统的战略层表现为智能技术融入城市战略目标制定、规划决策与实施过程，实现智能化、人本化和可持续发展的城市战略运行。具体来讲，利用移动互联网、大数据、云计算等智能技术手段，结合人的理性引导与控制力量，以发展战略的形式对城市系统进行科学的干预（张小娟，2015），是一个由主体理性向工具（技术）理性转变的过程，有利于在战略决策中实现多主体互动、多目标综合决策和多要素协同实施。

战略目标制定中，通过融合多源数据来挖掘不同主体的实际需求，顺应城市高级化的发展规律，预测模拟未来的发展趋势及其不确定性，从而制定科学合理的城市发展战略目标。战略规划与决策中，通过多要素的协同分析和综合仿真模拟，分析不同情境方案对城市资源要素优化配置、可持续发展的作用，进而确定最优的决策方案。战略实施与运行管理中，通过对智慧城市各个系统要素的动态分析，并根据发展环境和要素支撑体系变化，实时进行战略目标与实施路径的调整，保障智慧城市运行管理的有序开展。

智慧城市系统的战略层是借助于技术工具的理性，在确定科学合理的战略目标与实施方案基础上，进行智慧城市系统的活动层和承载层调控。一方面，通过战略目标的制定来控制智慧生活、智慧经济和智慧服务等活动层内容，引导各类活动与城市可持续发展等总体目标相适应。另一方面，从智慧城市技术与物质空间承载能力的角度，调节智慧城市系统活动层与承载层的互动关系，引导系统的动态平衡与协同演进。总之，智慧城市战略层发挥整体的引导和控制作用，是智慧城市系统的"大脑"。

（二）流动性视角的智慧城市模型结构

在技术系统、空间系统、活动系统和决策系统四个系统的基础上，从各个系统的要素与流动性整合，以及不同系统之间的流动控制与协同反馈的视角，构建智慧城市系统模型，分析智慧城市系统的要素流动性与结构。

1. 智慧城市系统模型

已有的智慧城市系统模型架构，大多以技术为导向进行智慧城市的感知层、网络层、平台层和应用层等层次架构组织（Rathore *et al.*, 2016），强调感知系统、数据信息平台建设及其在具体行业中的应用，而忽视了活动系统、空间系统以及战略决策系统在智慧城市中的重要作用。因此，本研究基于智能技术与城市空间系统、活动系统、战略决策系统的融合，以及各个系统的流动性变化角度，构建系统与流动性整合的智慧城市模型，强调不同要素流动对智慧城市系统的支撑作用，以及各个系统之间的流动与协同（图 5-5）。

基于流动性视角的智慧城市模型，主要由承载层（技术系统、空间系统）、活动层（各类活动要素系统）和战略层（决策管理系统）等层次和系统构成。技术系统在集成感知技术、通信技术、基础数据库和信息基础设施等软硬件资源的基础上，搭建智能感知、数据信息资源共享和信息设施连接的信息网络，实现信息流、数据流和技术流的高效运转。空间系统由资源流、能源流、交通流等要素流连接城市的自然资源、环境系统、基础设施和功能空间等物质空间系统。具有高度流动性的技术系统和空间系统，构成智慧城市的承载层。流动性和技术、空间的日益复杂耦合趋势，持续影响智慧城市承载层对

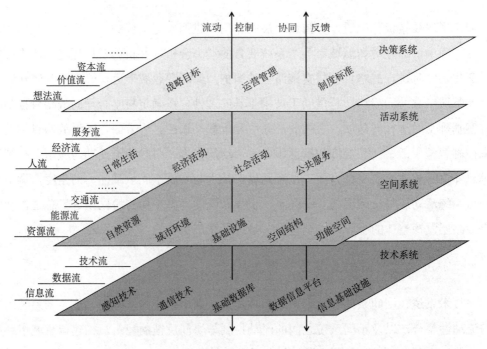

图 5-5   智慧城市系统模型结构

各类活动的承载能力与承载状态。活动系统表现为智能技术与日常活动、经济活动、社会活动和公共服务活动结合而形成的流动性状态，包括人流、经济流、服务流等活动或流动形态，并持续作用和影响城市的社会和文化系统结构。决策系统表现为智能技术与城市战略目标、运营管理与标准制度融合产生的想法流、价值流和资本流等流动状态。同时，通过信息流、数据流和技术流来连接技术、空间、活动和决策等系统，实现智慧城市不同层次之间的流动性融合。

2. 智慧城市系统结构关系

在智慧城市系统模型的基础上，从技术、活动、空间和决策系统相互作用联系，及其与要素流关系的角度，深入分析智慧城市系统的结构关系。可以从三个方面进行智慧城市系统结构关系的理解，一是智慧城市四个要素系统和三个层次之间的相互作用；二是围绕要素系统所形成的要素流动性之间的联系；三是要素系统与流动性的互动关系（图 5-6）。

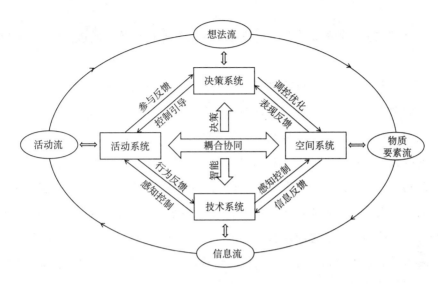

图 5-6　智慧城市系统结构关系框架

　　智慧城市要素系统中，借助于感知、信息传输等技术系统，实现对智慧城市活动系统、空间要素系统的感知与信息获取。基于感知信息的综合模拟与决策分析，进行城市各类活动和空间要素的远程控制，例如利用物联网、传感器、GPS 定位等技术和设备，进行城市交通系统运行的全面感知，实时获取车流、拥堵等信息，并进行出行路线的动态优化调整。同时，技术系统为城市决策系统和管理运行的智能化提供技术支撑。

　　城市空间系统是各类活动要素的载体。两者的互动关系从本质上讲，表现为人地系统的复杂协调关系，而面向智慧城市的活动系统和空间系统趋向深度的耦合与协同。同时，物质空间和属性空间的要素、功能和结构等系统表征，向智慧城市技术系统和决策系统进行信息反馈。智慧城市活动系统对技术系统和决策系统也具有反馈作用。一方面城市的居民日常活动、经济活动、社会活动和公共服务等活动，向技术系统进行行为反馈，并成为技术与活动互动的基础；另一方面城市各主体通过其行为和活动方式，参与智慧城市决策管理过程，包括活动主体直接参与决策和基于行为活动数据挖掘的公众参与两种形式。

　　决策系统可以认为是智慧城市的"大脑"，对技术系统、活动系统和空间系统进行控制、调控与引导。一是根据决策系统的功能需求，明确技术系统中的感知网络、信息网络基础设施、数据信息资源、信息系统平台等要素组织架构。二是通过智慧城市战略目标、运行管理决策、制度标准等决策体系，对智慧城市活动系统进行控制和行为引导，来实现居民日常活动、经济活动和公共服务的效率提升。三是决策系统对城市物质空间要素进行动态调控和资源配置优化，并促进城市整体空间结构、功能空间和要素布局的高效运行。

在智慧城市要素系统结构的基础上，形成信息流、物质要素流、活动流和想法流等要素流。不同要素流之间也存在相互联系与依存的关系。其中，信息流是智慧城市流动性系统的基础，对活动流、物质要素流和想法流发挥着支撑和控制作用。一方面信息流与活动流的结合，在拓展虚拟活动的同时，也对传统实体活动要素流动的规模、结构和网络产生影响；另一方面信息流有助于实现交通、能源、环境等物质要素的信息交换，包括物质要素与人类、物质要素相互之间的信息互动。这是智慧城市调控物质空间要素运行的基础。与此同时，信息流动有助于加速人们之间的想法和思想流动，尤其是推动跨阶层、跨组织的思想和想法流动性，在一定程度上促进了人际互动的流动性以及社会化的协同创新过程（彭特兰，2015）。

二、智慧城市系统耦合组织特征

（一）复杂系统的交互与关联

信息技术和互联网的发展，促进了人与人、人与物、人与商品、人与信息等不同环节的交互与联系，而物联网技术则实现了万物互联，尤其是推动了人与物、物与物的信息交互，实现了智慧城市复杂系统的关联互动。这种关联互动同时包括了同质性和异质性系统之间的信息、数据和价值等流动。复杂系统的关联交互，推动了城市资源要素的连接和整合，融合人类和非人类要素、物质和非物质要素等数据信息，从而实现城市资源配置、要素运行管理、城市服务和安全保障等一体化协同。

随着技术进步和对智慧城市认识的深入，智慧城市系统的复杂程度及系统要素之间的关联交互模式在动态、连续地变化。在城市信息化以及数字城市阶段，主要强调城市行政部门业务流程的数字化和互联互通，将传统的业务模式转变为数字化业务流程。在智慧城市建设的初期阶段，往往以技术为主导。这在很大程度上可以推动政府部门之间的业务与服务关联交互，实现了政府管理和公共服务的跨部门协同。这有助于推动公共资源的有效整合和服务效率提升。随着技术主导型智慧城市建设向人本化智慧城市建设转变，开始关注政府、企业、社会组织以及个人等主体的整合，推动技术、活动、空间与管理决策等智慧城市复杂系统的互联互通，实现城市资源运行、公共服务与城市管理的协同化。

城市资源整合方面，需要打破单一资源或者系统的局限性，融合城市各类自然环境要素和建成环境要素，以及政府、企业、社会组织等不同主体的资源，以有利于居民生活、城市管理和提升城市资源利用效率为出发点。依托互联网、物联网等智能技术，推动城市各类资源跨系统、层级和组织的互联互通。城市资源的互联互通，有助于实现各要素、各系统之间的信息流、数据流和资源流动，并支撑城市资源的动态均衡配置优化和一体化的规划利用。

城市服务方面，不仅要推动政府、企业和社会组织的服务要素整合，而且要实现服务的供给、配送与使用等环节的互联互通和整合，围绕服务实现信息、数据和产品等要素的合理流动，更好地匹配城市服务供给和需求之间的关系，打造"一站式"的城市服务模式，为居民提供便捷的生活服务。例如，智慧交通建设过程中，通过整合城市公共交通（公交车、地铁、公共自行车等），以及企业和社会组织运营主导的社会化交通方式（共享单车、共享汽车、出租车等），并通过智慧交通信息平台、移动出行终端等应用，能够全面实现各类交通服务的互联与整合，同时实现交通供给与居民出行之间的快速匹配，达到提升城市交通服务能力和效率的作用。

城市管理方面，需要打破传统的政府主导和以管理者为中心的城市管理模式，转向政府主导、居民和社会组织参与的共同管理模式。这就需要在技术、空间、活动和管理等不同城市系统整合和互联的基础上，综合多种管理目标、资源和主体要素，借助于数据分析和辅助决策手段，对城市运行中的具体事件、发展趋势和潜在风险进行协同化管理。

（二）多元要素的时空耦合与协调

信息基础设施、信息系统平台、社会经济、居民活动、智慧管理系统的协调发展与时空优化布局，是科学建设智慧城市的重要保障和前提。从智慧城市系统的整体协调性来讲，首先应考虑居民生活、公共服务和智慧经济等活动系统与智慧城市建设的协调性。智慧城市基础设施、信息系统平台、管理决策等要素系统应充分考虑各类智慧活动的需求，尤其是居民的生活智慧化以及幸福感、获得感提升的要求。其次智慧城市要素系统的建设要与不同城市的城镇化、工业化发展阶段相匹配，与城市经济实力、人口规模、空间结构和城市发展面临的突出问题相协调，提高城市要素系统建设的针对性和科学性。与此同时，智慧城市整体的系统要素建设，应从城市可持续发展能力提升的目标出发，通过智慧城市建设来引导社会公平、人民生活水平改善和产业创新能力提升。

智慧城市的技术、活动、空间和管理决策等系统要素的时空耦合状况，及其与信息流、数据流、物质要素流等要素流的协调状态，决定了智慧城市的运行效率和质量。尤其是围绕各类活动的要素时空耦合，对推动城市人地系统协同和人本化的城市建设具有重要作用。这就需要智慧城市建设以活动系统的时空耦合性和协调性作为研究的核心和切入点，探讨居民生活、公共服务和经济活动的动态变化规律，分析活动要素与技术、管理决策系统的组合关系，并挖掘这种组合关系随着不同时间、不同空间的变化，包括长周期时间变化和一天 24 小时的变化，以及全球、区域、城乡、城市和社区等不同尺度空间上的变化。在把握活动系统与多元要素组合的时空演变趋势基础上，探讨智能技术对人流、货物流、服务流等要素流集散、网络结构的时空动态变化，及其对智慧城市活动系统组织的影响。

因此，智慧城市系统的组织，需要基于地理学的要素时空耦合研究作为支撑。充分利用智慧城市各类终端应用、信息系统平台和网络等来获取不同的数据，并采用多源数据融合的分析方法，进行城市居民活动、公共服务、城市管理等活动的时空分布规律挖掘，尤其是关注各类活动在不同尺度空间上随时间的变化特征。比如通过数据分析来研究居民活动空间的时空分布、交通出行联系与城市空间互动、公共服务需求的时空变化等，从而引导智慧城市活动系统与其他要素的时空布局协调。

（三）多主体的互动关系与协同

智慧城市系统要素具有相互关联性、时空耦合性特征，因此其发展具有多元主体的复杂性和不确定性。从复杂系统理论的角度，认为智慧城市是由多元主体所构成，并且多个主体之间按照各自的利益目标和决策方式不同组成创新网络（顾洁，2019）。不同主体一方面受智慧城市技术、活动、空间和决策等系统要素影响，另一方面结合自身利益诉求来调整行为动机和行为活动。因此，在智慧城市系统耦合组织中，政府、企业、社会组织和公众等多元主体之间，具有复杂的互动联系与协同作用关系，并在互动过程中实现智慧城市运行的整体利益最大化。

从复杂系统视角下分析智慧城市各主体的互动关系，表现为面向智慧城市的技术、空间、活动和管理决策等不同的系统。政府、企业、社会组织和公众等主要的行为主体，围绕智慧城市的社会治理精细化、公共服务便捷化、产业发展现代化等方面的内在需求，形成相互协同与联系的创新网络（顾洁，2019）。具体来讲，政府通过统筹智慧城市规划、制定智慧城市相关标准、创新智慧城市运行管理机制等活动组织，发挥在管理决策中的主导作用。企业则以技术创新、智慧城市运营管理服务等为主，为智慧城市建设和系统运行提供支撑。社会组织通过与政府的资源协同共享、与企业的产学研合作，为智慧城市系统运行中整合社会资源和要素提供保障。公众则通过参与政府决策过程、参与企业的生产和服务环节，来提升个体的社会能动性。各主体在发挥自身优势的基础上，通过相互的协作和开放式的参与智慧城市的决策、建设、融资、服务、管理、评估等过程，形成推动智慧城市系统演进和优化的内在动力机制（图 5-7）。

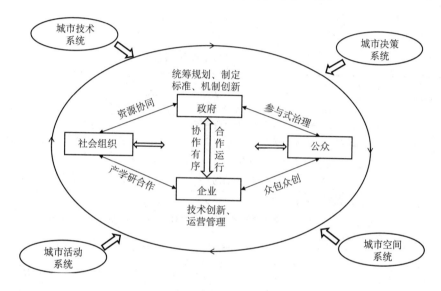

图 5-7　智慧城市不同主体的协同关系

资料来源：据顾洁，2019 修改。

智慧城市多元主体之间、各主体与系统要素之间，存在广泛的内在联系、反馈、适应和自组织关系。在多元主体相互联系的基础上，对智慧城市要素系统进行信息和活动反馈，并不断地适应智慧城市技术、空间、管理决策等系统变化过程，从而实现智慧城市多元主体的自组织状态。

第三节　智慧城市生命有机体

智慧城市是把各类智能技术充分运用在城市的各行业、各领域的基于知识社会下一代创新的城市信息化高级形态。智慧城市建设有助于从技术、经济、社会、管理、空间等不同角度实现城市的可持续发展。城市就像一个具有生命力的组织。自从 1980 年以来，学者、规划师和政府官员陆续提出城市生命有机体的概念，重点探讨对城市这一有机器官的理解，以及城市政策如何影响居民的生活质量。梁思成在中国最早系统论述历史城市的整体性保护中，认为城市是一门科学，它像人体一样有经络、脉搏、肌理。如果你不科学地对待它，它会生病的（林洙，1997）。生命有机体的概念体现了城市有机协调、可持续发展的状态。智慧城市生命有机体包括大脑和神经系统、心脏、器官和循环系统等方面（表 5-1）。

表 5-1　智慧城市的有机器官

智慧城市	城市要素	相应描述
城市大脑和神经系统	智慧城市管理 监督与评价 学习创新	智慧城市的管理中心等同于一个有机体中的中枢神经系统，对整个城市进行公共服务、社会管理、社会监督等。 一个智慧城市能很好地监督和评价其目标实现、规划建设、基础设施运行、公共服务效率、环境保护、创新经济发展以及社会民主。 智慧城市具有较好的创新和学习能力，不断改进城市的服务和管理水平。
心脏	一体化的数据平台 共同的价值 身份识别	智慧城市包含一个一体化的数据平台，为城市的各项基础设施和功能区运行提供动力，强化城市的创新、文化价值，打造创新能力较强、充满社会活力、独具文化和人文关怀的城市。
器官	智慧社区 智慧产业园区 智慧商贸区 智慧开敞空间 智慧历史文化区	一个智慧城市包括便捷、时尚的社区，具有创新能力强、生态环保的产业园区，具有电子商务引领、满足购物消费和文化休闲功能的商贸区，具有可接入互联网、公共交通方便联系的公园绿地和开敞空间，重视历史建筑、文化街区的保护。
循环系统	资源和生态网络 智慧交通和物流 智慧能源网络 信息和物联网	智慧城市通过维持其活动的资源流而得以联系起来，包括水、原料、污水等；具有智能化的公共交通网络、高效的物流和货物运输系统；低碳、智能的能源网络，保证城市运行的能源需求；具有完善的移动信息网络和物联网应用系统。

一、智慧城市的"大脑"

智慧城市管理和智能决策体系可以视为智慧城市的大脑和神经系统。通过感知网络、三网融合技术以及智慧城市运营管理中心建设，达到对智慧城市基础设施和功能区的控制作用，对整个城市进行公共服务、社会管理、社会监督等。数据管理中心的功能不仅仅是实现政府对城市的自上而下的监管，而更多的是通过对城市居民诉求相关信息的全局、动态采集，以实现更加人性化的城市管理。并且强调居民主动参与城市建设和管理，尤其突出城市规划、城市管理过程中的公共参与，借助智慧城市管理平台将居民反馈的信息和城市规划管理决策系统结合起来，从而更好地评价城市的目标实现、规划建设、基础设施运行、公共服务效率，促进城市的环境保护、创新经济发展以及社会民主，实现城市规划及管理的自下而上作用，提升城市发展决策的智能化和民主化。因此，通过自上而下的城市智慧监管和自下而上的城市管理公共参与，提升城市的创新和学习能力，不断改进城市的服务和管理水平。

近年来，随着智慧城市建设的深入推进，很多城市提出"智慧大脑"的建设。所谓"智慧大脑"，是利用大数据、物联网、人工智能等先进技术，为城市交通治理、民生服务、城市精细化管理、区域经济管理等构建一个后台系统，推动城市数字化管理。牛强等（2018）认为，智慧模型就相当于智慧城市的大脑，并将智慧模型分为城市测度评价模型、城市预测模拟模型、运筹决策模型、城市改变影响评估模型和城市运作模型等5种类型。"智慧大脑"在建设过程中，越来越多的互联网企业参与其中，提供数据、系统平台和应用服务，成为当前智慧城市建设实践新的动向。例如，阿里巴巴联合千方科技、银江股份、浙大中控等互联网公司，依托阿里云平台，共同打造杭州的数字孪生"智慧大脑"（高艳丽等，2019）。通过各类智能终端和传感设备对城市交通运行状况等信息进行全面感知，并将数据传输到通用计算平台和数据资源管理平台，对全域交通运行进行分析，进而实现对车辆的精准化管控、交通信号的优化配置等，推动智能交通系统建设。

二、智慧城市的"心脏"

一体化的数据平台可以认为是智慧城市建设的"心脏"。在互联网、物联网、大数据、云计算、人工智能等技术发展的基础上，建设城市一体化的数据平台，整合城市基础设施、居民行为活动、社会经济运行、城市规划管理等不同类型的数据，构建智慧城市运行的数据融合和共享使用的基础。与此同时，发挥智慧城市数据平台的"供血"功能，为智慧城市大脑以及各类功能组织提供数据服务。智慧城市数据库和数据平台的建设水平，在很大程度上决定了其数据流以及数据资源"供血"的能力。因此，在智慧城市生命有机体系统构建中，首先应充分重视数据库和数据平台建设，在宏观社会经济运行、企业、人口、地理信息、建筑物等基础数据库的基础上，持续地拓展和完善城市数据库功能，并注重政务服务数据、企业数据、居民活动数据以及互联网数据等不同渠道数据的整合。在多源数据融合的基础上，通过优化数据共享使用机制来促进数据的高效流通，从而为城市的各项基础设施和功能区运行提供动力，实现城市服务的便捷化，强化城市的创新、文化价值，打造创新能力较强、充满社会活力、独具文化和人文关怀的城市。

三、智慧城市的"器官"

国际建筑协会（C.I.M.A.）于1933年在雅典会议上制定了一份关于城市规划的纲领性文件，并指出城市的居住、工作、游憩与交通四大活动和功能（吴志强，2010）。信息和智能技术的发展，对城市活动和功能产生革命性的影响。实体城市功能空间逐渐向虚拟空间转变。这种变化赋予了空间和场所新的意义。因此需要综合信息和智能技术，打造更加智能化的城市居住、工作、休闲、交通、历史文化等功能空间。一个智慧城市包括便捷、时尚的居住社区，具有创新能力强、生态环保、智慧技术广泛应用的产业园区，具有电子商务引领，满足购物消费和文化休闲功能的城市综合体、商业中心，具有可接入互联网、公共交通方便联系的公园绿地和开敞空间，重视历史建筑、文化街区的保护。这些智慧的"器官"和功能，在智慧城市运行中支撑智慧化生活、就业、创新与交通运行，并与智慧城市的其他系统产生联系。

四、智慧城市的"循环系统"

各种智能化的流要素是城市功能区联系的循环系统。城市内部不同功能区之间的要素流动，进行资本、物质、能源、技术、人才的交换，成为城市可持续发展的重要保障。通过智能化的技术手段，提升城市不同空间要素流的效率和服务水平，从而提升城市的智慧化和可持续发展程度。智慧城市具有智能化的公共交通网络、高效的物流和货物运输系统；低碳、智能的能源网络，保证城市运行的清洁能源需求；具有完善的移动信息网络和物联网应用系统，实现城市要素的互联互通。各种实体要素流与信息流相结合，不仅改变了各类要素流动和循环的模式，而且对要素流动循环的系统结构、网络和联系产生作用。这对于优化城市交通、能源、资源等设施和资源的功能与空间配置具有重要的影响。在智慧城市建设过程中，应进一步从智慧城市生命有机体的整体性进行考虑，在促进各类流动循环要素智能化发展的基础上，突出交通、能源等循环系统要素对智慧城市活动、空间组织以及管理决策的支撑作用，实现流动循环要素和活动、空间的协同布局与一体化建设，尤其是通过信息平台建设，实现对各类流动循环要素运行的管理和调控，这对于提高城市资本、技术和人才等的流动效率具有积极的促进作用。

第六章　智慧城市空间结构及其流动性特征

智能技术的广泛应用，在改变城市各类要素流动性和重塑流动空间的同时，对智慧城市的空间结构与功能组织产生深远的影响。本章首先从流动性的视角探讨智慧城市空间结构，梳理了智慧城市的点、线、面和网络结构，并分析智慧区域、智慧城市、智慧功能组团和智慧社区等不同尺度智慧空间的要素流动，以及不同尺度空间的联系结构，并探讨智慧城市空间结构的动态性，进而分析智慧城市空间演变的趋势，包括基于虚实要素流交互的数字孪生空间打造、要素郊区化流动下的智慧功能空间拓展、城市中心地区的要素流集聚与智慧功能提升，以及智慧节点空间的发展。同时，立足于城市主要的物质功能空间智能化和虚拟化，探讨智慧的居住空间、办公空间、商业空间、产业与创新空间等智慧功能空间的流动性特征。

第一节　流动性视角的智慧城市空间结构

一、智慧城市空间的网络结构

全球信息化时代，城市区域的物质空间更加破碎化和网络化。一方面，各类新兴的、功能各异的空间单元出现，导致了空间格局的破碎化（修春亮等，2015），如全球性生产空间、消费空间、服务空间和文化空间的出现，并嵌入到地方空间一体化发展，以及商业综合体、高新技术区、空港区、大学城等空间单元，成为重构城市区域空间结构的重要功能空间。另一方面，信息和通信技术（ICT）的普及应用，加速了生产服务空间、社会空间的全球流动与相互联系，推动全球、区域和城市内部等不同尺度的生产网络和服务网络形成,并向虚实结合的流动空间转变。

进入智慧社会发展阶段,在新一代信息技术和高速交通技术的支撑下,新兴功能空间呈现出虚拟空间与物质空间融合的趋势,并且在更大范围尺度上呈现空间流动和弹性的布局。与此同时,空间组织的网络化特征更加明显,尤其是智慧城市的建设,不仅强化了区域性中心城市在全球和区域城市网络中的经济发展和创新作用,而且有助于加速处于边缘地区的中小城市和城镇融入全球(区域)的生产和服务网络当中。这对网络节点之间的联系强度和时空距离产生较大影响(李恩康等,2020)。在城市内部尺度,智慧城市建设拓展了智慧综合体、智慧园区、智慧楼宇、智慧社区等功能空间,并通过信息基础设施网络以及智能化的基础设施等流动性支撑体系,推动了各类功能空间的连接互动和高度网络化。

对于城市和区域空间结构特征的把握,学者们往往区分节点、尺度、网络、面等不同结构要素。沈丽珍等(2010)将流动空间的结构表达为节点、线和面。修春亮等(2015)也基于流动空间视角,分别阐释了城市和区域的点(节点)、线(流与流线)、面和网络等结构形式。借鉴已有学者研究成果的基础上,作者进一步从智能技术对空间和要素流动性影响视角,总结智慧城市的节点、流线、面和网络等结构内容和特征。

互联网信息技术对物质空间的作用,促使传统物质空间中场所、节点的功能转变,以及与其它空间之间的要素流动和相互关系发生改变。信息技术的发展削弱了距离的限制。城市中一些非中心区域可以利用自身的优势,形成人口流动和集聚的中心节点。城市的圈层结构被打破并形成多中心网络化发展结构。在智能技术的作用下,城市传统公共活动场所和节点的要素集聚能力进一步增强,如电子商务和传统城市中央商贸区(CBD)的结合,形成智慧的商业中心和商圈,具有比传统 CBD 更加多样化的功能、更加密集的消费活动和更加频繁的人流。与此同时,信息技术对家庭、单位、交通出行等传统的场所空间产生影响,如网络游戏、移动支付、居家办公等在线活动方式的出现,使得家正在发展成为虚实活动汇聚的智慧场所(Hjorthol,2009)。在全球、区域、城市、功能区等不同尺度上,节点的类型不同,实体节点空间的智慧化发展内容与特征存在差异。

智慧化的要素流是智慧城市空间结构的重要组成部分,也对生产空间、生活空间在不同尺度的配置产生巨大的影响。物流、金融、电子商务、信息等智能化流动方式出现,促使城市商业中心、产业园区、居住社区等实体空间向虚实结合的空间形态转变,相互之间空间联系结构亦产生相应的变化。物联网、无线传输技术和智慧城市时空信息平台,则构成城市要素和功能联系的虚拟连接系统,对产业、基础设施、公共服务设施等节点

和要素系统进行感知、信息传输和远程控制，实现对城市物质要素的远程连接与智能协
同管理。通过智慧城市的无线网络设施，实现对城市基础设施、公共服务设施的远程控
制，在更大范围进行公共资源和空间要素的流动连接。

面可以认为是空间单元的集合体，也可以认为是节点及其辐射腹地所构成的空间范
围（沈丽珍，2010；修春亮等，2015）。在全球和区域尺度上，面往往由智慧的城市群、
都市圈和大都市区等空间单元所构成。智慧园区、智慧城市综合体、智慧居住区、智慧
游憩休闲区等则成为城市尺度的"面"要素和空间单元。面的物质空间、功能组合以及
承载的各类活动，是要素流动和网络联系的承载基础，并对节点的等级和竞争力具有决
定性作用。在智慧城市空间布局和建设过程中，应充分发挥面的承载作用，优化其物质
空间和要素流动的耦合关系，提升面在智慧城市空间网络组织中的功能作用。

以信息通信网络、快速交通网络为要素流的依托和支撑，连接不同等级和功能的节
点，在智慧化的"面"域功能载体支撑下，形成智慧城市空间的网络结构。这种网络往
往呈现出多中心、组团式的结构特征。不同层次的空间组织中，呈现出区域网络、城市
群网络和城市网络等不同类型的网络，也反映了不同尺度的流动空间结构。信息通信技
术和交通技术的进步，对网络的节点体系、形态结构与功能联系等持续产生影响。智慧
城市建设同样对于网络结构具有调节作用。

二、智慧城市空间的层级结构

对于地域空间层级的认知，通常可以分为全球、区域、城市、功能（组团）和社区
等不同尺度类型。各类要素在不同尺度空间的集聚与扩散过程，持续影响和重构地域空
间的体系、结构和功能。全球化、信息化发展使得城市内部以及城市之间的社会经济活
动组织产生巨大变化（Moss *et al.*, 2000），尤其是加速了全球范围的信息、资本和技术流
动，推动了全球和区域性要素与地方空间的双向互动，出现了全球城市网络以及全球性
节点城市。

围绕移动互联网、物联网、人工智能等智能技术，智慧城市建设在全球范围得以快
速发展，并且呈现出从城市尺度的智慧建设向宏观区域尺度和微观社区、个体（家庭）
智慧建设拓展的趋势，出现了多尺度和不同空间层级的智慧建设。从国内外智慧城市理
论研究与建设实践来看，一方面立足于城市层面空间整体性的智慧建设架构，不断向智
慧园区、智慧商贸区、智慧休闲区、智慧居住区等功能（组团）以及智慧楼宇、智慧家

庭等空间单元延伸；另一方面基于区域空间一体化的目标实现和区域资源优化配置需求，引导智慧城市走向智慧区域，拓展新的城市和区域发展模式（沈丽珍等，2018）。基于此，作者认为在传统的地域空间层级结构基础上，可以将智慧的地域空间分为智慧区域、智慧城市、智慧功能区（组团）、智慧社区和智慧家庭，而信息基础设施网络和交通网络支撑的各类要素流动性，成为不同层级智慧空间联系的支撑和基础。

　　智慧家庭和个体，可以认为是智慧空间体系中最小的单元，成为智慧功能区、组团空间形成的重要基础。不同类型的智慧功能区、组团在信息基础设施、交通网络体系连接的基础上，相互之间的水平联系和互动作用构成了城市尺度的智慧空间。功能区、组团的耦合关系反映了智慧城市空间的结构和效率。尤其是区域性中心城市、大都市区的智慧发展，加速了其与周边中小城市、城镇之间的基础设施互联互通、公共服务设施共建共享，以及创新与产业的发展协同，促进智慧城市群、都市圈等智慧区域形态的出现，提升在更大区域尺度或者全球层面的整体竞争力（图 6-1）。全球范围内，美国的硅谷

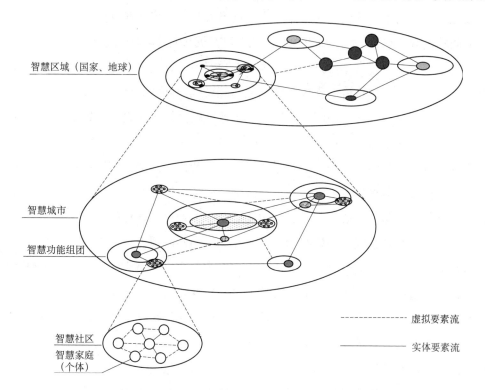

图 6-1　智慧空间的层级结构与联系

资料来源：据石崧，2005；沈丽珍，2010 修改。

地区、澳大利亚的昆士兰地区以及欧洲西班牙、丹麦等国家和地区的智慧区域发展，已经成为跨区域资源要素协同的重要战略。我国长三角、京津冀、粤港澳大湾区等智慧城市建设密集的区域，逐步由单个城市主导的智慧建设模式向区域一体化的信息网络、智能基础设施建设转变。这促使这些区域的智慧化网络空间形成。

从流动空间的点、线、面和网络等结构组成的角度，进一步分析不同层级智慧空间的结构特征。节点方面，全球城市、全球性数字枢纽以及区域性中心城市可以认为是区域、国家甚至全球层面的重要节点。智慧城市的节点由智慧商贸区、智慧游憩休闲中心、智慧创新中心等构成。智慧功能区和社区的节点，主要由功能区的核心、社区服务中心等所组成。在不同层级的智慧空间中，智慧节点的打造对于要素汇流和集聚，以及对域外空间和资源的远程连接、远程控制具有重要作用。

流动性连接方面，各类智能基础设施建设支撑了智慧空间的多尺度嵌套和要素流动。工业时代的基础设施建设，以提升客货流的便利性为主要目的，而信息时代的各类智能基础设施建设，则推动了信息流、资本流、技术流等高端要素在社区、功能区、城市和区域之间的高效流动。在智慧城市和区域的深度发展过程中，越来越关注高速信息网络、城际高速铁路、新能源汽车与充电桩、区域大数据中心、人工智能以及工业互联网等新型基础设施的建设。这将进一步推动区域性基础设施的互联互通，支持不同尺度的智慧空间资源协同布局与要素自由流动。例如，高速铁路网络的建设，改善了高铁沿线城市的区位条件，加速了这些城市与区域尺度的功能空间联系。

不同层次智慧空间的面域，主要强调不同尺度智慧空间的范围和边界，这往往与智能基础设施建设、数据信息共享服务、智慧管理服务等边界有关。面向智慧社会的空间塑造，越来越突破传统物质空间和行政边界的约束，通过一体化的数据中心、公共服务信息平台建设，整合社区、功能组团、城市和区域等不同尺度空间的信息和服务资源，以虚拟空间、流动空间的一体化、无边界化来促进跨层级智慧空间的融合。在智慧区域的一体化发展过程中，我国主要的城市群地区积极探索跨界一体化模式。例如，深圳和汕尾在合作建立产业转移工业园的发展基础上，设立深汕特别合作区，并打破行政区划的空间边界束缚，打造新的"飞地模式"，实现运营管理和利益分配的区域协调，对于推动跨行政边界的功能协调、资源共享和空间融合具有重要借鉴价值。长三角地区中心城市与外围中小城市合作的"共建园区"模式，以及G60科创走廊建设等新的空间治理模式出现，也是对传统基于地方尺度空间和行政边界的突破。

不同层级智慧空间的节点、流动性连接和单元空间，构成相应的智慧空间网络。具体来讲，包括跨区域、跨国家的生产网络、服务网络、创新网络和文化消费网络，以及形成的全球性城市网络，是智慧区域网络的主要表现形式。智慧城市网络则包括了城市内部的基础设施网络、公共服务网络、资源能源网络，以及围绕各类要素网络所构成的空间网络结构。组团尺度网络则可以认为是围绕组团主导功能形成的生产、生活或服务网络。邻里之间的社会网络以及网络化的生活圈，成为智慧社区网络的主要内容。智能技术的快速发展和广泛应用，有利于不同层级空间的要素流动和网络结构融合，一方面推动相同尺度空间的实体要素网络和虚拟网络的结合；另一方面为微观尺度的社区网络嵌入区域尺度、全球尺度的网络提供了机会。

三、智慧城市空间的动态结构

对于传统的城市空间结构认识，大多是基于物质空间的静态结构分析，往往根据城市土地利用类型、一定周期的人口调查以及重大设施布局等内容来确定城市的空间结构和各类中心布局，缺乏对城市要素流动、空间利用和设施布局的时空动态结构和规律的把握，影响城市资源配置效率和质量。从人流、物流等要素流动性的角度，以及居民、企业等主体活动的空间动态变化角度来认识城市空间的时空结构，对于挖掘不同主体对城市资源时空配置需求差异性，进行精细化的城市空间管理意义重大（王德等，2019）。大数据、智慧城市的发展，为把握城市空间的动态结构和规律提供了新的数据来源和技术手段。特别是，移动定位技术、位置服务信息数据、传感技术和室内定位技术的快速发展，为挖掘个体的出行轨迹、活动时空分布等提供重要技术支撑。近年来已有大量研究基于位置信息服务数据、手机信令数据等移动定位数据，进行不同尺度的人流网络结构、活动空间、居住和就业中心、城市空间结构研究（熊丽芳等，2013；钮心毅等，2014；张珣，2019）。这为把握城市空间的动态结构，引导智慧化的空间规划和管理提供了技术方法支撑。

高速交通基础设施的建设完善，以及信息和通信技术的快速发展，带来区域城市之间的人流、物质流以及信息流、技术流、资本流等要素的流动性变化。城市网络空间结构发育变动的速度、强度等也出现加速的趋势（李恩康，2020）。在智慧城市发展环境下，对于要素的区域流动规律和区域网络结构的动态性研究，有助于深化对区域时空结构的系统性认识，推动区域性生产、生活和创新功能空间的优化布局，实现基础设施智能化协调建设和公共服务共建共享。在实证研究中，可以利用诸如手机信令数据、百度迁徙数据、旅客流动数据等，进行固定时间周期或实时的区域人流分析。通过人流网络来反映区域空间结构动态变化，在人流空间集聚与扩散趋势动态监测的基础上，为特定区域空间的资源调配、智慧管理决策等提供服务。互联网信息搜索可以认为是不同城市之间的信息流。王波等（2016）基于百度信息搜索数据，分析中国的城市等级体系和联系网络演变，在一定程度上反映了不同城市在区域信息流中的吸引力和控制力。

城市空间尺度，需要打破以物质空间和土地利用为主的静态结构，从居民日常活动、交通等各类服务设施的动态结构视角，挖掘工作日和休息日的昼夜间，以及实时的活动空间变化节奏、局地汇集态势和动态规律。一方面，智慧城市的各类政务运营数据、地理空间信息数据等动态数据，以及互联网开放数据、位置服务信息数据等，为智慧城市空间运行的动态结构分析提供数据基础；另一方面，对智慧城市空间动态结构的分析，可以为智能基础设施运行管理、公共资源优化配置、智慧服务供需协调、智慧政务管理等提供决策支持。

基于微信宜出行平台的热力图数据，分析广西南宁市居民活动的时空变化和动态结构。通过微信宜出行平台提供的 API 接口，采用 Ajax 技术抓取包含时空信息的南宁市微信数据，共获取一个星期的微信热力图数据，运用 ArcGIS10.1 中的热度分析工具，对南宁市工作日居民活动空间分布情况进行可视化分析。工作日南宁市人流空间随时间的变化情况如图 6-2。分析可知，南宁市工作日人流的时空变化具有明显的潮汐特征，白天在城市主要的商业和就业中心聚集态势明显，夜间则向城市中心的外围地区扩散，整体人流和活动空间分布较为均衡。这种昼夜间人流和活动空间的变化，不仅体现了城市动态的中心体系变化，也在很大程度上体现了城市职住空间关系。同时在智慧空间布局引导过程中，还需要考虑交通通道建设、服务设施配套对职住平衡的需求满足以及影响作用，

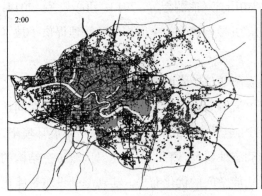
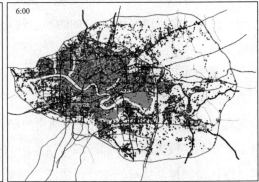

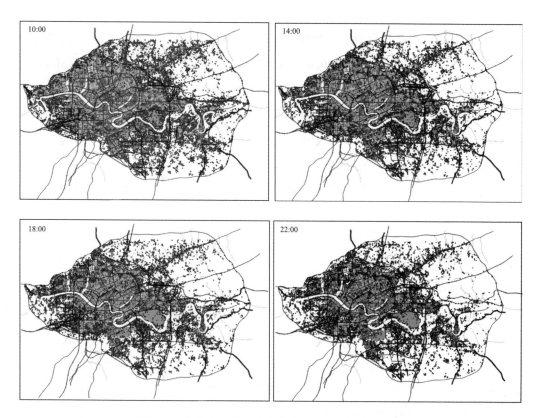

图 6-2 南宁市工作日人流集聚和活动空间动态变化

第二节 流动性影响下的智慧城市空间演变

智能技术影响下城市各类要素的流动，同时存在集聚与扩散的态势，包括郊区智能空间的拓展、城市中心地区的要素流汇集与智能化发展，以及各类智慧节点的要素流动和空间集聚。围绕这些内容，本节探讨流动性影响下的智慧城市空间变化。

一、虚实交互的数字孪生空间出现

数字孪生空间是互联网、物联网、人工智能、仿真建模技术等深度发展后的必然结果，主要体现为物理空间与赛博虚拟空间的孪生，通常以两种空间交互和动态反馈的形式存在。从数字孪生空间的概念内涵来看，是以数字孪生技术为基础支撑，在赛博空间中利用多源数据、模型平台对实体物理空间进行模拟，并在虚拟空间中构建与实体物理空间同步的孪生空间（Farsi *et al.*，2020）。从建筑信息模型（Building Information Modeling，BIM）拓展到城市信息模型（City Information Modeling，CIM）的过程，实现了城市人口、产业、用地和各类活动、要素流的三维空间动态分析。这成为数字孪生空间仿真模拟的重要基础。而对于实体要素流动的可视化分析及其虚拟空间展示是数字孪生技术需要重点突破的方向。中国电子信息产业发展研究院发布的《数字孪生白皮书（2019）》中指出，数字孪生空间具有描述、诊断、预测和决策四大功能，以及数据驱动、精准映射、智能决策等典型特征。

数字孪生空间在对真实的物理世界表达的基础上，反馈人类对物理世界的真实需求，实现以虚拟空间控制实体空间的目的（刘南余等，2020）。基于数字孪生信息平台，可以对城市交通系统、基础设施、公共服务、环境、资源利用、建筑等要素进行数字化建模，进行物理空间的精准化映射，实现对城市要素空间运行和资源优化配置智能控制的效果。例如，根据城市人流密度和方向，进行城市公共交通资源的调度。

数字孪生城市和数字孪生空间的打造，已经成为全球智慧城市建设关注的重点领域。新加坡较早通过开发动态的三维（3D）城市模型和协作数据平台，推动虚拟新加坡建设，并应用于协同决策、城市规划建设决策、空间可视化以及能源效率分析等领域。法国巴黎在街道和建筑物数字化基础上，通过传感器来采集交通运行、环境污染、电力需求、市政基础设施运行等数据，并整合构建城市空间模型来支撑城市规划、管理与日常服务。加拿大多伦多市提出数字孪生城市建设的整体性设想，并重点推动高科技社区的数字孪生空间建设。

2018 年以来，数字孪生城市、数字孪生空间也成为中国智慧城市建设的热点领域。上海临港地区通过城市信息模型技术（CIM）建立城市级的数据平台，打造"虚拟城市"。在《河北雄安新区总体规划（2018—2035 年）》中，提出创建数字智能城市，实现数字城市与现实城市同步规划建设，打造智能城市信息管理中枢。与此同时，南京市江北新区、重庆市两江新区、贵州省贵阳市等城市和地区，也在积极推动数字孪生城市的基础设施建设。南京江北新区发布的《南京江北新区智慧城市 2025 规划》中，明确提出建成高精度的数字孪生城市信息模型，将其行政区管辖范围内的人、物、事件等全要素数字化，并完整地映射到城市信息模型当中，实现新区资源环境、基础设施、建筑楼宇等要素的数字化和虚拟化，城市运行状态的实时动态监测和可视化分析，以及城市管理决策协同化和智能化。总体上，数字孪生城市已经由系统平台架构和开发阶段走向实际场景应用阶段，未来在物质空间的虚拟场景映射基础上，需要进一步拓展虚实要素流的数字孪生。

二、智慧功能空间的郊区化拓展

智能技术、高速交通系统的建设，加速了大都市的人流、物流等要素向郊区的流动。智慧产业园区、创新载体和孵化器、电子商务平台、智慧教育园区等智慧功能空间也越来越在郊区集聚和拓展。一方面，城际高速铁路、城市轨道交通等大运量交通向大城市的郊区延伸，以及铁路枢纽、空港等建设，在郊区轨道交通站点及交通枢纽周围形成集中开发建设的组团和功能区，集聚科创研发、生态居住、教育服务、会议会展、商业服务等功能，形成以连接区域和城市中心区的快速交通网络为支撑的高速流动空间。另一方面，互联网、物联网、云计算等智能技术与郊区功能组团的结合越来越紧密。有的形成以智慧产业为主导的功能空间，也有的功能空间以智慧化、生态化建设为特色，支撑郊区功能空间与其他区域之间的要素流动与联系。

城际高铁、大都市市域轨道交通的建设，支撑人才、技术和资本等要素在城市之间、城市中心区和远郊区之间快速流动。科技创新、电子商务、高端居住等智慧业态也开始在邻近大都市区的中小城市以及大都市郊区布局。20世纪60年代开始，日本筑波科技城的规划建设，正是在"筑波快线"新铁路以及机场、快速路等区域性快速交通系统支撑下，疏解东京的教育和科技研发职能所形成的高科技新城。智能技术的发展，也促进了多中心大都市区的形成，并在大都市外围地区形成智慧新城或者功能组团。如离首尔中心城区35千米的松岛智慧城市示范城，以及东京外围地区的柏叶新城等智慧城市项目的建设，成为大城市、特大城市功能向外围地区拓展和流动的重要承载区（图6-3）。位于我国东莞的松山湖科创城建设，也是依托深圳及周边城市的城际轨道连接，结合自身的生态环境优势，积极打造国家科学中心，集聚高端电子信息、机器人与智能装备、生物技术等业态，成为绿色、生态和智慧发展的示范区域。南京则在禄口国际机场周围，建设空港跨境电子商务园，打造智能化的电商物流中心，并提供集海关、税务、国检、外汇管理为一体的一站式跨境电商服务平台。

智慧功能空间拓展过程中，智慧新区、智慧新城建设是较为普遍的模式。政府往往引导智慧城市建设与新城区物质空间开发建设同步发展。2013—2015年，住房和城乡建设部先后发布了三批将近300个智慧城市建设试点城市，其中有20多个为新区、新城的

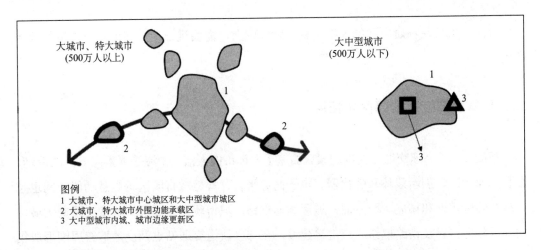

图 6-3　空间发展框架和智慧城市项目结合的空间模式

资料来源：郭磊贤等，2019。

智慧城市试点，包括上海浦东新区、重庆两江新区、南京河西新城等典型试点案例。以南京河西新城为例，在早期依托基础地理信息系统建设的数字城区基础上，着力推进信息通信基础设施和城市综合基础数据平台建设，打造智慧城管、智慧环保、智慧政务等智慧管理系统，以及智慧社区、智慧医疗、智慧交通、公众服务中心等智慧服务系统，实现河西新城规划、建设管理和运行的一体化。河西新城的智慧城市管理系统建设（图6-4），在信息数据共享和智慧应用协调的基础上，着力进行城市管理热点事项时空热度分析、社会车辆动态监测、环卫车辆智能运行调度、移动管理等功能，从而实现基于新城要素运行的时空动态管理，并提供流动的管理服务。

　　智慧小镇也成为智慧空间在郊区拓展的重要形式，形成以互联网、电子商务、大数据等智慧业态为主导的创新创业城镇，吸引青年创业人群、资本等要素的流入和集聚，并且与文化旅游、宜居社区、生态环境等功能融合发展。例如，杭州市利用互联网经济发展优势，在郊区打造以互联网创业为主题的梦想小镇以及以云计算产业为特色的云栖小镇。其中，梦想小镇围绕电子商务、信息服务、大数据、云计算等智慧业态，为青年人群提供创新创业的平台，并培育互联网金融、科技金融等金融服务体系，突出绿色、生态和智慧的创新创业空间塑造（图6-5）。云栖小镇则着力打造云计算产业集聚地，拓展城市数据中心、信息博物馆、云计算研发与教育、云计算会议等智慧产业相关的功能（图6-6）。

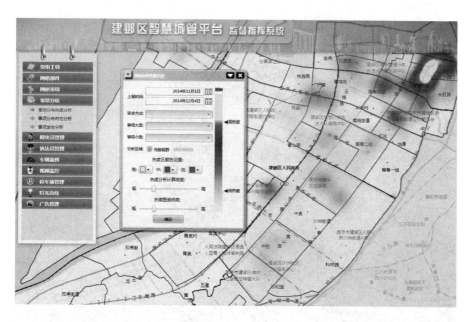

图6-4　南京河西新城（建邺区）智慧城市管理系统平台

资料来源：南京市建邺区信息中心，2017。

图6-5　杭州梦想小镇景观

资料来源：http://www.dreamvillage.com.cn。

图 6-6　杭州云栖小镇规划效果图

资料来源：《2015 云栖小镇概念规划》。

三、智慧化与城市中心地区功能再造

互联网技术的快速发展，虽然在很大程度上削弱了地理距离对要素流动、地方发展和社会经济组织的作用，并带来了大都市中心区的要素扩散和郊区化发展，然而相关的研究表明地理邻近、实体空间聚集水平以及地方根植性，仍然发挥着重要的作用（Balazs et al., 2016; 王波等，2016）。例如，作者通过南京居民购物消费行为的问卷调查发现，在信息技术、电子商务发展的初期，网络购物等虚拟活动对城市传统的商业中心、商业区具有较强的替代作用。而随着移动互联网、物联网等技术的深度发展，信息流、虚拟空间与城市实体空间呈现出融合发展的趋势，促进了传统城市中心的再集聚化（Re-Concentration），传统的城市中心地区仍然保持着城市核心的地位，成为虚实融合的活动承载和功能集聚中心。

近年来，各类智慧城市项目的建设，对传统城市中心地区的要素集聚、功能组织、空间结构形态和用地布局等产生深远的影响。电子商务、云计算、大数据等技术与商业、休闲、居民活动结合，拓展城市中心虚拟的城市功能，并且形成虚实高度融合的中心区流动空间。各类智能技术与居住区、商业中心、产业园区、休闲游憩等空间融合，不断增强城市中心地区的空间发展内涵。同时，城市中心地区的社区、建筑改造更新过程中，也越来越重视智慧、人文等要素渗透，强调通过智能技术来促进存量空间转型发展。智能技术在城市中心地区的广泛应用，使得各类活动和功能组织更加弹性。这在很大程度上促进了中心地区的用地混合和空间的立体化开发。

从国外的智慧城市建设实践来看，荷兰阿姆斯特丹通过整合城市中心地区所有的交通、商业、公园绿地、基础设施等信息，建立城市中心地区的信息平台，从而为中心地区的功能提升、居民活动和要素集聚提供智能的信息查询等服务。在《智慧首尔 2015 计划》中，提出数字化产业都市，将网络信息基础设施、互联网、信息平台等技术，与国际金融中心、办公楼宇、城市各类公共空间和设施结合，实现金融中心的网络信息设施全覆盖，推动移动金融系统建设，全面提升首尔都市中心地区的智能化水平。

在我国的智慧城市建设实践中，特别重视智能技术对城市中心地区功能提升和空间转型的作用。南京提出"硅巷"的发展模式，将智能、创新等要素植入老城区范围的老旧校园、老旧社区，打造科技创新集聚街区、特色创新街区等虚拟园区，从而达到激发老城区空间活力的目的。与此同时，南京在老旧小区更新改造过程中，引入小区人行管控系统、电子围栏系统、电动车充电桩、智能门禁等智能应用技术，为老旧小区居民提供便捷、安全和智慧的生活，改善老旧小区人居环境，增强中心城区老旧小区的吸引力。镇江市在中心城区积极打造历史文化街区的智慧保护系统、景区范围内的智慧旅游应用项目，引导智能技术与历史文化传承、休闲旅游等服务功能结合，全面提升中心城区历史文化旅游的服务质量。

与此同时，借助于移动终端设备、物联网、大数据等技术，可以实现对城市中心地区的要素运行和各类活动更好的感知，并通过智能化的控制来提升城市中心地区的运行效率。尤其是利用智能技术，整合城市中心地区的能源资源、交通设施和公共服务设施，实现各类资源和设施的互联互通，并进行城市中心地区各类要素的监测、分析和动态模拟，智能化地响应市民的需求并降低城市各类资源设施运行的成本，从而全面提升城市中心区的可持续发展能力。

四、智慧节点空间的发展

工业化时代的铁路和高速公路的发展，形成了以人流、物流集散为主要功能的交通型节点。而进入信息时代，信息通信设施的建设成为区域和城市发展的重要战略。信息通信网络节点以及信息港建设作为提升城市竞争力的重要手段（甄峰等，2006）。20 世纪 90 年代以来，全球城市以信息枢纽港建设为主要突破口，提升城市在全球信息和资源配置中的地位。进入数字城市建设阶段，强调数字节点城市的功能打造和空间拓展。智慧城市的发展，则更加强化了节点城市对全球、区域的数字信息资源、创新、人才等要素的远程控制和支配能力。智慧化的节点空间建设，也成为新的城市竞争力提升的切入点。

智能技术与不同尺度的城市空间结合，催生了不同形式的智慧节点空间。移动互联网、物联网、云计算、人工智能等技术与全球金融中心、物流中心、产业创新中心功能的结合，有助于进一步扩大这些中心在全球生产、服务网络中的信息控制力，并成为全球生产和服务网络中的智慧型的节点。不仅如此，智慧城市发展过程中，服务于国家或区域的数据中心建设，使得部分城市成为数据信息汇集、存储、管理和服务的智慧节点。例如，我国在打造北京、贵州等国家级大数据中心的基础上，形成北京、上海、广州、西安、南京、成都、武汉、沈阳等八大数据节点城市。这些城市围绕大数据中心，积极推动大数据产业园区或集聚区建设，成为辐射区域的智慧城市节点。尤其是对于经济欠发达的贵州来讲，通过国家级大数据中心的建设，对于提升贵阳在全国信息网络以及城市联系网络中的节点作用，无疑具有重要的作用。

第三节　智慧功能空间及流动性特征

城市由居住、办公、商业休闲、产业创新、交通等主要的功能空间所组成。各类功能呈现出不同的特征。在从工业化社会向信息社会、智慧社会迈进的过程中，各类城市功能也在不断演变（表 6-1）。工业化社会下，城市的居住、办公、产业等以单一的实体活动为主，各自相对独立存在。进入信息化社会，各类功能之间的边界变得模糊，功能整合的趋势日益明显，部分实体功能虚拟化，在信息基础设施网络的支撑下功能空间的要素流动性增强。当前，智慧城市的建设不断推动人类社会向智慧社会迈进。城市各类功能组织更加弹性和灵活自由。居住、工作、休闲、交通等功能表现出虚实高度融合的态势。功能空间的流动性、共享性进一步增强。

表 6-1　城市功能空间演变特征

	工业化社会	信息化社会	智慧社会
居住功能	单一，与其他功能分离	复合，居住与工作功能整合	居住弹性化、智能化，虚实活动交互的节点
办公功能	各部门分工明确，相对独立	各部门功能整合，工作功能网络化	办公的移动化、流动化和共享化
商业服务功能	以实体购物、物质空间为主	商业的休闲化、生态化、虚拟化	线上线下融合，个性化、定制化购物休闲
产业和创新功能	产业以单一功能园区为主，与创新机构独立	产业链上下游联系更加紧密，产学研逐步融合	产业智能化、自动化控制，社会化创新服务
交通功能	以工作通勤、钟摆式交通为主	个性化交通增加，交通管理智能化、网络化	交通集成化、智慧化、品质化，精准化的交通供需匹配

资料来源：据孙世界，2007 修改。

一、智慧居住空间：流动与功能复合

信息时代的城市空间集聚与扩散变化，加速了居住空间的区位、居住环境、公共服务设施配套、交通组织等变化。信息技术和快速交通系统的作用，使得居住空间布局更加弹性和灵活自由。远程办公与在线工作协作，以及城市轨道交通网络的建设，为居住的郊区化提供了便利条件。城际高速铁路、高速公路的建设，为跨城市的通勤和居住活动提供支撑，尤其是在人口高度集聚的城市群地区，大都市和周围中小城市之间跨城通勤越来越频繁。SOHO 公寓等复合功能居住空间促进了居住空间向城市中心地区集聚，并且居住功能与办公、文化休闲、创新等功能高度融合。智慧社会下的工业空间更加小型化、商务化和智能化。这使得工作空间更容易与邻近的居住空间结合，并促使土地利用呈现出明显的兼容性和混合性（孙世界、刘博敏，2007）。

信息技术在带来居住功能空间布局变化的同时，对居民的居住生活和流动性产生影响作用。托夫勒（Toffler）在《第三次浪潮》中断言，计算机及生产技术将导致家庭新功能变化，并强调家庭成为社会组织中心的新阶段（Toffler，1980）。信息技术导致居住空间的活动方式产生变化，由传统的睡觉、消费场所转变为休闲、消费、办公等功能为一体的场所。随着家庭互联网连接性的不断提高，越来越多的在线活动在家进行。家不仅成为通信的节点，而且虚拟的信息流动对居民的实体流动性产生影响（Hjorthol et al., 2009）。信息查询、网上购物、网上银行、居家办公、网络社交和在线游戏等活动改变了家庭活动模式和居住空间功能。信息技术在一定程度上改变了人们在家的时间和社交。居住空间逐渐成为交往场所和社会要素流动的连接点，居住空间的流动性不断加强。同时，信息技术对家功能的改变，对居民的交通出行模式产生影响，改变了家周围各类服务设施的配套及功能，进而对个体居民在家周围的活动和流动性产生影响。

　　智慧社区是通过信息技术深度渗透到居住空间中的社区建设模式。通过基础环境体系、基础数据平台、云交换平台、应用与服务体系以及保障体系五个层次系统性建设智慧社区（吴胜武等，2013）。智慧社区成为信息时代城市空间转型发展的重要手段，有助于促进居住空间的功能融合。智慧社区加强了居住空间与城市其它空间的功能联系和要素流动。通过数据和信息流将社区嵌入城市流动空间中，并成为流动空间网络的组织基础，促进了社区的包容性环境营造。同时，智慧社区建设综合考虑居民的购物、休闲、交往、健康等多种需求。通过网络信息平台进行社区的服务设施整合建设，营造更具活力的社区生活（图6-7）。从本质上来讲，智慧社区是在对人口、服务资源等要素全面感知的基础上，进行以人为本的社区规划，实现社区人口的动态管理以及服务资源的精准匹配，从而实现社区的绿色、低碳、智能和可持续发展。

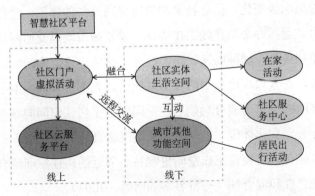

图6-7　智慧社区的空间相互作用关系

　　智慧社区是智慧城市建设的重要空间载体，也是推动人本化智慧城市建设的重要手段。2015年我国住房和城乡建设部发布了《智慧社区建设指南（试行）》，指出智慧社区是通过利用各种智能技术，整合社区层面的人、地、物、组织和房屋等信息，统筹公共管理、公共服务和商业服务等资源，以智慧社区综合信息服务平台为支撑，依托适度领先的基础设施建设，提升社区治理和小区管理现代化水平，促进公共服务和便民利民服务智能化的一种社区管理和服务的创新模式。智慧社区的顶层架构中，多数是在移动终端设备、传感器、宽带网络、无线网络、智能基础设施、智能家庭设施等基础设施的基础上，以社区政务服务平台、公共服务平台等综合信息服务平台为支撑，面向社区居民、物业和居委会等构建应用体系，包括社区规划、社区公共服务和社区管理等应用领域。

我国在各类智慧城市试点过程中，智慧社区得到快速的发展。北京、上海、广州、深圳、南京等城市率先开展了智慧社区的建设工作，并以社区信息平台建设、社区信息化管理、社区电子政务、智慧家居、智慧养老、远程教育、电子商城等内容建设为重点。已有的智慧社区建设大多以 IT 技术为主导，从开发模式上可以分为政府主导型、政企合作型和企业主导型三种类型（申悦等，2014）。总体上，以政府或者企业主导的智慧社区建设，对推动社区管理信息化、智能产品的推广应用起到积极的作用，但大多缺乏对居民社区生活需求的考虑。

近年来，智慧社区建设逐渐转向以人为本的发展模式，强调在对居民活动和流动性分析的基础上，进行社区生活圈规划、社区设施的时间规划和社区居民行为规划，并着力改善社区公共空间和设施的共享性。柴彦威等（2019）利用 GPS 轨迹数据和居民活动日志数据，以 15 分钟步行可达的活动范围，分析北京清河街道社区生活圈的分布和内部结构，为人本视角的社区生活圈规划和设施优化提供路径。邹思聪（2020）利用手机信令数据，在区分青少年、青年、中年和老年人等不同群体，进行不同群体的核心社区生活圈和弹性社区生活圈层识别和划分，从而为社区智能规划提供技术支持。各类智能技术在未来社区中的应用，将更加有利于实现人员流动、服务供需以及设施运行的监测、分析和动态引导，并推动人本化、智慧化的社区规划与功能空间打造。

互联网、物联网等技术与社区发展的深度融合，成为社区治理模式创新和治理能力提升的重要手段。移动终端设备、社交平台的普及使用，可以促进社区居民、居委会、物业等不同主体之间的信息流动与交互，并加强居民的邻里社会交往、社区公共事务参与、社区协商、邻里互助与社区流动服务。这对增强社区包容性、培养社区感起到积极的作用。社区网格化管理是社会治理新的探索方向。智慧社区建设对社区网格化管理起到较好的支撑作用。在网格单元划分的基础上，通过采集社区人口信息、事务信息等动态数据并建立数据库，整合政府和社会管理资源，实现社区网格化的人口流动管理、环境管理、设施管理、智慧物业和智慧社区安全保障等管理。比如，苏州工业园区的智慧社区建设，在建立统一的智慧社区服务平台基础上，整合各类信息和服务资源，为居民提供家政服务、房屋租赁、就业服务、出行服务、公共文化服务、社会救助等 60 多项社区管理和服务功能。

二、智慧办公空间：移动工作与空间共享

信息技术应用有助于节约工作时间，提高工作效率，使人们可以与不同地方或不同时区的居民进行工作和交流（Lee，2002）。特别是移动通信网络、虚拟现实、人工智能等技术，以及远程工作协作、远程会议等智能办公模式的出现，对以单位集中为主要形式的办公空间组织形式带来巨大的变化。集中式的办公空间逐渐被分散的网络连接的办公空间所替代。办公时间的流动性、弹性和不规则性增强。信息技术支持以及智能办公的发展环境下，企业或者个人倾向于选择成本低、环境品质较好、交通便捷的区域进行办公。这促使城市中心地区为主的集中式办公空间逐渐向郊区化、分散化和流动办公模式转变。但办公空间的区位选择面向不同的工作过程和任务需求，表现出不同的集聚扩散和流动性变化特征。

流动办公模式促使城市新的办公空间组织形式出现。一方面办公空间与城市其它场所的融合，在信息技术和远程办公的支撑下，使得办公空间与居住空间、城市产业区、生态休闲空间结合，出现新的流动办公空间形式。尤其是随着智慧社区的建设，办公空间与社区空间的融合将成为新的趋势。在社区服务中心、社区公共场所的信息基础设施接入的基础上，为小型化企业和个人提供灵活的办公空间。另一方面出现了专门为流动人群服务的办公空间，如联合办公空间（Co-Working Space）、第三空间等。这些办公场所为流动办公、远程办公和出差办公人群提供帮助。第三空间则兼具工作、休闲、交往、学习等多重功能，如第三空间图书馆、咖啡吧、社区中心等，除为居民提供流动办公场所外，还增强了居民相互的交流，从而对社会关系产生影响。流动办公使得办公空间组织更加多元化，形成总部和中心办公室、卫星办公室（联合办公空间、远程办公中心）、家庭办公室（SOHO 办公空间）等不同层次的办公空间。

移动通信技术、人工智能等技术的应用，不仅推动了智能办公模式的发展，而且促进了办公空间的线上线下融合与共享，使得传统的刚性办公空间向智能化的柔性空间转变。在这个过程中，办公空间的功能更加复合、用途更加兼容，并支持联合办公的需求。

各类智能技术支撑的柔性化、共享化办公空间营造，包括两种途径：建设融合智能技术的新型办公空间；进行既有办公场所的智能化改造。现代化新型办公空间的建设，往往根据联合办公、共享办公等需求，充分结合远程通信与视频技术、人工智能技术、新媒体技术等新技术手段进行线上线下功能一体化建设，进而适应办公空间共享、远程协作和高效运行管理的发展趋势。传统的办公空间改造，通过智能基础设施系统和平台的植入，提升空间的智能化运行和管理水平，促进办公场所的信息流动与融合共享。这些原有的工作空间在信息技术的影响之下必然会产生一些新的工作方式，从而带来全新的工作体验，打造创新型办公场所（沈丽珍等，2018）。

　　智能技术与办公空间的结合，不仅为办公空间本身的融合共享创造条件，而且促进了办公空间与办公相关功能空间的融合。在智能基础设施平台的支撑下，有助于实现辅助办公功能的智能化管理和全面共享，包括基于智能技术的办公空间访客身份识别、自动登记与管理功能，基于无线网络和在线信息系统的会议室共享、打印机等办公设备和资源共享等。通过智慧办公空间与周围的智慧生活服务设施系统整合，为办公人群提供线上线下的购物、餐饮、休闲等服务和场所，并营造有利于促进共享办公场所人群相互之间正式交流和非正式交流的智能环境。

　　智能技术支撑的办公空间，有利于促进联合办公、协同办公模式的拓展，也有利于促进工作者的信息资源共享与社会互动，以及创新过程的实现。首先，智慧办公空间以"空间平台+独立创造单元"的形式，满足小型企业、自由职业者等办公的空间定制化需求，并且实现了办公场所的空间邻近和空间共享。其次，不同企业、个体通过办公空间的共享，有利于相互之间的创新网络、行业联动网络形成，实现基于空间的社会化、专业化网络构建，促进有利于创新的社会协同。智慧办公空间的打造，在为工作者提供统一的在线基础设施平台的同时，也促进了在线资源和信息、线下办公设施资源的共享使用。

三、智慧商业空间：虚拟化与个性化服务

　　互联网、信息技术的发展，对城市居民的消费休闲活动和行为习惯产生影响的同时，也改变了商业的组织模式。在从传统零售模式向电子零售模式、新零售模式转变的过程中，生产商、供应商、零售商和消费者之间的互动关系由传统的单向流动模式向双向互动的模式转变，基于互联网和电子商务平台的互动，削弱了商业服务供应端和消费端地

理空间邻近布局的限制。这对工厂、仓库、零售店铺以及消费者之间的区位关系以及空间选择产生巨大的影响。以线上线下互动为主要特征的新零售模式发展，促进了虚拟商业空间与实体商业空间的融合，并对实体商业要素的集聚与扩散，以及布局体系和结构产生重构作用（张逸姬等，2019）。

信息时代的商业功能和空间呈现出多样化和虚拟化的变化特征。电子商务的迅速发展以及居民消费需求的多元化，使得传统单一的商品零售主导的商场、商业街空间形式，转向商务楼宇、综合体的空间组织方式，在一体化的功能空间单元中集成零售商业、休闲娱乐、教育文化、商务办公、旅游酒店等多种功能，并重视展览、体验和休闲功能空间的营造，为消费者提供多样化的综合消费空间。同时，互联网、虚拟现实、人工智能等智能技术在城市综合体等商业功能空间的应用，支撑了虚拟化的商业展示、体验，以及线上线下融合的购物消费。虚实融合的趋势越来越明显。

在各类智能技术的影响下，城市商业空间布局演变趋势更加复杂多元。尽管电子商务和网络购物的发展，可能会减少消费者对传统商业中心的消费需求，导致商业中心业务的下降，但新零售发展模式下，传统商业中心的线上线下融合又增强其对消费者的吸引力。与此同时，线消费信息的搜索和配送平台的发展，为城市边缘地区、背街小巷的商业发展提供了新的机会，促进了"弱区位"商业的发展繁荣。在这个过程中，零售商业向居住、办公等空间渗透和融合。居民对社区商业服务的需求增加。尤其是社区线上线下生活配送，强化了社区超市、社区商店的业务和功能，在一定程度上对大型超市和其它商业空间产生替代作用，促使城市商业体系网络的扁平化。例如，在线生鲜果蔬配送的普及应用，在催生社区配送店、物流自提柜等服务设施的同时，对传统的基于居住人口规模和服务半径配套建设的菜市场产生明显的冲击。面向未来智慧城市发展，需要重新审视和考虑传统商业服务设施的规划布局模式。

在互联网、智能技术对商业空间系统性影响的背景下，智慧城市综合体和智慧商圈成为智慧商业空间发展的重点。智慧城市综合体和商圈，以各类传感技术、无线定位技术、无线射频识别技术等为支撑，实现各类要素的智能感知，并搭建完善的智能运行管理信息平台，实现商业、餐饮、文化娱乐等功能空间以及交通诱导、停车场、照明、空调等设施的互联互通，从而实现各类资源整合和信息共享，并推动城市综合体和商圈的要素协调共享、高效利用以及综合运营管理，以达到集成智能管理、聚集消费人气和降低运行成本的目的。

首先是城市综合体和商圈的一体化智能管理。通过智能的商业、办公、酒店、生活和交通信息与资源集成，建立统一的运行监测系统和智慧管理平台。城市综合体和商圈的楼宇设备运行、动态车流、人员流动、能源利用、安全运行等进行动态监测、综合分析和动态运行调控，并根据商业、办公等设施运行以及要素流动的动态变化，实现智能的楼宇设施、能源系统和交通停车系统运行控制，从而形成高效运行、安全低碳保障的城市综合体和商圈。

其次，利用各类大数据手段进行城市综合体和商圈人流、车流以及消费者行为偏好的动态监测分析，为综合体和商圈的业态布局优化、交通设施组织、消费者集聚和品牌提升等提供决策支持。当前，手机信令数据、车联网数据、刷卡消费数据、无线定位技术等均可以用于城市综合体和商圈人流、车流的监测评价。王德等（2015）基于手机信令数据，对上海南京东路、五角场和鞍山路等不同等级的商圈人流进行分析，采用人流时空分布可视化和空间统计的方法，挖掘消费者的时空分布、空间集聚以及流动态势（图 6-8）。这为商圈的智慧规划布局以及人流吸引具有重要作用。

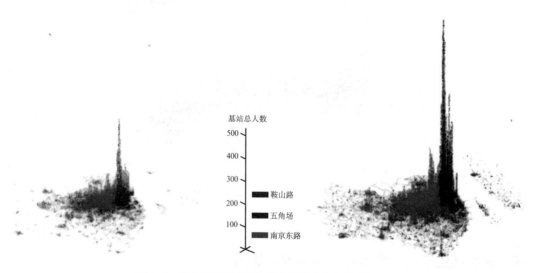

图 6-8　工作日和休息日不同商圈消费者的空间分布

资料来源：王德等，2015。

蓝牙、RFID、Wi-Fi 等无线定位技术的发展，可以为微观尺度的商圈、综合体以及商业楼宇内部人流定位提供支撑，更加精准地挖掘商圈、城市综合体内部的消费者人群特征、消费者行为轨迹、消费偏好等信息，为优化商业业态配置和布局、提升商业服务质量等提供决策依据。本研究基于 Wi-Fi Logs 记录的一个星期消费者行为大数据，对南京虹悦城城市综合体内部人流轨迹进行分析（图 6-9），挖掘人流时空分布与商业购物、餐饮、休闲娱乐的关系，并根据人流时空规律提出综合体内部店铺优化规划、人流动线组织以及个性化的营销策略（李民子等，2018）。

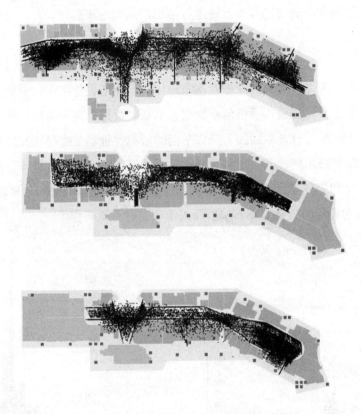

图 6-9　基于 WIFI 数据的南京虹悦城人流轨迹

四、智慧产业空间：全球性流动与创新协同

经济全球化和信息化发展，推动了新技术与本地的组织、人才、资本结合，形成具有全球流动性的创新空间，并推动了城市的新产业区出现。新技术通常以跨国公司、技术转让等形式在全球流动，在形成全球性的创新和生产网络的同时，促进了地方场所的创新空间和生产功能区集聚。与此同时，信息技术加强了城市的创新空间、新产业区与全球性的创新和生产网络联系，使得城市创新空间和新产业区嵌入全球流动空间中，并成为其重要节点。

在"互联网+"行动、"大众创业、万众创新"和智慧城市建设的推动下，以创业社区、创客空间、大数据产业园、智能制造园等为典型代表的智慧产业空间不断涌现。尤其是鼓励个人和草根创新的创客空间，可以激发更多的人群参与创新活动，具有社会化创新的特征。生活实验室（Living Lab）、个人制造实验室（Fab Lab）、众包等典型创新模式不断涌现。美国麻省理工学院（MIT）比特与原子研究中心发起的小型制造实验室——Fab Lab，其自下而上社会化的创新模式，迅速在全球得以复制，目前全球已经形成600多个 Fab Lab 实验室。

新一代信息技术的快速发展，推动了信息通讯、网络服务、物联网产业、云计算数据服务、电子商务，以及智能制造产业等业态的发展。这些智慧业态的空间集聚，有利于促进企业之间的信息数据资源流动、创新协作与共享，信息流、数据流成为智慧产业联系、网络组织和空间布局的关键所在。不同业态在数据链中所处的位置决定了其创新能力大小。当前，互联网与传统产业结合，是培育智慧产业新动能和新空间的主要途径。互联网强大的动员能力，推动了网络创新空间形成，通过远程协作、实时沟通，将散布在不同地方的创新人才、创新资源集聚起来，实现远程协同创新。虚拟网络的创新组织与实体场所结合，正是互联网技术促进创客空间、创业社区等创新空间形成的内在动力。

本研究以浙江海宁皮革时尚片区为例，探讨互联网对产业的要素流动与功能布局优化的作用。基于海宁皮革时尚片区的产业发展现状基础，依托互联网带来的时尚和创新要素流动，引导个性化、定制化、时尚化、休闲体验化发展。首先，促进时尚产业链条化发展，在现有皮革加工、综合商贸的基础上，引导互联网、电子商务、创意设计与皮革时尚功能融合，向时尚设计、时尚培训、品牌运作等上下游拓展，积极拓展电子商务、总部经济、商务办公等功能空间。其次，借助于互联网来搭建皮革时尚产品的个性化定制平台，拓展高端时尚、个性化需求市场和消费的流动。通过皮革时尚产业链的拓展和完善，引导本土皮革时尚品牌，结合现代时尚消费需求，打造满足个性化、定制化、多元化的时尚产业。第三，结合信息时代居民休闲消费以及生活体验的诉求，通过数字化时尚文化展示、虚拟商城、线上线下互动等技术与海宁皮革时尚商贸业态的结合，促进传统时尚购物消费模式向生态休闲和时尚体验转型，强化传统商业与水绿空间、商业旅游、文化休闲的融合。总体上构建以"互联网+品牌设计创新""互联网+商贸服务""互联网+休闲体验"为主导的皮革时尚产业以及空间集聚格局（图6-10）。

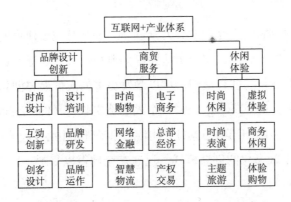

图 6-10 互联网+产业体系与功能

产业空间运行管理智慧化，主要以产业功能空间和载体的智能化建设为主要内容。在对产业园区等产业空间深度感知基础上，借助于云计算、物联网等智能技术有效整合各类资源，实现产业空间各要素系统的互联互通，并进行集中控制、集中管理。具体的智慧应用，主要包括门禁管理、停车管理、消费管理、资产管理等产业空间的综合服务应用，智能照明管理、空调节能自控和节水控制等绿色节能管理系统，以及建立在云平台数据中心和终端设备数据汇聚分析基础上的产业功能空间政务服务管理。

五、智慧交通空间：人流与交通设施协调

智慧交通空间，是在智能交通系统的基础上，通过移动互联网、物联网、云计算、人工智能、自动控制等技术，进行动态交通运行数据的采集、分析和管理，实现交通基础设施高效运行、交通与人流等要素空间协同布局，并形成适应人本化、共享化以及未来驾驶技术的交通功能空间和设施体系。

智慧交通系统和平台建设，是智慧交通空间打造的重要基础。通过采集整合车辆实时营运信息、道路交通状况数据等，进行人流、车流、道路的连续动态信息跟踪管理，实现智能化的交通信号灯控制、道路交通系统监控以及交通运输资源时空配置的动态优化调整。例如，重庆市在国内较早建设了"重庆市交通综合信息平台"，在构建交通大数据时空数据库和交通设施整合一张图的基础上，构建职住判别、车辆 OD 识别等模型，实现对人流、车流、道路、公共交通、基础设施的全方位监测，以及交通空间运行动态评估（重庆市交通规划研究院，2020）。利用各类反应人流、车流信息的大数据，已有大量研究进行了交通流的时空特征与空间交互研究。龙瀛等（2012）利用公交刷卡数据，

分析北京职住关系和通勤出行，并识别主要的交通流方向和空间分布规律。赵夏君（2018）基于武汉市道路数据和30天的武汉市出租车数据，进行城市交通拥堵点识别，并构建交通拥堵预测模型。对于长时间周期的交通运行数据分析，可以挖掘交通流、交通设施空间与城市居住、就业等功能空间的动态关系，进而引导城市交通设施优化布局、职住平衡、交通与城市建成环境耦合协调发展。

　　智能交通系统和交通设施空间的互动，构成了虚实融合的智慧交通空间。从功能空间的角度，可以将智慧交通空间分为智能交通枢纽、智能交通换乘点、智慧道路等类型。围绕空港、高铁站、海港等建设智慧交通枢纽，是智慧交通空间打造的重要节点，运用多源数据融合、三维仿真等技术，提供交通设施运行和人员流动监测、决策分析以及中转换乘等信息服务功能，实现枢纽交通与区域交通网络的联动协同。地上地下交通空间的联动与高效衔接，提高不同交通方式的协同效率。通过智能感知等技术手段，对城市轨道交通、公共交通运行的信息进行采集，并实时发布交通运行信息，为居民提供出行信息查询、出行线路规划等服务。

　　随着新能源交通、共享交通、无人驾驶等技术的进步和应用推动，对未来的城市交通发展和空间组织产生新的要求。新能源汽车的发展，增加了充电桩建设的需求，尤其是居住区、办公楼宇等空间的充电桩配套建设成为新的趋势。共享汽车、定制化公交等模式的出现，需要进一步拓展个性化、主动式的交通服务设施空间。自动驾驶技术的发展，将进一步提升交通运行效率。城市的交通流动性进一步增强，不仅有利于城市中心地区的交通优化，而且可以支撑都市郊区化和多中心组团城市的发展。在未来自动驾驶环境下，交通系统建设和交通空间组织，需要同时考虑人工驾驶和自动驾驶两种模式的需求，建立适应自动驾驶的城市交通基础设施，如考虑设置自动驾驶高速公路、自动驾驶通廊等设施，以满足自动驾驶的车流。同时，在自动驾驶环境下，城市绿地空间、道路空间以及停车场的建设规模、结构与模式也将发生变化，这需要在未来智慧城市规划建设中进行统筹应对。

第七章 基于流动性的智慧规划与管理策略

第一节 要素整合与流动性提升策略

以改善城市空间要素的流动性为目标，依托智慧城市数据信息平台建设，推动城市数据和信息资源整合，实现支撑流动性的基础设施一体化智能规划建设。在对城市各类要素流运行的动态监测和分析模拟基础上，对要素流动空间与物质空间耦合关系动态变化进行预测，以提升城市要素流动的效率和质量。

一、数据平台建设与资源整合利用

数据信息平台是智慧城市建设的基础，是进行数据信息整合、资源共享、部门协同的重要保障。近年来，各地方纷纷成立了大数据局，并构建城市公共数据库平台和智慧城市运营管理中心，其目的在于全面地汇集各部门的数据信息，实时掌握城市运行状况，促进城市资源的协同利用，推进城市管理和服务的一体化。比如，早在 2012 年南京搭建了智慧城市中心综合管理运行与服务平台，整合数据和信息资源，并开发"我的南京" APP，为城市居民提供出行、就医、社区生活等智慧服务。尽管智慧南京中心平台在城市资源、基础设施整合方面取得较好的成效，但在数据打通、融合共享方面仍然存在一些壁垒，需要进一步通过政策引导、部门协同来实现城市管理和服务基础数据的共享与整合。

在城市信息平台建设和数据整合的基础上，促进城市虚拟和实体要素的融合，实现城市基础设施的整合发展。重点推进城市无线宽带网络、无线传感器网络建设，持续提升基础设施的智能化水平，实现交通、电力、市政管网、医疗等智能发展，将这些基础设施网络的信息数据与实体要素网络融合发展，在区域和城市范围内进行基础设施的整合。如南京推进的"智慧医疗"项目，通过卫生信息平台建设，整合电子病历、市民健康档案、远程会诊等功能，实现各个医院之间的信息和设备共享。居民可以在家中进行预约、查看检查报告等。通过全市的基础设施资源整合，有助于进一步提升城市的基础设施运行效率和服务水平。

通过城市公共数据开放平台建设，加强政府、企业和市民之间的信息共享，实现资源共享共通，提高城市的社会运行效率。基于智慧城市数据中心来搭建城市的公共数据开放平台，为城市不同主体之间的信息交流、资源共享和业务联系提供支撑，不仅提高城市政府管理、企业生产经营和市民日常活动的效率，而且有利于促进社会资源的合理、公平配置，降低政府、企业和市民之间的沟通成本，并提升城市的科技创新能力。

利用智慧城市数据信息平台，对城市运行的数据进行实时采集、处理和分析，实现对城市各方面运行情况的监督、模拟和预测，提高城市管理水平。加强对城市社会经济、人口流动、资源利用、环境污染、交通运行、公共安全等方面的大数据的实时采集和处理，进行智能识别和智能决策支持，实现对城市交通、资源利用、人口空间分布等要素的实时监管和调控，提高城市管理水平。对城市空气质量、饮用水安全、企业污染以及涉及城市公共安全要素的数据获取、监测和预警，提高城市监控、调度和应急管理的能力。

二、流动性设施一体化智能规划建设

基础设施的互联互通和网络化建设，支撑了人流、货物流、资本流、创新流等要素的流动，而信息时代、智慧城市发展环境下要素流动性变化，对基础设施的规划建设提出更高的要求。一方面，需要根据各类要素流动的趋势和需求，合理谋划各类设施体系的建设规模、建设内容和体系构成，实现要素流动性与基础设施支撑能力的高效匹配。另一方面，充分考虑互联网、物联网、大数据、虚拟现实等技术综合应用对基础设施运行效率提升的促进作用，尤其是通过智能技术来整合不同类型的基础设施网络，建立在各类设施一体化智能协同基础上的要素流支撑体系，包括信息通信网络、交通、能源、市政设施等基础设施的智能化建设。

在智慧城市功能和系统要素整体性考虑的基础上，根据城市居民、企业和政府等不同主体活动需求，以及未来城市要素流动、功能集聚和空间拓展的趋势，超前建设信息网络基础设施体系。包括下一代通信网络、物联网、三网融合等信息网络设施。其次，将互联网、物联网、大数据、云计算、虚拟现实等智能技术与城市交通、市政设施、物流、能源网络等建设相结合，引导城市流动性基础设施整合规划。统筹城市给水、排水、燃气、环卫等市政基础设施的智能化建设，构建市政设施智能化运行平台，结合综合管廊、地上地下整合等模式，建立绿色、低碳和智能运行的市政设施网络。推进物流货运车联网与物流仓储体系、物流配送网点间的信息互联，建立智慧物流服务网络以及智能调度系统，加强智慧能源基础设施规划。通过分布式能源网络、家庭能源管理系统建设，并着力打造楼宇智慧能源系统、家庭智慧能源管理等应用场景，整合形成多种能源协调互补的能源网络。

优化城市道路交通网络，引导轨道交通、快速公共交通、公共自行车等多层次公共交通网络协调规划。根据流动空间和居民流动性联系特征，推进轨道交通系统建设，提高大都市的老城区、外城区和新城区之间的人流联系支撑。以南京为例，加强南京老城区与江北地区、溧水、高淳、六合的快速交通连接，在更大范围引导南京的空间流动性组织（图7-1）。同时，在整合各类交通实时运行数据和信息的基础上，搭建一体化的综合交通服务平台，规划建设智慧交通枢纽、智慧停车场、智慧道路、智能充电桩、智能路灯等交通设施以及智慧交通运行管理系统，实现不同交通方式的互联互通和资源整合。

图 7-1　南京地铁线路规划

资料来源：南京地铁，http://www.njmetro.com.cn。

通过各类基础设施的整合规划和一体化智能建设，支撑城市场所的流动性和相互作用，提升城市综合体、商圈、高铁站区域及其它人流集聚的商业中心、就业中心等场所和节点的交通可达性、信息技术接入水平，提高城市不同区域和功能区互动和要素联系的流动性支撑，提高场所功能和场所空间的利用效率。促进战略性功能空间的基础设施整合规划，如南京河西新城、麒麟科技创新园（生态科技城）、空港新城等功能空间的基础设施整合，提高人流、物流、信息流和技术流动水平，加强这些功能空间与其它场所的流动性联系和相互作用。引导基础设施网络一体化建设和空间整合，支撑不同场所、发展节点和功能区之间流动联系。

基础设施的一体化智能规划建设可以提高居民流动性，支撑城市居民智慧出行。通过智能交通网络建设、移动信息网络的普及使用，引导居民智慧化交通出行和活动场所选择，调节不同时间段的交通出行，减少交通拥堵。提高城市基础设施利用和居民出行效率，通过智慧出行调节重要活动场所（如商业中心、景区、开敞空间等）的时空间利用，提高场所空间的居民活动质量。

三、要素流的动态监测与模拟分析

大数据、智慧城市的发展，为各类要素流的数据信息采集、分析模拟和动态监测提供了可能。通过手机信令数据、地图导航数据、位置信息服务数据等多源数据的挖掘，可以识别带有位置信息和属性信息的人流、物流时空活动轨迹，为全球、区域以及城市等不同尺度的人员流动、货物流动分析提供支撑。这有助于挖掘全球、区域之间的人口流动强度，联系网络与结构特征。例如，在疫情防控期间，利用手机信令数据、百度迁徙地图数据，分析不同城市和区域的人员流入流出情况，进行疫情重点防控地区流出人员的时空扩散规律挖掘，并为精细化的疫情防控提供人流分析支撑（图7-2）。同时，在城市尺度利用手机信令数据、出租车轨迹数据等大数据手段，对城市人流的时空分布动态进行监测，并挖掘人流的集聚区域（如商业区、居住小区、工厂、村庄等功能区）和重要节点集聚（如车站、医院等流动性场所）。

智慧城市建设中的传感器、摄像头、遥感遥测等传感技术和设备，实现对城市中人和物全面感知的同时，为城市的人流、货物流、能源流、资源流、交通流等要素流动监测提供支撑。在此基础上，利用智慧城市运营和服务管理平台，对城市各类要素的实时流动情况进行动态监测和展示，包括要素流动的时空分布、不同空间要素的流入流出趋势、局部空间要素流汇集强度等监测，为城市空间流动性分析以及智慧城市运行管理和服务决策提供基础。

在智慧城市要素流动态监测的基础上，通过构建要素流分析模型和信息平台，分析城市和区域的人流、物流、能源资源流等要素流的空间集聚与扩散态势。通过仿真模拟的技术方法，识别不同类型要素流动的方向、强度和联系网络，对要素汇聚的节点空间进行判断，并进行各类要素流的空间可视化分析和表达。同时，从要素流的时空分布和联系网络角度，挖掘区域流的等级和体系结构，分析城市体系和网络结构，以及区域一体化发展态势；分析城市内部各功能区之间的要素流以及活动联系，进而把握城市空间的动态运行规律，为城市的高效、智慧发展提供支撑。

加强要素流与城市空间、建成环境的时空耦合分析评价。通过分析各类要素流与城市资源环境、交通网络、基础设施、公共服务设施、土地利用等物质空间要素的时空耦合关系，综合评价人流、物流、技术流、信息流等与城市物质空间的协调性。例如，通过对不同区域和城市的要素流动（流动人口、货物流等）与高铁、高速公路等区域性交通基础设施网络的耦合性分析，来判断区域交通基础设施系统对人流、物流的支撑能力，以及存在的问题和不足，从而为区域交通设施体系完善提供依据。总体上，智慧城市的建设，对城市空间的关注越来越由物质场所空间转向流动空间，对于要素流动性分析以及流动空间结构特征的分析评价，成为智慧城市空间优化布局的基础。

第二节　基于流动性的空间布局与规划引导

要素流动与联系对城市与区域空间布局具有决定性的作用和影响。吴志强（2015）较早在国内倡导"以流定形"的理性城市规划方法，提出基于风流、水流、热流、人流等要素流动来构建城市发展模型，进行城乡问题诊断、城市规划编制方法支撑以及规划情景模拟。作者认为，新一代信息技术和快速交通技术的发展，人流、物质流、信息流、资本流、技术流等要素流动对要素布局的作用更加凸显，尤其是在资源配置、空间布局形态优化、城市韧性提升等方面，更加依赖于要素流动与活动的规律。因此，在借鉴吴志强"以流定形"的思想基础上，从以"流"定资源配置、以"流"定布局形态、以"流"定城市韧性等方面进行空间布局与规划引导策略探讨。

一、以"流"定资源配置

传统的资源要素空间配置和生产力空间布局，主要基于静态的人口规模分布与资源环境的组合状况，来确定资源能源以及生产、生活要素的空间配置。其存在动态性、弹性不足和资源利用效率不高等问题。全球化、信息化的发展，极大地改变了各类要素的流动性、城市和区域的流动空间结构状态，以及对信息流、人流、物流、资本流、技术流的支配能力，成为决定城市和区域竞争力的关键。因此，需要从"流"的角度去审视和考虑地区的资源和要素配置问题，并立足于各类要素流动的综合水平，以及流动性与地方根植性的关系，建立动态的资源配置体系和空间综合承载能力提升路径，形成以"流"定发展规模、定资源配置的逻辑和价值判断。

建立以要素流动态势和支配能力为导向的空间发展规模、服务和设施供需协调的资源配置路径。根据城市对全球、区域的高端要素流的吸引水平以及聚集结构，确定城市的全球或区域性功能拓展方向和发展定位，以及相应的资源能源、土地开发和基础设施建设保障需求。在全国和城市群层面，综合考虑东、中、西等不同地区之间人口流入流出的动态规律，预测长期性人口流入流出的区域城镇化效应，继而探讨对应的资源配置和综合承载能力演化趋势，从资源优化配置视角出发，针对人口流入、流出地区制定差异化的空间开发强度指标、生态环境保护要求，制定差异化的投资建设、生产力布局和公共服务配套规模，并在国土空间规划、区域发展规划等指标体系构建和设置中进行考虑。例如，对于各类设施的配套建设和开发性指标设定方面，应向人口净流入趋势明显的京津冀地区、长三角地区、粤港澳大湾区等城镇密集地区倾斜。而对于人口净流出的西部地区、东北地区等区域，突出生态环境保护的功能，并加大财政转移支付以及民生改善等方面的投入力度，提升区域资源整体的配置效率。

城市层面的服务设施和资源配置，需要重点从人流、物质流的时空规律和变化趋势角度，从人、地关系协调理论出发，加强对公共服务资源供应和需求耦合性的时空动态分析与预测；从设施可利用性、交通可达性和服务时效性等视角进行服务资源的精准配置。依托智慧城市大脑和公共服务管理平台，系统整合交通系统、市政基础设施、基本公共服务等资源信息，考虑城市内部不同功能区之间人流集聚及服务需求的变化趋势，分析人流时空动态对城市基础设施和公共服务需求的变化影响，建立基于城市内部人口流动趋势与特征的公共资源精细化配置机制，强化城市公共资源配置对要素流动和集聚的支撑能力。同时，通过多源数据的采集和集成利用，分析城市信息流、技术流和资本流的方向和空间汇集态势，从技术创新和资本等生产服务性要素流动角度，确定不同的产业要素集聚、科技创新资源配置的区域以及重点方向。

社区层面，则可以依托智慧社区平台，整合社区政务服务、生活服务、栅格化管理单元等数据，加强对社区流动人口以及居民日常活动的时空特征分析，挖掘社区居民流动性与各类生活服务设施、社区管理设施之间的耦合关系，并基于社区尺度居民流动性规律来配置医疗、购物、教育、家政服务、政务服务等社区服务设施，提高社区公共资源的利用效率。基于 O2O 平台线上配送购物模式的快速发展，也对居民的社区超市、菜市场、便利店等购物出行和活动产生影响（Xi et al., 2020），这不仅对居民流动性产生作用，也对社区各类实体生活服务设施的配套需求产生影响。因此，需要从居民线上、线下活动和流动性系统变化的角度，进行社区公共服务资源的合理配置，优化社区生活服务的供需关系，提升社区公共服务的供给效率。

二、以"流"定布局形态

全球化、信息化的深入发展，流动与联系越来越成为重塑区域和城市空间格局的重要力量。流空间成为探讨城市空间结构和形态的重要视角（邱坚坚等，2019）。弗里德曼（1986）、泰勒（2009）等学者较早提出要素流动方式构成城市间的纵横关联，区域空间关联结构向流空间塑造的多中心网络化结构转变，并强调中心流的作用。同时，城市和区域的空间布局形态对流动具有决定作用。比尔·希列尔（Hillier, 2004）从空间句法理论的角度，提出空间形态可以改变人流与活动。苏珊·汉迪（Handy, 1996）通过分析居民行为和用地之间的关系，认为人流与用地功能混合高度相关。总体来讲，学界普遍认为要素流动对可达性、活动空间、空间活力等产生影响，并对城市和区域空间组织形态具有决定性作用。随着工业社会、信息社会向智慧社会演进，虚拟和实体的要素流动与活动，将成为决定未来空间布局形态的重要因素。

宏观区域空间布局和结构方面，基于人流、交通流、企业联系网络等数据，已有大量研究探讨全球、区域的空间组织和布局模式等形态。社交网络、地图导航、手机信令等大数据的出现和挖掘，为分析区域要素联系网络、城乡人口迁徙规律等提供新的手段，有助于更好地认识区域和城乡空间布局形态。例如，甄峰等（2017）基于新浪微博签到数据，从活动强度、邻近性和连接性三个方面，进行长三角地区的城市群边界和空间形态划定。智慧城市的深入发展，信息流、技术流以及资本流等虚拟要素流动和联系在重塑空间布局形态中的作用更加凸显。通过精确的信息流动、金融资金流动等数据，探讨基于实际信息流、资本流的区域与城市空间结构和网络形态。同时，注重各类实体和虚拟要素流动集成对区域空间布局形态的综合效应，加强对人流、交通流、企业流、信息流、资本技术流等要素流的综合叠加分析，从而更加全面系统地认识区域和城市空间形态结构。林勋媛等（2020）基于对经济流、交通流、人口流和信息流的综合联系强度和作用方向评价，探讨了珠三角城市群空间分布格局。

在国土空间规划改革和体系重构的背景下，基于多源数据的要素流动与活动分析，为国土空间开发与保护格局的确定提供支撑。秦萧（2019）构建基于大数据的国土空间规划方法框架，提出通过人文生态流、居民活动流等要素流分析，从而确定生态空间结构、城镇空间布局以及农业农村空间布局。吴志强（2020）从空间规划的基本逻辑入手，强调通过人工智能技术和城市信息模型平台，加强要素流动综合模拟分析，从而推动国土空间规划的精细化。在人本化、生态优先的国土空间规划中，需要进一步加强区域、城乡和市县域的要素流动与活动分析，并科学确定城镇空间开发边界、生态红线、永久性基本农田保护线等控制线范围，以及生产、生活和生态空间的空间格局，并制定相应的功能空间管控要求。这有助于打破传统基于物质空间和土地利用的空间布局规划的局限性。

在城市总体空间布局和形态结构引导的过程中，需要加强要素流、主体活动和物质空间的耦合协调性分析，尤其是要突出人流、货物流的联系和强度对城市空间结构、功能区布局的决定性作用。首先，通过人流、用地强度、产业集聚等要素流动与活动强度的综合分析，来合理确定城市中心体系布局、发展轴线和组团分布，进而确定城市整体的空间结构和布局形态。例如，秦诗文等（2020）基于手机信令数据识别的人流、POI数据识别的业态分布以及建筑地块数据，评价识别南京的中心体系结构。其次，通过多源数据来判别城市不同片区人口活动密度和要素流动性，评估工业区、居住区等职住空间利用效率及职住平衡程度，并在预测城市职住平衡联系变化趋势的基础上，综合确定城市产业空间与居住空间的布局形态和规模。第三，可以利用各类公交刷卡、车流视频监控、手机数据等，研究城市居民活动的时空分布规律和特征，识别居民的通勤路径和强度，进而综合研究城市居民交通出行行为和土地利用布局的关系，合理确定城市交通设施布局，并协调与城市空间布局、土地利用的关系。

对于人流、交通流等要素流动的分析模拟，也为微观尺度的空间以及建筑内部空间的功能布局和形态优化提供支撑。王德等（2009）通过人流的流线模拟分析，提出上海世博园的场馆优化布局和规划方案调整策略。王纬伟等（2017）通过 GPS 定位功能收集的学生时空活动轨迹，分析学生对校园空间的利用特征，进而探索基于活动的大学校园空间更新规划途径。同时，通过各类要素流动特征和规律的分析，预测城市各类地块的设施需求，为公园绿地、环境景观、交通设施、停车场等设施布局优化提供依据。

三、以"流"定韧性水平

韧性是指在不破坏系统基本组织、结构、功能的前提下，对压力、扰动或不确定性因素的预防、抵御、适应和恢复能力，以及在危机中学习、适应以及自我组织等能力（Folke，2006）。对于韧性的认识和评价，主要基于不同尺度的灾害系统，综合考虑经济、社会、工程、技术和组织等方面要素对系统韧性的整体影响，尤其是越来越强调各要素的连接性与相互作用的影响。信息通信技术和交通技术进步所带来的流动性变化，改变了要素的连接性与互动关系，从而对城市韧性系统产生扰动作用。这种扰动可以分为正向和负向两个方面。一方面人流、物流、信息流、资本流等要素流动性的增强，强化了经济、社会、工程和组织中要素相互连接性和网络化程度，并形成高度复杂的自组织系统来预防、抵御和适应风险。另一方面，要素的高度流动过程中，存在时空不确定性和动态不稳定性，尤其是在自然灾害、社会经济风险发生的情况下，要素流动联系以及在局部空间异常汇聚，往往造成空间资源"挤兑"和灾害风险扩大的可能性。因此，在城市韧性能力评价以及韧性水平提升中，需要纳入要素流动性进行综合考虑。

首先应从要素流动性对资源环境、基础设施、公共资源的需求和压力角度，更加系统性、精准化评价城市韧性水平。尤其是从不同尺度人流和活动时空动态变化的角度，进行区域、城乡、城市和社区生态环境、基础设施、公共服务等系统的韧性评价与影响分析，是推动人本化韧性城市建设的重要途径。针对我国人口的区域城乡流动和空间迁徙，应加大流入流出地区的基础设施体系、公共服务配套的综合评价，并考虑在突发自然灾害、公共安全等极端情况下，各类设施的支撑和响应能力。与此同时，从气候变化、暴雨等极端天气以及环境污染等视角，分析人流、交通流和活动变化对城市设施韧性的影响，为城市各类设施的韧性建设和目标制定提供决策依据。例如，孙鸿鹄等（2019）利用多源数据，评价居民活动和流动对城市雾霾灾害韧性的影响，探讨城市环境韧性提升的策略。

要素连接所呈现出的网络与结构关系，对城市经济、社会和组织等系统的灾害风险抵御、适应和恢复能力具有决定性影响，而基于要素流动联系进行网络的功能、结构和自组织能力、适应性评价，为不同系统的韧性水平确定提供新的视角。魏冶等（2020）提出城市网络韧性的概念，并区分经济网络韧性、基础设施网络韧性、社会网络韧性和组织网络韧性等维度，从流要素的迅速积累、逐步僵化、衰退和再分配等过程，构建城市网络的适应性循环模型（图7-2）。俞国军等（2020）从技术、关系和市场三个维度，进行产业集群的韧性分析评价，并指出不能忽视关系和流动性对产业集群韧性的重要作用。

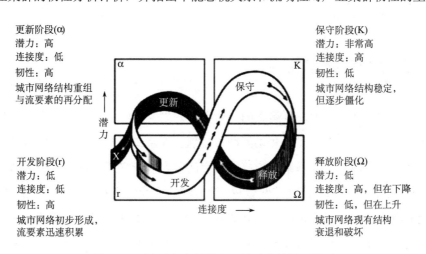

更新阶段(α)
潜力：高
连接度：低
韧性：高
城市网络结构重组
与流要素的再分配

保守阶段(K)
潜力：非常高
连接度：高
韧性：低
城市网络结构稳定，
但逐步僵化

开发阶段(r)
潜力：低
连接度：低
韧性：高
城市网络初步形成，
流要素迅速积累

释放阶段(Ω)
潜力：低
连接度：高，但在下降
韧性：低，但在上升
城市网络现有结构
衰退和破坏

图7-2　要素流视角的城市网络适应性循环模型

资料来源：魏冶等，2020。

大数据、智慧城市的发展，为各类要素的数据采集、分析评价和综合模拟，以及要素流与城市基础设施多系统的耦合分析提供基础，进而支撑城市的风险评估、损失预测和灾后恢复优化工作。这为城市韧性能力改善提供新的可能。李伟健等（2020）总结了移动互联网、物联网、大数据、人工智能等泛智慧城市技术在提升城市韧性中的作用，尤其是通过智慧城市技术加大对人流、信息流等要素流的精准挖掘，进而全面提升城市韧性。总之，从智能技术、社会经济、基础设施、组织管理等多维要素视角，在系统精准地评价分析要素流动连接及其网络适应性的基础上，探析韧性城市的系统要素构成、扰动因素与组织方式变化，研究韧性城市流动性要素与物质环境的互动过程、时空耦合规律与影响机理，总结基于流动性的韧性城市认知与调控范式。

第三节　面向流动性的智慧管理策略

在当前复杂环境及不确定性条件下，要素流动性对城市规划管理和城市治理带来新的挑战。智慧城市建设则为流动性的时空协调和空间治理提供重要手段，如何利用各类智能技术，加强流动性的时空协同分析、综合模拟与优化调控，是城市治理能力提升和治理体系现代化的重要途径。

一、城市规划管理的智慧化

在城市规划管理过程中，从静态的物质空间规划管理转向动态的要素流动和社会经济综合系统规划管理。在构建多要素的城市规划管理系统平台基础上，整合城市自然资源、生态环境、土地利用、基础设施等物质空间要素以及交通运行、人口流动、社会经济活动、公共服务等流动和活动监测数据，进行物质空间要素和流动性要素的动态变化、时空协调分析评估与综合模拟，为规划调研、规划决策支持、规划实施评估和动态管理提供技术支持。城市信息模型技术、数字孪生技术的快速发展和普及应用，使得城市规划、建设和管理全过程更加定量、智能和科学。在静态物质空间规划布局和管理的基础上，支撑对城市各类要素流动和活动的动态模拟分析，推动城市规划管理的人本化、动态化和精细化。

一方面，在规划调研中，注重对居民、企业、公共服务等主体活动和流动的数据采集调研，更加深入地理解空间动态运行态势。通过位置信息服务、物联网、互联网等技术手段，挖掘网络数据、公交刷卡数据、视频监控数据等城市大数据，并结合居民时空行为的轨迹数据采集方法，挖掘微观个体的活动规律，为城市功能区的识别、城市用地现状分析和规划用地功能结构的评价提供良好的数据基础（柴彦威等，2014）。同时，利用兴趣点（POI）数据、企业监测数据，高效率识别城市公共服务、经济活动的时空强度、功能分区与动态变化，提升规划调研的效率。

另一方面，从流动空间的基础设施、社会经济活动、物质空间等要素耦合的角度，引导城市物质空间规划转向居民、社会经济活动和空间的协调规划管理。时间地理学者提出新的时空协调模式（Kwan，2007；Wang，2009），基于居民活动的时空流动规律，进而促进城市居民活动和空间利用的协调发展。规划的功能是将城市的场所空间连接到活动和流动所产生的流动空间中，推动用地的功能混合，提升空间活力与发展品质。在城市规划管理中，应在居民、活动和空间的协调性分析评价基础上，从居民活动和流动的时空动态，以及活动空间与物质空间耦合关系的角度，确定多层次的城市活动中心体系规划建设和管理引导策略，引导城市多中心、网络化的流动空间结构形成，提高城市空间的流动效率和发展质量。同时，通过要素流动空间和物质空间的耦合态势分析，在规划管理中引导各类要素的高效流动和优化配置。

二、城市日常管理的智慧化

面向流动性的城市日常管理智慧化，主要是借助于大数据、互联网、物联网、云计算、人工智能等技术手段，通过要素流动与活动跟踪，实现常态化的社会管理、公共安全管理以及罪犯追踪、安全预警、重大活动人流管理的快速、精准响应（柴彦威等，2014）。具体来讲，利用多源数据和智慧城市管理信息平台，加大对人流、物流、资源能源等要素流动数据的采集分析，通过挖掘各类要素时空流动与城市空间互动关系，识别不同时间要素流动的空间分布结构、流动的主导方向以及流动聚集的节点。例如通过实时的交通流数据识别交通拥堵路段和拥堵路口，为精准化、人本化的城市管理、政策制定提供依据。

社会管理方面，通过不同尺度的人口流动数据的采集分析，挖掘流动性人群的生活与服务需求。基于区域和城乡人口流动的时空动态分析和趋势预测，判断流动人口的就业、医疗、教育、社会保障等需求的地区分布，以及可能引发的部分地区老龄化、留守儿童等社会问题，进而提出具有针对性的管理措施。同时，利用手机信令数据、移动定位技术等手段，加强城市老年人、残障人群、儿童、农民工等弱势群体的活动和流动性监测分析，挖掘这些特殊群体的时空活动规律、出行方式和日常生活服务需求，并纳入智慧城市管理与服务功能的建设中一体化考虑。

公共安全管理方面，借助于大数据的手段，挖掘犯罪活动的时空分布、罪犯流动性规律，以及犯罪活动与城市建成环境的耦合关系，并建立犯罪的时空预测模型，从而提升公共安全管理的效率。柳林等（2018）利用犯罪的时空动态分布数据，分析不同犯罪与城市空间的关系，聚类并识别不同类型的犯罪共生区，为犯罪的联防联控和执法效率提升提供依据。公共安全预警方面，通过要素流动和聚集的时空动态分析，结合城市交通、自然环境、基础设施等要素分布，对潜在的安全事故区域进行识别和预警。例如，南通等城市通过整合家庭用电、用水等动态能源利用数据信息，并结合房屋面积等信息，对"群租房"进行精准研判和定位，并以短信提醒等方式进行火灾安全隐患的预警。

重大活动方面，利用手机信令、视频监控等数据进行人流热点区域的动态识别和监测，并根据活动场所的承载能力进行人流管理引导、安全预警以及管控策略优化。基于腾讯迁徙数据，分析国庆、中秋长假的人口流动动态格局（潘竟虎，2019），挖掘相应的区域之间旅客运输、旅游流入地的服务设施等需求。在实践层面，越来越多的城市通过智慧旅游信息平台建设，分析城市和景区游客流动的时空分布，并为城市的旅游基础设施配套建设，景区的游客出入管理、停车管理、酒店服务等管理提供决策依据。例如，江苏新沂市利用实时的手机信令数据、视频数据分析，对全市和各个景区的游客市场、旅客流量进行监测，为游客管理与预警提供决策服务。同时，对重大体育赛事、会议博览等活动的人流集散分析，有助于提升重大活动的运行管理效率和安全保障能力。王德等（2015）基于对青岛世园会参观者行为模拟分析，提出紧急疏散、强制性管控、公交运营暂停、演艺活动调整、人流引导与疏解、管理人员增加拥挤信息发布等预警和管理策略。

三、城市应急管理的智慧化

多源大数据的集成应用为城市应急管理提供新的技术、方法和科学决策手段。基于智慧城市应急管理系统，借助物联网、移动终端和社交媒体等进行数据的采集，通过机器学习、时空轨迹分析、社会网络分析、图像识别、情绪与舆情分析、仿真模拟等大数据挖掘技术和方法，对不同尺度、空间和来源的数据进行融合和集成应用，实现对城市安全的智能化、精细化管理，提升城市应急管理的能力和决策水平。

首先是促进多源数据在城市应急管理中的融合和集成应用。在地理空间信息、社会经济、人口分布、道路交通等传统数据基础上，挖掘传感器、摄像头、网络视频以及智能手机、社交网络等大数据，在信息系统中进行集成分析，尤其是强调个体的位置信息采集与实时更新，作为智慧城市应急管理的基础支撑。在此基础上，建立基于多源数据的风险评估与监测指标体系及相应的模型，探索不同情景下风险程度评估以及风险区域识别技术，尤其是基于移动终端和社会大数据的灾害实时监测技术方法。灾害发生过程中，对灾害的等级和分布、受灾程度、社会经济影响等进行分析与评估，探讨利用多源数据分析支持的救援和应急指挥决策方法，并通过各类移动终端以及社交媒体等，实现不同主体和组织之间的灾害信息互通，进行救灾资源的优化调配。灾害后利用多源数据分析技术，进行灾害损失评估、挖掘灾害成因，并对灾后重建规划方案进行模拟与评价。

其次在自然灾害、极端安全事件突发的情况下，通过人流、交通流、资源流等要素流动与城市空间、设施布局的耦合协调性分析，为灾害风险预警、应急救援等提供决策支持。具体来讲，应在人流、地理环境、公共卫生安全事件的时空交互关系分析基础上，基于城市区域基础设施、建成环境等韧性变化，建立分区差异化的防控和治理策略，并根据疫情时空传播特征与趋势，制定时空差异化的风险预警、应急救援、医疗资源优化配置、应急物资调配、人员管控、社区封闭管理等响应策略。

以新冠疫情突发公共卫生安全事件为例，可以利用大数据、应急管理平台等技术手段，实现疫情防控中人员流动、物资保障、医疗资源配置的精准化、智能化和人本化。根据人员流动与物资调配需求，建立联动协同的应急交通智能调度系统。整合各类交通资源，加强区域交通联动协同，建设智能化客运枢纽，实现枢纽内多种运输资源的优化配置，促进多种运输方式之间的运力匹配、综合协调，并根据区域人口流动变化趋势和防控管理要求，实时进行运力调配与人员疏散。建立智慧交通应急管理与综合服务调度指挥平台，并根据城市内部应急救援、物资运输调配、人群集散等需求，进行关键数据高效汇总、城市紧急交通调度、应急物资精准投放、交通信息发布与共享等。

医疗资源保障方面，整合医疗资源、公共卫生服务以及居民健康、就医等数据，搭建统一的医疗卫生服务和健康监测服务系统，进行医疗设施供给能力和医疗资源服务能力的动态跟踪管理，从而进行个体健康的动态监测、评估和疾病早期预警，综合研判病毒感染、医疗基础设施保障短缺等风险，并进行风险预警、就医预警和应急响应。建立感染人群分类分区与医疗服务机构分级诊疗的耦合关系，进行医疗资源的综合协同调控，根据不同区域感染人群数量及诊疗需求，进行医疗设施的智能调配，并与智能交通调度协同来提高病人就医的可达性，提高医疗资源的共享性和服务效率。

最后，在完善城市应急管理的智能化决策机制基础上，引导跨部门、多主体之间的信息流动与及时沟通。以智慧城市应急管理系统平台为基础，明确不同部门、不同类型的数据整合和系统集成的要求，建立部门之间的数据交换和共享机制，并根据应急管理需求进行数据的动态更新和调整。应急管理中管理部门、公众和媒体的互动沟通至关重要，需要借助应急管理平台进行"自上而下"和"自下而上"的信息互通以及灾害数据资源共享。公众参与和舆情监测机制以及公众发布的灾情位置和数据是应急救援的重要信息渠道，应当完善相关的机制来保障公众参与应急管理，同时在应急管理中对舆情信息进行有效的监测，并建立起合理的舆情引导机制。

参 考 文 献

Adams, P. C., 1997. Cyberspace and virtual places. *Geographical Review*, Vol. 87, No. 2.

Adriana, S. S., 2006. From Cyber to Hybrid: Mobile Technologies as Interfaces of Hybrid Spaces. *Space and culture*, Vol. 9, No. 3.

Albrechts, L. and T. Coppens, 2003. Megacorridors: striking a balance between the space of flows and the space of places. *Journal of Transport Geography*, Vol. 11, No. 3.

Amin, A. and N. Thrift, 2002. *Cities: reimagining the urban*. Cambridge: Polity Press.

Anderson, W. P., L. Chatterjee and T. R. Lakshmanan, 2003. E-commerce, transportation and economic geography. *Growth and Change*, Vol. 34, No. 4.

Anthony, E. and U. John, 2010. *Mobile lives*. Routledge.

Ashworth, G., 2004. *Place Marketing: Marketing in the Planning and Management of Places*. London: Routledge.

Audirac, I., 2005. Information technology and urban form: challenges to smart growth. *International Regional Science Review*, Vol. 28, No. 2.

Bakis, H. and E. M. Roche, 1997. *Developments in telecommunications: Between global and local*. Aldershot.

Balazs, L. and J. Akos, 2016. Online social networks, location, and the dual effect of distance from the center. *Tijdschrift voor Economische en Sociale Geografie*, 2016, Vol. 107, No. 3.

Barry, W., 2001. Physical place and cyberspace: the rise of personalized networking. *International Journal of Urban and Regional Research*, Vol. 25, No. 2.

Batty, M., 2001. Exploring isovist fields: space and shape in architectural and urban morphology. *Environment and planning B: Planning and Design*, Vol. 28, No. 1.

Batty, M., 1997. Virtual geography. *Futures*, Vol. 29, No. 4 /5.

Bauman Z., 1998. *Globalization: The human consequences*. Columbia University Press.

Berne, C., M. Garcia-Gonzalez and J. Mugica, 2012. How ICT shifts the power balance of tourism distribution channels. *Tourism Management*, Vol. 33, No, 1.

Bonnafous, A., 1987. The Regional impact of the TGV. *Transportation*, Vol. 14.

Bontje, M. and J. Burdack, 2005. Edge cities, European-style: examples from Paris and the Randstad. *Cities*, Vol. 22, No. 4.

Bramwell, A., J. Nelles and A. W. David, 2008. Knowledge, innovation and institutions: global and local dimensions of the ICT cluster in Waterloo, Canada. *Regional Studies*, Vol. 42, No. 1.

Brighenti, A. M., 2012. New media and urban motilities: A territoriologic point of view. *Urban Studies*, Vol. 49, No. 2.

Cairncross, F., 1997. *The death of distance: how the communication revolution will change our lives.* Cambridge, MA: Wiley-Blackwell.

Calderwood, E. and P. Freathy, 2014. Consumer mobility in the Scottish isles: The impact of internet adoption upon retail travel patterns. *Transportation Research Part A: Policy and Practice*, Vol. 59.

Carbonara, N., 2005. Information and communication technology and geographical clusters: opportunities and spread. *Technovation*, Vol. 25, No. 3.

Castells, M., 2000. Materials for an exploratory theory of the network society. *British Journal of Sociology*.

Castells, M., 2005. Space of flows, Space of places: Materials for a theory of urbanism in the information age. In B. Sanyal, *Comparative Planning Cultures*. Routledge.

Castells, M., 1989. *The Informational City: Informational Technology, Economic Restructuring and the Urban-Regional Process*. Oxford: Blackwell.

Castells, M., 1996. *The rise of the Network Society*. Cambridge, MA: Wiley-Blackwell.

Chesbrough, H., 2003. The era of open innovation. *Mit Sloan Management Review*, No. 44.

Choudrie, J., C. O. Junior, B. McKenna *et al.*, 2018. Understanding and conceptualising the adoption, use and diffusion of mobile banking in older adults: A research agenda and conceptual framework. *Journal of Business Research*, Vol. 88.

Couclelis, H., 2004. Pizza over the internet: e-commerce, the fragmentation of activity and the tyranny of the region. *Entrepreneurship and Regional Development*, Vol. 16, No. 1.

Couclelis, H., 1998. Worlds of information: The geographic metaphor in the visualization of complex information. *Cartography and geographic information systems*, Vol. 25, No. 4.

Cresswell, T., 2013. Citizenship in worlds of mobility. *Critical mobilities*, Vol. 2013.

Daniel, B., 1980. *Sociological Journeys: Essays 1960–1980*. Heinmann, London.

Daniel, B., 1973. *The coming of post-industrial society: a venture in social forecasting.* Harmondsworth: Penguim, Peregrine.

Derudder, B. and F. Witlox, 2005. An Appraisal of the Use of Airline Data in Assessing the World City Network: A Research Note on Data. *Urban Studies*, Vol. 42, No. 13.

Derudder, B. and F. Witlox, 2008. Mapping world city networks through airline flows: context, relevance, and problems. *Journal of Transport Geography*, Vol. 16, No. 5.

Dicken, P., 1998. *Global Shift*. London: Paul Chapman Publishing.

Elliott, A. and J. Urry, 2010. *Mobile lives*. Routledge.

Farsi, M., A. Daneshkhah, A. Hosseinian-Far *et al.*, 2020. *Digital Twin Technologies and Smart Cities*. London: Springer.

Folke, C., 2006. Resilience: The emergence of a perspective for social-ecological systems analyses. *Global Environmental Change*, Vol. 16, No. 3.

Van Oort, F., M. Burger and O. Raspe, 2010. On the economic foundation of the urban network paradigm: Spatial integration, functional integration and economic complementarities within the Dutch Randstad. *Urban Studies*, Vol. 47, No. 4.

Friedmann, J., 2004. Strategic spatial planning and the longer range. *Planning Theory & Practice*, Vol. 5, No. 1.

Friedmann, J., 1986. The world city hypothesis. *Development and Change*, Vol. 17, No. 1.

Galliano, D., P. Roux and N. Soulié, 2011. ICT Intensity of Use and the Geography of Firms. *Environment and Planning A*, Vol. 43, No. 1.

Galperin, H., 2005. Wireless networks and rural development: Opportunities for Latin America. *Information Technologies & International Development*, Vol. 2, No. 3.

Geurs, K. T. and B. van Wee, 2004. Accessibility evaluation of land-use and transport strategies: review and research directions. *Journal of Transport geography*, Vol. 12.

Giffinger, R., Fertner C., Kramar H. *et al.*, 2007. City-ranking of European medium-sized cities. *Cent. Reg. Sci. Vienna UT.*

Giuliano, G., 1998. Information Technology, Work Patterns and Intra-Metropolitan Location: A Case Study. *Urban Studies*, Vol. 35, No. 7.

Graham, H., 2010. Neogeography and the Palimpsests of Place: Web 2. 0 and the Construction of a Virtual Earth. *Tijdschrift voor Economische en Sociale Geografie*, Vol. 101, No. 4.

Graham, S. and S. Marvin, 2001. *Splintering Urbanism: Networked Infrastructures, Technological Mobilities and the Urban Condition*. Routledge, London.

Graham, S., 1997. Telecommunications and the future of cities: Debunking the myths. *Cities*, Vol. 14, No. 1.

Graham, S., 2004. *The Cybercities Reader*. Routledge.

Granovetter, M., 1985. Economic action and social structure: The problem of embeddedness. *American journal of sociology*, Vol. 91, No. 3.

Hall, P., 2009. Looking backward, looking forward: the city region of the mid-21st century. *Regional Studies*, Vol. 43, No. 6.

Handy, S., 1996. Methodologies for Exploring the Link between Urban Form and Travel Behaviour. *Transportation Research Part D*, No. 1.

Hanley, R. E. E., 2004. *Moving people, goods and information in the 21st century: The cutting edge infrastructures of networked cities*. London: Routledge.

Harrison, C. and I. A. Donnelly., 2010. *A Theory of Smart Cities*. In Proceedings of the 55th Annual Meeting of the ISSS, Hull, UK.

Harvey, A C., 1990. *The econometric analysis of time series*. Mit Press.

Harvey, D., 1990. *The Condition of Postmodernity: An Enquiry into the Origins of Cultural Change Share your own customer images Search inside this book The Condition of Postmodernity: An Enquiry into the Origins of Cultural Change*. Cambridge MA-Oxford UK.

Hillier, B., 2004. *Space is the Machine*. Cambridge: Cambridge University Press.

Hincks, S. and S. Wong., 2010. The spatial interaction of housing and labour markets: commuting flow analysis of North West England. *Urban Studies*, Vol. 47, No. 3.

Hjorthol, R. and M. Gripsrud, 2009. Home as a communication hub: the domestic use of ICT. *Journal of Transport Geography*, Vol. 17.

Hubers, C., T. Schwanen and M. Dijst, 2008. ICT and temporal fragmentation of activities: An analytical framework and initial empirical findings. *Tijdschrift voor economische en sociale geografie*, Vol. 99, No. 5.

Hurd, R. M., 1905. *Principles of city land values*. Record and guide.

Ismagilova, E., L. Hughes, Y. K. Dwivedi *et al.*, 2019. Smart cities: Advances in research—An information systems perspective. *International Journal of Information Management*, Vol. 47.

Ivonne, A., 2005. Information technology and urban form: challenges to smart growth. *International Regional Science Review*, Vol. 28, No. 2.

Janelle, D. G. and D. C. Hodge, 2000. *Information, place and cyberspace*. Issues in Accessibility. Springer Verlag.

Buschman, J. E. and G. J. Leckie, 2007. The library as place: history, community and culture. *The Journal of Academic Librarianship*, Vol. 4, No. 33.

Kankanhalli, A., Y. Charalabidis and S. Mellouli, 2019. IoT and AI for smart government: A research agenda. *Government Information Quarterly*.

Kellerman, A., 2010. Mobile broadband services and the availability of instance access to cyberspace. *Environment and Planning A*, Vol. 42, No. 12.

Kenyon, S. and G. Lyons, 2007. Introducing multitasking to the study of travel and ICT: Examining its extent and assessing its potential importance. *Transportation Research Part A*, Vol. 41.

Kenyon, S., J. Rafferty and G. Lyons, 2003. Social exclusion and transport: a role for virtual accessibility in the alleviation of mobility-related social exclusion? *Journal of Social Policy*, Vol. 32, No. 3.

Kitchin, R. M., 1997. *Social transformations through spatial transformations: from `geospace' to `cyberspaces'*. In Behar J., editor, Sociological studies of telecommunications, computerization and cyberspace, New York: Dowling College Press.

Krugman, P. R., 1991. Increasing returns and economic geography. *The Journal of Political Economy*, Vol. 99.

Krugman, P. R., 1979. Increasing returns, monopolistic competition, and international trade. *Journal of International Economics*, Vol. 9, No. 4.

Krugman, P. R., 1980. Scale economies, product differentiation, and the pattern of trade. *The American Economic Review*, Vol. 70, No. 5.

Kwan, M. P., 2007. Mobile communications, social networks, and urban travel: Hyber text as a new metaphor for conceptualizing spatial interaction. *The Professional Geography*, Vol. 59, No. 4.

Lazer, D., A. S. Pentland and L. Adamic *et al.*, 2009. Life in the network: the coming age of computational social science. *Science*, Vol. 323, No. 5915.

Lee, H., and S. Sawyer, 2002. *Conceptualizing time and space: information technology, work, and organization*, Proceedings.

Lefebvre, H., 1991. *The Production of Space*. Basil Blackwell: Oxford.

Lenz, B. and C. Nobis, 2007. Changes in transport behavior by the fragmentation of activities. *Transportation Research Record*, Vol. 1894.

Limtanakool, N., T. Schwanen and M. Dijst, 2009. Developments in the Dutch urban system on the basis of flows. *Regional Studies*, Vol. 43, No. 2.

Lucas, R. E., 1988. On the mechanics of economic development. *Journal of Monetary Economics*, Vol. 22.

Lund, J. R. and P. L. Mokhtarian, 1994. Telecommuting and residential location: theory implications for commute travel in monocentric metropolis. *Transportation Research Board*.

Lyons, G., P. L. Mokhtarian and M. Dijst *et al.*, 2018. The dynamics of urban metabolism in the face of digitalization and changing lifestyles: Understanding and influencing our cities. *Resources, Conservation and Recycling*, Vol. 132.

Martin, S., 2007. Space of flows, uneven regional development, and the geography of financial services in Ireland. *Growth and Change*, Vol. 38, No. 2.

Mayaud, J. R., M. Tran, R. H. Pereira *et al.,* 2019. Future access to essential services in a growing smart city: The case of Surrey, British Columbia. *Computers, Environment and Urban Systems*, Vol. 73.

Mitchell, D., 1995. The end of public space? People's Park, definitions of the public, and democracy. *Annals of the Association of American Geographers*, Vol., 85, No. 1.

Mitchell, W. J., 1995. *City of Bits: Space, Place and the Infobahn*. Cambridge, MA: MIT Press.

Mokhtarian, P. L. and R. Meenakshisundaram, 1999. Beyond tele-substitution: Disaggregate longitudinal structural equations modeling of communication impacts. *Transportation Research Part C*, No. 1.

Mokhtarian, P. L., 1990. A typology of relationships between telecommunications and transportation. *Transportation Research*, Vol. 24A, No. 3.

Mokhtarian, P. L., 2004. A conceptual analysis of the transportation impacts of B2C e-commerce. *Transportation*, Vol. 31, No. 3.

Morley, D. and K. Robins, 1995. *Spaces of identity*. Taylor & Francis.

Moss, M. L. and A. M. Townsend, 2000. The internet backbone and the American metropolis. *The Information Society Journal*, Vol. 16, No. 1.

Nam, T. and T. A. Pardo, 2011. *Conceptualizing smart city with dimensions of technology, people, and institutions*. Proceedings of the 12th annual international digital government research conference: digital government innovation in challenging times.

Neutens, T., M. Delafontaine, T. Schwanen *et al.*, 2012. The relationship between opening hours and accessibility of public service delivery. *Journal of Transport Geography*, Vol. 25.

O'Brien, 1992. *Global Financial Integration: The End of Geography*. London: Printer.

Ohmori, N. and N. Harata, 2008. How different are activities while commuting by train? A case in Tokyo. *Tijdschrift voor economische en sociale geografie*, Vol. 99, No. 5.

Paez, A., 2004. Network accessibility and the spatial distribution of economic activity in Eastern Asia. *Urban Studies*, Vol. 41, No. 11.

Pain, K., 2012. *Spatial Transformations of Cities: Global City-Region? Mega-City Region?* in Derudder B., M. Hoyler, P. J. Taylor *et al.*（eds）, International Handbook of Globalization and World Cities Cheltenham, UK, Northampton, MA, USA: Edward Elgar.

Rathore, M. M., A. Ahmad, A. Paul *et al.*, 2016. Urban planning and building smart cities based on the internet of things using big data analytics. *Computer Networks*, Vol. 101.

Romer, P. M., 1986. Increasing returns and long-run growth. *Journal of political economy,* Vol. 94, No. 5.

Roper, S. and S. Grimes, 2005. Wireless valley, silicon wadi and digital island—Helsinki, Tel Aviv and Dublin and the ICT global production network. *Geoforum*, Vol. 36, No. 3, pp. 297-313.

Salomon, I., 1986. Telecommunications and travel relationships: A review. *Transportation Research*, Vol. 20A, No. 3.

Sassen, S., 1991. *The Global City: New York, London, Tokyo*. Princeton University Press.

Saxena, S. and P. L. Mokhtarian, 1997. The Impact of Telecommuting on the Activity Spaces of Participants. *Geographical Analysis*, Vol. 29, No. 2.

Schwanen, T., M. Dijst and M. P. Kwan, 2008. ICTs and decoupling of everyday activities, space and time:

introduction. *Tijdschrift voor Economische en Sociale Geografie*, Vol. 99, No. 5.

Schwanen, T., M. Dijst and M. P. Kwan, 2006. Introduction —the internet, changing mobilities and urban dynamics. *Urban Geography*, Vol. 27, No. 7.

Scott, A. J., 1996. Regional motors of the global economy. *Futures*, Vol. 28, No. 5.

Shaw, S. L., 2009. A GIS-based time-geographic approach of studying individual activities and interactions in a hybrid physical-virtual space. *Journal of Transport Geography*, Vol. 17, No. 2.

Shi, K., L. Cheng, J. De Vos *et al.*, 2019. *How is shopping travel modified by e-shopping? A focus on intangible services in a Chinese context.* BIVEC-GIBET Transport Research Days 2019. University Press.

Sokol, M., 2007. Space of flows, uneven regional development, and the geography of financial services in Ireland. *Growth and Change*, Vol. 38, No. 2.

Solow, R. M., 1956. A contribution to the theory of economic growth. *Quarterly Journal of Economics*, Vol. 70, No. 2.

Storper, M., 1997. *The regional world: territorial development in a global economy.* Guilford Press.

Taylor, P. J. *et al.*, 2002. Measurement of the world city network. *Urban Studies*, Vol. 39.

Taylor, P. J., 2009. Urban economics in thrall to Christaller: A misguided search for city hierarchies in external urban relations. *Environment and Planning A*, Vol. 41, No. 11.

Taylor, P. J., 2003. *World City Network: A Global Urban Analysis.* Routledge, 2003.

Toffler, A., 1980. *The third wave.* London.

Urry, J., 1990. *Leisure and travel in contemporary societies.* London: Sage Publications.

Urry, J., 2007. *Mobilities.* Polity Press.

Urry, J., 2008. *Moving on the mobility turn.* In: Tracing Mobilities. Towards a cosmopolitan perspective in mobility research. Ashgate, Aldershot.

Walmsley, D. J., 2000. Community, Place and Cyberspace. *Australian Geographer*, Vol. 31, No. 1.

Wang, D. G. and F. Y. T. Law. Impacts of information and communication technologies(ICT)on time use and travel behavior: A structural equation analysis. *Transportation*, Vol. 34, No. 4.

Wellman, B., 2001. Physical place and cyberplace: The rise of personalized networking. *International journal of urban and regional research*, Vol. 25, No. 2.

Weltevreden, J. W. J., 2007. Substitution or complementarity? How the Internet changes city centre shopping. *Journal of Retailing and Consumer Services*, Vol. 14, No. 3.

Xi, G., X. Cao and F. Zhen, 2020. The impacts of same day delivery online shopping on local store shopping in Nanjing, China. *Transportation Research Part A: Policy and Practice*, Vol. 136.

Zhang, M., W. Wu, L. Yao *et al.*, 2014. Transnational practices in urban China: Spatiality and localization of western fast food chains. *Habitat International*, Vol. 43.

Zhen, F., X. Cao, P. L. Mokhtarian *et al.*, 2016. Associations Between Online Purchasing and Store Purchasing for Four Types of Products in Nanjing, China. *Transportation Research Record: Journal of the Transportation Research Board*.

Zhen, F., Y. Cao Y, X. Qin *et al.*, 2017. Delineation of an urban agglomeration boundary based on Sina Weibo microblog 'check-in' data: A case study of the Yangtze River Delta. *Cities*, Vol. 60.

Zhu, P. Y., 2013. Telecommuting, Household Commute and Location Choice. *Urban Studies*, Vol. 50, No. 12.

Zook, M. A. and M. Graham, 2007. Mapping DigiPlace: geocoded Internet data and the representation of place. *Environment and Planning B: Planning and Design*, Vol. 34.

Zook, M. A. and T. Shelton, 2013. *The integration of virtual flows into material movements within the global economy*. Edited by Peter V. Hall and Markus Hesse, Cities, Regions and Flows. Routledge.

阿莱克斯·彭特兰（Alex Pentland）著，汪小帆、汪容译：《智慧社会：大数据与社会物理学》，浙江人民出版社，2015年。

威廉·阿朗索著，梁进社等译：《区位和土地利用——地租的一般理论》，商务印书馆，2007年。

巴凯斯、路紫："从地理空间到地理网络空间的变化趋势——兼论西方学者关于电信对地区影响的研究"，《地理学报》，2000年第1期。

彼得·霍尔、凯西·佩恩著，张京祥、罗震东等译：《多中心大都市：来自欧洲巨型城市区域的经验》，中国建筑工业出版社，2010年。

蔡良娃：《信息化空间观念与信息化城市的空间发展趋势研究》，天津大学，2006年。

岑迪、周俭云、赵渺希："流空间视角下的新型城镇化研究"，《规划师》，2013年第4期。

柴彦威、刘天宝、塔娜："基于个体行为的多尺度城市空间重构及规划应用研究框架"，《地域研究与开发》，2013年第4期。

柴彦威、沈洁："基于活动分析法的人类空间行为研究"，《地理科学》，2008年第5期。

柴彦威、李春江、夏万渠等："城市社区生活圈划定模型——以北京市清河街道为例"，《城市发展研究》，2019年第9期。

柴彦威、申悦、陈梓烽："基于时空间行为的人本导向的智慧城市规划与管理"，《国际城市规划》，2014年第6期。

柴彦威、赵莹、马修军等："基于移动定位的行为数据采集与地理应用研究"，《地域研究与开发》，2010年第6期。

柴彦威："以单位为基础的中国城市内部生活空间结构：兰州市的实证研究"，《地理研究》，1996年第1期。

陈修颖：《区域空间结构重组：理论与实证研究》，东南大学出版社，2005年。

崔功豪、武进："中国城市边缘区空间结构特征及其发展：以南京等城市为例"，《地理学报》，1990年第4期。

崔功豪：《中国城镇发展研究》，中国建筑工业出版社，1992年。

崔扬、袁文凯、周欣荣："以轨道交通支持天津市城市空间结构转化——天津市域轨道交通系统规划"，《城市规划》增刊，2009年。

丁疆辉、宋周莺、刘卫东："企业信息技术应用与产业链空间变化——以中国服装纺织企业为例"，《地理研究》，2009年第4期。

段进：《城市空间发展论》，江苏科学基础出版社，2006年。

方创琳：《中国城市群可持续发展理论与实践》，科学出版社，2010年。

方维慰："信息技术与城市空间结构的优化"，《城市发展研究》，2006年第1期。

冯健、周一星："转型期北京社会空间分异重构"，《地理学报》，2008年第8期。

冯静、甄峰、王晶："信息时代城市第三空间发展研究及规划策略探讨"，《城市发展研究》，2015年。

高艳丽、陈才、张育雄："数字孪生城市：智慧城市建设主流模式"，《中国建设信息化》，2019年第21期。

顾朝林、甄峰、张京祥：《集聚与扩散》，东南大学出版社，2000年。

顾朝林:《概念规划:理论·方法·实践》,中国建筑工业出版社,2003年。

顾朝林:《中国城市地理》,商务印书馆,1999年。

顾洁:"复杂系统视角下的智慧城市生态分析与推进思路",《上海城市规划》,2019年第2期。

郭磊贤、刘钊启、吴唯佳:"智慧城市导向发展的策略与空间模式",《规划师》,2019年第7期。

国家新型城镇化规划(2014-2020)。http://www。gov。cn/xinwen/2014-03/16/content_2639841。htm

韩瑞玲、张秋銮、路紫等:"虚拟社区信息流导引现实社区人流的特征——以杭州市智能居住小区网站为例",《人文地理》,2010年第1期。

胡大平:"弹性生产、全球资本主义和社会主义变革——20世纪后半叶资本主义的变化及其政策启示",《南京大学学报》,2003年第1期。

黄亚平:《城市空间理论与空间分析》,东南大学出版社,2001年。

黄莹、甄峰、汪侠等:"电子商务影响下的南京主城区经济型连锁酒店空间组织与扩张研究",《经济地理》,2012年第10期。

黄志宏:"城市居住区空间结构模式的演变",《社会科学文献出版社》,2006年。

蒋海兵、徐建刚、祁毅:"京沪高铁对区域中心城市陆路可达性影响",《地理学报》,2010年第10期。

蒋海兵、张文忠、韦胜:"公共交通影响下的北京公共服务设施可达性",《地理科学进展》,2017年第10期。

金凤君、焦敬娟、齐元静:"东亚高速铁路网络的发展演化与地理效应评价",《地理学报》,2016年第4期。

冷炳荣、杨永春:《网络生长:从网络研究到城市网络》,兰州大学出版社,2012年。

李德仁、姚远、邵振峰:"智慧城市中的大数据",《武汉大学学报(信息科学版)》,2014年第6期。

李恩康、陆玉麒、杨星等:"全球城市网络联系强度的时空演化研究——基于2014—2018年航空客运数据",《地理科学》,2020年第1期。

李民子、甄峰、罗桑扎西等:"基于WIFI定位数据的城市综合体内部居民消费行为研究——以南京虹悦城为例",《中华建设》,2018年第5期。

李伟健、龙瀛:"技术与城市:泛智慧城市技术提升城市韧性",《上海城市规划》,2020年第2期。

李仙德:《基于企业网络的城市网络研究》,华东师范大学,2012年。

李小建:《公司地理论》,科学出版社,2003年。

林勋媛、胡月明、王广兴等:"基于多元要素流的珠三角城市群功能联系与空间格局分析",《世界地理研究》,2020年第3期。

林洙:《建筑师梁思成》,天津科学技术出版社,1997年。

刘朝青:《基于流动空间的长三角城市社交联系研究》,上海师范大学硕士学位论文,2013年。

刘南余、李思、康晋阳等:"数字孪生空间引领大数据时代革命",《中国新通信》,2020年第13期。

刘贤腾:"空间可达性研究综述",《城市交通》,2007年第6期。

刘颖、郭琪、贺灿飞:"城市区位条件与企业区位动态研究",《地理研究》,2016年第7期。

刘云刚、叶清露:"区域发展中的路径创造和尺度政治——对广东惠州发展历程的解读",《地理科学》,2013年第9期。

柳林、杜方叶、宋广文等:"犯罪共生空间的类型识别及其特征分析",《地理科学》,2018年第8期。

龙瀛、张宇、崔承印:"利用公交刷卡数据分析北京职住关系和通勤出行",《地理学报》,2012年第10期。

陆军、宋吉涛、梁宇生:"基于二维时空地图的中国高铁经济区格局模拟",《地理学报》,2013年第

2 期。

路紫、李晓楠、杨丽花等："基于邻域设施的中国大城市网络店铺的区位取向——以上海、深圳、天津、北京四城市为例"，《地理学报》，2011 年第 6 期。

罗建发：《基于行动者网络理论的沙集东风村电商-家具产业集群研究——"沙集模式"的生成、结构和转化》，南京大学硕士学位论文，2013 年。

吕拉昌、魏也华："新产业区的形成、特征及高级化途径"，《经济地理》，2006 年第 3 期。

吕拉昌："全球城市理论与中国的国际城市建设"，《地理科学》，2007 年第 4 期。

吕拉昌："新经济时代我国特大城市发展与空间组织"，《人文地理》，2004 年第 2 期。

马双、曾刚、吕国庆："基于不同空间尺度的上海市装备制造业创新网络演化分析"，《地理学科》，2016 年第 8 期。

孟斌："北京城市居民职住分离的空间组织特征"，《地理学报》，2009 年第 12 期。

苗长虹："马歇尔产业区理论的复兴及其理论意义"，《地域研究与开发》，2004 年第 1 期。

宁越敏、武前波：《企业空间组织与城市—区域发展》，科学出版社，2011 年。

宁越敏："上海市区商业中心区位的探讨"，《地理学报》，1984 年第 2 期。

牛强、夏源、牛雪蕊等："智慧城市的大脑——智慧模型的概念、类型和作用"，《上海城市规划》，2018 年第 1 期。

钮心毅、丁亮、宋小冬："基于手机数据识别上海中心城的城市空间结构"，《城市规划学刊》，2014 年第 6 期。

潘竟虎、赖建波："中国城市间人口流动空间格局的网络分析——以国庆—中秋长假和腾讯迁徙数据为例"，《地理研究》，2019 年第 7 期。

钱欣彤：《当日配送下的城市生活服务设施可达性分析及规划应对策略——以南京主城区为例》，南京大学本科生学位论文，2020 年。

秦诗文、杨俊宴、廖自然："基于多源数据的城市中心体系识别与评估——以南京为例"，《南方建筑》，2020 年第 1 期。

秦萧、甄峰、李亚奇等："国土空间规划大数据应用方法框架探讨"，《自然资源学报》，2019 年第 10 期。

秦萧、甄峰、朱寿佳："基于网络口碑度的南京城区餐饮业空间分布格局研究——以大众点评网为例"，《地理科学》，2014 年第 7 期。

邱坚坚、刘毅华、陈浩然等："流空间视角下的粤港澳大湾区空间网络格局——基于信息流与交通流的对比分析"，《经济地理》，2019 年第 6 期。

申峻霞、张敏、甄峰："符号化的空间与空间的符号化——网络实体消费空间的建构与扩散"，《人文地理》，2012 年第 1 期。

申悦、柴彦威、马修军："人本导向的智慧社区的概念、模式与架构"，《现代城市研究》，2014 年第 10 期。

申悦、柴彦威、王冬根："ICT 对居民时空行为影响研究进展"，《地理科学进展》，2011 年第 6 期。

申悦、柴彦威："基于 GPS 数据的城市居民通勤弹性研究——以北京市郊区巨型社区为例"，《地理学报》，2012 年第 6 期。

沈丽珍、陈池："从智慧城市到智慧区域——新的城市与区域发展模式"，《科技导报》，2018 年第 18 期。

沈丽珍、顾朝林、甄峰："流动空间结构模式研究"，《城市规划学刊》，2010 年第 5 期。

沈丽珍、顾朝林："区域流动空间整合与全球城市网络构建"，《地理科学》，2009 年第 6 期。

沈丽珍、罗震东、陈浩："区域流动空间的关系测度与整合——以湖北省为例"，《城市问题》，2011

年第 12 期。

沈丽珍：《流动空间》，东南大学出版社，2010 年。

石崧：《从劳动空间分工到大都市区空间组织》，华东师范大学博士学位论文，2005 年。

石忆邵："从单中心城市到多中心城市——中国特大城市发展的空间组织模式"，《城市规划汇刊》，1999
　　年第 3 期。

宋正娜、陈雯、张桂香等："公共服务设施空间可达性及其度量方法"，《地理科学进展》，2010 年第
　　10 期。

宋周莺、刘卫东："信息时代的企业区位研究"，《地理学报》，2012 年第 4 期。

苏伟忠：《城市开放空间的理论分析与空间组织研究》，河南大学硕士学位论文，2002 年。

孙道胜、柴彦威："城市社区生活圈体系及公共服务设施空间优化——以北京市清河街道为例"，《城
　　市发展研究》，2017 年第 9 期。

孙鸿鹄、甄峰："居民活动视角的城市雾霾灾害韧性评估——以南京市主城区为例"，《地理科学》，2019
　　年第 5 期。

孙萌："后工业时代城市空间的生产：西方后现代马克思主义空间分析方法解读中国城市艺术区发展和
　　规划"，《国际城市规划》，2009 年第 6 期。

孙世界、刘博敏：《信息化城市：信息技术发展与城市空间结构的互动》，天津大学出版社，2007 年。

孙中伟、路紫："流空间基本性质的地理学透视"，《地理与地理信息科学》，2005 年第 1 期。

孙中伟："流动空间的形成机理、基本流态关系及网络属性"，《地理与地理信息科学》，2013 年第 5 期。

滕堂伟、施春蓓："区域经济联系与卫星城产业区发展：以上海临港产业区为例"，《经济地理》，2013
　　年第 8 期。

田明、樊杰："新产业区的形成机制及其与传统空间组织理论的关系"，《地理科学进展》，2003 年第 2 期。

汪明峰、李健："互联网、产业集群与全球生产网络——新的信息和通信技术对产业空间组织的影响"，
　　《人文地理》，2009 年第 2 期。

汪明峰、卢姗："替代抑或补充：网上购物与传统购物出行的关系研究"，《人文地理》，2012 年第 3 期。

汪明峰、卢姗："网上零售企业的空间组织研究——以'当当网'为例"，《地理研究》，2011 年第 6 期。

汪明峰：《互联网时代的城市与区域发展》，科学出版社，2015 年。

汪明峰："浮现中的网络城市的网络——互联网对全球城市体系的影响"，《城市规划》，2004 年第 8 期。

王波、甄峰："网络社区交流中距离的作用：以新浪微博为例"，《地理科学进展》，2016 年第 8 期。

王波、甄峰："互联网下的我国城市等级体系及其作用机制——基于百度搜索的实证分析"，《经济地
　　理》，2016 年第 1 期。

王德、任熙元："日常流动视角下的上海市实有人口分布与流动性构成"，《城市规划学刊》，2019 年
　　第 2 期。

王德、王灿、谢栋灿等："基于手机信令数据的上海市不同等级商业中心商圈的比较——以南京东路、
　　五角场、鞍山路为例"，《城市规划学刊》，2015 年第 3 期。

王德、王灿、朱玮等："基于参观者行为模拟的空间规划与管理研究——青岛世园会的案例"，《城市
　　规划》，2015 年第 2 期。

王德、朱玮、黄万枢等："基于人流分析的上海世博会规划方案评价与调整"，《城市规划》，2009 年
　　第 8 期。

王国霞、蔡建明："都市区空间范围的划分方法"，《经济地理》，2008 年第 2 期。

王昊、龙慧："试论高速铁路网建设对城镇群空间结构的影响"，《城市规划》，2009 年第 4 期。

王缉慈："简评关于新产业区的国际学术讨论",《地理科学进展》,1998 年第 3 期。

王晶、甄峰："城市众创空间的特征、机制及其空间规划应对",《规划师》,2016 年第 9 期。

王开泳："城市生活空间研究述评",《地理科学进展》,2011 年第 6 期。

王丽、曹有挥、刘可文等："高铁站区产业空间分布及集聚特征——以沪宁城际高铁南京站为例",《地理科学》,2012 年第 3 期。

王世福："智慧城市研究的模型构建及方法思考",《规划师》,2012 年第 4 期。

王松涛、郑思齐、冯杰："公共服务设施可达性及其对新建住房价格的影响——以北京中心城为例",《地理科学进展》,2007 年第 6 期。

王纬伟、甄峰、曹阳等："基于学生行为特征的大学校园规划更新方法",《规划师》,2017 年第 7 期。

王兴平:《中国城市新产业空间:发展机制与空间组织》,科学出版社,2005 年。

王兴中:"中国城市生活空间结构研究",科学出版社,2005 年。

王兴中:"城市居住空间结构的演变与社会区域划分研究",《城市问题》,1995 年第 1 期。

王杨、路紫、孙中伟等："中国户外运动网站信息流对人流生成的导引机制分析——以乐游户外运动俱乐部网站为例",《地球信息科学》,2006 年第 1 期。

韦伯,李刚剑等译:《工业区位论》,商务印书馆,1997 年。

韦亚平、罗震东:《城市空间发展战略研究——理想空间》,同济大学出版社,2004 年。

魏冶、修春亮："城市网络韧性的概念与分析框架探析",《地理科学进展》,2020 年第 3 期。

魏宗财、甄峰、席广亮等："全球化、柔性化、复合化、差异化:信息时代城市功能演变研究",《经济地理》,2013 年第 6 期。

吴康、方创琳、赵渺希等："京津城际高速铁路影响下的跨城流动空间特征",《地理学报》,2013 年第 2 期。

吴克昌、杨修文："公共服务智慧化供给:创新要素与模式构建",《湘潭大学学报(哲学社会科学版)》,2014 年第 1 期。

吴启焰、陈浩："云南城市经济影响区空间组织演变规律",《地理学报》,2007 年第 12 期。

吴胜武、朱召法、吴汉元等:"'智'聚'慧'生——海曙区智慧社区建设与运行模式初探",《城市发展研究》,2013 年第 6 期。

吴志强、柏旸："欧洲智慧城市的最新实践",《城市规划学刊》,2014 年第 5 期。

吴志强、李德华:《城市规划原理(第四版)》,中国建筑工业出版社,2010 年。

吴志强："空间规划的基本逻辑与未来城市发展",《国土资源科普与文化》,2020 年第 3 期。

仵宗卿、柴彦威、戴学珍等："购物出行空间的等级结构研究:以天津市为例",《地理研究》,2001 年第 4 期。

仵宗卿、柴彦威："商业活动与城市商业空间结构研究",《地理学与国土研究》,1999 年第 3 期。

武进:《中国城市形态、结构及其演变》,江苏科学技术出版社,1990 年。

席广亮:《城市流动空间组织研究》,南京大学博士学位论文,2014 年。

席广亮、甄峰、傅行行等："2019 年智慧城市研究与实践热点回眸",《科技导报》,2020 年第 3 期。

席广亮、甄峰、李晓雨等："城市应急管理中的'微参与':微时代城市管理的思考",《规划师》,2013 年第 2 期。

席广亮、甄峰、沈丽珍等："南京市居民流动性评价及流空间特征研究",《地理科学》,2013 年第 9 期。

席广亮、甄峰、汪侠等："南京市居民网络消费的影响因素及空间特征"《地理研究》,2014 年第 2 期。

席广亮、甄峰："基于可持续发展目标的智慧城市空间组织和规划思考",《城市发展研究》,2014 年第 5 期。

席广亮、甄峰、曹晨等："智慧城市建设模式与推进策略研究——以江苏省为例",《上海城市规划》, 2018 年第 1 期。

席广亮、甄峰、罗桑扎西等："互联网时代特色小镇要素流动与产业功能优化",《规划师》, 2018 年第 1 期。

席广亮、甄峰："互联网影响下的空间流动性及规划应对策略",《规划师》, 2016 年第 4 期。

夏安桃、刘丹："城市感应空间与城市规划的相关关系——以长沙市为例",《经济地理》, 2006 年第 4 期。

谢守红、宁越敏："中国大城市发展和都市区的形成",《城市问题》, 2005 年第 1 期。

谢守红:《大都市区空间组织的形成演变研究》,华东师范大学博士学位论文, 2003 年。

熊丽芳、甄峰、王波等："基于百度指数的长三角核心区城市网络特征研究",《经济地理》, 2013 年第 7 期。

修春亮、孙平军、王绮："沈阳市居住就业结构的地理空间和流空间分析",《地理学报》, 2013 年第 8 期。

修春亮、魏冶:《"流空间"视角的城市与区域结构》,科学出版社, 2015 年。

许学强、朱剑如:《现代城市地理学》,中国建筑工业出版社, 1987 年。

许学强、周一星、宁越敏:《城市地理学》,高等教育出版社, 1996 年。

阎小培、林初升、许学强:《地理·区域·城市:永无止境的探索》,广东高等教育出版社, 1994 年。

阎小培、许学强、杨轶辉："广州市中心商务区土地利用特征、成因及发展",《城市问题》, 1993 年第 4 期。

姚南:"智慧城市理念在新城规划中的应用探讨——以成都市天府新城规划为例",《规划师》, 2013 年第 2 期。

姚士谋:《中国城市群》,中国科学技术大学出版社, 2006 年。

叶贵勋:《上海城市空间发展战略研究》,中国建筑工业出版社, 2003 年。

尹海伟:《城市开敞空间:格局·可达性·宜人性》,东南大学出版社, 2008 年。

于洪俊、宁越敏:《城市地理概论》,安徽科技出版社, 1983 年。

俞国军、贺灿飞、朱晟君："产业集群韧性:技术创新、关系治理与市场多元化",《地理研究》, 2020 年第 6 期。

翟青、甄峰："移动信息技术影响下的城市空间结构研究进展",《人文地理》, 2012 年第 6 期。

张捷、顾朝林、都金康等："计算机网络信息空间（Cyberspace）的人文地理学研究进展与展望",《地理科学》, 2000 年第 4 期。

张京祥:《城镇群体空间组合》,东南大学出版社, 2000 年。

张京祥、邓化媛："解读城市近现代风貌型消费空间的塑造——基于空间生产理论的分析视角",《国际城市规划》, 2009 年第 1 期。

张京祥、陆枭麟、罗震东等:"城市大事件营销:从流动空间到场所提升——北京奥运的实证研究",《国际城市规划》, 2011 年第 6 期。

张京祥、罗震东、何建颐:《体制转型与中国城市空间结构重构》,东南大学出版社, 2007 年。

张景秋、陈叶龙："北京城市办公空间的行业分布及集聚特征",《地理学报》, 2011 年第 10 期。

张敏、熊帼："基于日常生活的消费空间生产:一个消费空间的文化研究框架",《人文地理》, 2013 年第 2 期。

张小娟:《智慧城市系统的要素、结构及模型研究》,华南理工大学博士学位论文, 2015 年。

张珣、杨俊宴、Simon Marvin："脆弱生态约束下基于 LBS 数据的城市动态结构研究探索——以黔西南州兴义市为例"，《上海城市规划》，2019 年第 6 期。

张逸姬、甄峰、张逸群："社区 O2O 零售业的空间特征及影响因素——以南京市为例"，《经济地理》，2019 年第 11 期。

张勇强：《城市空间发展自组织与城市规划》，东南大学出版社，2006 年。

张元好、曾珍香："城市信息化文献综述——从信息港、数字城市到智慧城市"，《情报科学》，2015 年第 6 期。

赵渺希、王世福、李璐颖："信息社会的城市空间策略——智慧城市热潮的冷思考"，《城市规划》2014 年第 1 期。

赵夏君：《基于出租车轨迹数据的城市交通拥堵预测方法研究》，武汉大学硕士学位论文，2018 年。

赵晓斌、王坦、张晋熹："信息流和不对称信息是金融与服务中心发展的决定因素：中国案例"，《经济地理》，2002 年第 4 期。

赵勇、张浩、吴玉玲等："面向智慧城市建设的居民公共服务需求研究：以河北省石家庄市为例"，《地理科学进展》，2015 年第 4 期。

甄峰、黄春晓、张年国："西方信息港发展以及对中国信息港发展的思考借鉴"，《国外城市规划》，2006 年第 2 期。

甄峰、王波："建设长三角智慧区域的初步思考"，《上海城市规划》，2012 年第 5 期。

甄峰、魏宗财、杨山等："信息技术对城市居民出行特征的影响——以南京为例"，《地理研究》，2009 年第 5 期。

甄峰、席广亮、秦萧："基于地理视角的智慧城市规划与建设的理论思考"，《地理科学进展》，2015 年第 4 期。

甄峰、秦萧、席广亮："信息时代的地理学与人文地理学创新"，《地理科学》，2015 年第 1 期。

甄峰、翟青、陈刚等："信息时代移动社会理论构建与城市地理研究"，《地理研究》，2012 年第 2 期。

甄峰："信息时代新空间形态研究"，《地理科学进展》，2004 年第 3 期。

甄峰：《信息时代的区域空间结构》，商务印书馆，2004 年。

甄峰："信息时代区域发展战略及其规划探讨"，《城市规划汇刊》，2001 年第 6 期。

中国互联网信息中心：《第 45 次中国互联网络发展状况统计报告》，2020 年。

重庆市交通规划研究院："重庆：打造交通信息平台提升城市精细化管理"，《中国测绘》，2020 年第 2 期。

周春山、王芳、颜秉秋："信息网络支持下的城市规划公众参与"，《规划师》，2006 年第 2 期。

周春山：《城市空间结构与形态》，科学出版社，2007 年。

周素红、闫小培："广州城市空间结构与交通需求关系"，《地理学报》，2005 年第 1 期。

周文竹、阳建强、葛天阳等："城市用地 3D 发展模式研究—— 一种基于减少机动化需求的规划理念"，《城市规划》，2012 年第 10 期。

朱查松、张京祥："全球化时代的空间积累与分化及对规划角色的再审视"，《人文地理》，2008 年第 1 期。

朱喜钢：《城市空间集中与分散论》，中国建筑工业出版社，2003 年。

邹思聪：《基于居民时空行为的社区生活圈划定及公共设施供需评价——以南京市沙洲、南苑街道为例》，南京大学本科学位论文，2020 年。

后 记

信息技术的快速发展，加速了全球范围的要素流动，并改变城市要素的流动范式，持续对城市的场所空间产生作用。各种要素流动性和流动空间对城市空间的重要性越来越超过场所空间成为空间组织新的逻辑。尤其是在移动信息技术和高速交通技术的作用下，要素联系的时空距离不断被压缩。静态的区位和场所正在向流动的区位和功能空间转变。人流、物流、资本流、技术流等要素的流动与组合关系成为资源配置、空间布局和城市高质量发展的关键所在。围绕要素流动性所组织起来的"流动空间"，无疑是信息时代城市空间品质效率提升以及转型发展的重要突破口。

智慧城市建设已经成为全球性共识和城市发展的重要方向。在中国，智慧城市被认为是推动新型城镇化发展的重要手段，因此得到了迅速发展。在住建部、科技部的智慧城市试点工作推动下，超过 500 多个城市进行了各类智慧城市的顶层设计和示范建设。在智慧城市建设实践探索过程中，推动了智能基础设施以及各类智慧民生服务、智慧政务管理的应用，在一定程度上提升了城市运行效率。但当前智慧城市建设仍然以信息化为主导。相关的理论、技术方法探索远滞后于现实需求。从城市科学视角的综合研究与探索尤其不足。流动性、流动空间成为理解智慧城市的重要理论和方法。作者认为，流动性是智慧城市的重要内涵与特征。要素流动性的综合评价分析是推动智慧城市基础设施、资源要素和功能结构合理配置和优化布局的重要基础。流动空间则是智慧城市的主导空间形态。通过流动空间的要素系统、结构形态分析来深化对智慧城市系统框架、功能空间组织与规划建设策略的研究。从流动性视角开展智慧城市研究具有重要的理论创新价值。

本书立足于城市流动性与智慧城市空间组织，梳理信息时代的流动性以及流动空间理论，分析流动空间与场所空间相互作用机制，研究流动性视角下的智慧城市组织模式与空间结构，探讨智慧城市要素系统构成与耦合关系，分析流动性影响下的智慧城市空间演变，以及智慧功能空间的流动性特征，最后提出基于流动性的智慧规划与管理策略。研究内容主要包括三个方面：一是面向智慧城市发展，系统进行城市流动空间的理论框架与作用机制研究，从赛博空间和场所空间互动耦合中的时空压缩与关系重构的角度，构建流动空间理论框架，并从新流动范式与空间融合、地理根植性与空间积累、远程控制与空间再生产、结构重构与形态变化等方面探讨流动空间的作用机制及其空间效应。二是探索流动性分析评价的方法与路径，推动流动空间研究由理论思考向实证分析拓展，从居民、企业和公共服务三个方面进行了流动性分析评价方法的探讨。这是人本导向的智慧城市建设与空间组织的基础。三是基于流动性进行智慧城市空间组织研究。在分析智慧城市的技术、活动、空间与决策等系统要素基础上，构建智慧城市复杂系统结构模型，分析智慧城市生命有机体，探讨智慧城市空间的结构特征与演变趋势，以及智慧居住空间、智慧办公空间、智慧产业空间、智慧交通空间等流动性特征。

　　本书是在作者的博士学位论文关于城市流动空间研究的基础上，结合近年来对智慧城市的理论探索与实践工作，进行内容的思考提炼和完善拓展而成文。研究过程中得到了国家科学技术学术著作出版基金（2019-D-040）、国家自然科学基金项目"移动互联网应用对城市日常生活服务供需匹配影响机理研究（42071202）"以及"十二五"国家科技支撑计划课题"智慧城镇综合管理技术集成与应用示范（2015BAJ08B00）"的资助。特别感谢我的导师甄峰教授长期以来的指导、帮助和支持。甄老师渊博的学识、敏锐的科研洞察力和严谨的治学态度始终激励着我奋力前行。本书的出版也得到甄老师的大力支持。感谢南京大学"智城至慧"团队的老师和同学们。与你们的交流讨论使得本研究不断完善和深入。感谢南京大学建筑与城市规划学院的诸位老师在我研究开展以及留校工作中给予的指点与帮助。同时，感谢国家留学基金管理委员会提供的赴美访学资助，也感谢美国明尼苏达大学曹新宇教授的合作指导与支持。

　　本书部分章节采用了作者在《中国地理科学》（2018年第2期）、《城市发展研究》（2014年第6期）、《规划师》（2016年第4期）、《科技导报》（2020年第3期）上已经发表的论文成果及观点。对上述刊物允许本书使用相关成果表示感谢，也感谢这些论文的匿名审稿人和编辑提出的宝贵修改意见。本书研究也得到学界众多前辈的关心与支持。感谢北京大学柴彦威教授、同济大学王德教授、东北大学修春亮教授、华东师范大学孙斌栋教授、兰州大学杨永春教授、陕西师范大学曹小曙教授、中山大学周素红教授、华东师范大学汪明峰教授、东南大学杨俊宴教授等前辈们的宝贵建议。你们的学术成果或报告也让我受益匪浅。感谢所有关注和支持我开展本书研究的各位同仁和学界朋友们。

特别感谢商务印书馆地理编辑室主任李娟博士对本书出版的大力支持和宝贵建议。感谢责任编辑魏铼博士对书稿的督促和认真细致的校对，使得本书得以付梓。最后，我要感谢我的家人。你们长期以来的陪伴和付出，使我能够安心于科研工作之中。

智慧城市研究是一项系统性和复杂性的工作，面向未来智慧社会发展，需要进行长期持续和系统综合的探索。本书仅从流动性视角进行智慧城市空间探讨。受本人专业水平的限制，加之时间仓促，书中难免有缺陷和不足之处，敬请各位读者斧正。

席广亮

2021 年 4 月于南京大学建良楼